结构动力学简明教程

A Concise Tutorial on Structural Dynamics

宋郁民　编著

·上海·

内 容 提 要

本书着重阐述结构动力学的基本概念和基础理论。笔者在编著时力求文字和公式简洁易懂。全书共分五章,第一章主要介绍基本概念和基本理论;第二章论述单自由度系统振动;第三章论述多自由度系统的自由振动、强迫振动和振型分析;第四章论述分布参数系统振动问题,不但对直梁的振动问题进行了阐释和介绍,而且结合笔者的研究,增加了曲梁和拱的振动问题,这是本书的主要创新点;第五章论述了动力学常用数值计算方法和实用计算方法。

本书可作为高校土木工程、机械工程和交通运输工程少学时课程的研究生教材,或高年级本科生的选修教材,也可作为相关专业的教师和科技人员的参考书。

图书在版编目(CIP)数据

结构动力学简明教程 / 宋郁民编著. -- 上海:同济大学出版社,2023.10

ISBN 978-7-5765-0946-5

Ⅰ.①结… Ⅱ.①宋… Ⅲ.①结构动力学一教材 Ⅳ.①O342

中国国家版本馆 CIP 数据核字(2023)第 196102 号

结构动力学简明教程

宋郁民 **编著**

责任编辑 陆克丽霞 **责任校对** 徐春莲 **封面设计** 陈益平

出版发行 同济大学出版社 www.tongjipress.com.cn
(地址:上海市四平路 1239 号 邮编:200092 电话:021-65985622)
经　　销 全国各地新华书店
制　　作 南京月叶图文制作有限公司
印　　刷 启东市人民印刷有限公司
开　　本 787 mm×1092 mm 1/16
印　　张 10.75
字　　数 268 000
版　　次 2023 年 10 月第 1 版
印　　次 2023 年 10 月第 1 次印刷
书　　号 ISBN 978-7-5765-0946-5

定　　价 48.00 元

前　言

在我国高等院校土木工程、机械工程等工科专业的研究生教学中，结构动力学是一门必不可少的专业基础课。长期以来，国内结构动力学研究生教材多采用国外经典教材的翻译版。近二十年来，国内学者陆续编写了多部结构动力学教材，做出了有益的探索。

随着高等教育的改革和“新工科”理念的推广，结构动力学课程由传统的60～90课时逐渐减少为32～40课时。该课程旨在使学生掌握基本的概念、原理和方法，重在培养学生使用结构动力学的基本理论来分析和解决实际工程问题的能力。本教材的出版正是为了适应当前高等院校研究生教学改革。自2015年起，笔者结合自己多年教学和科研实践，参考多部现有教材，吸取精华，凝练文字，至2017年完成初稿，然后作为自编讲义在校内研究生教学中使用，历经五年之久，七次修改，五届师生使用，终成此书。

全书共有五章。第一章概述，用较大的篇幅介绍了结构动力学的基本概念和理论及运动方程建立所采用的基本方法。第二章介绍单自由度系统的自由振动和强迫振动。第三章阐述多自由度系统的振动问题，先介绍简单易懂的2个自由度系统的自由振动，然后阐述n个自由度的多自由度系统的自由振动和强迫振动，以及多自由度系统的振型分析和振型叠加法。第四章论述分布参数系统的振动问题，不但包括了直梁的横向弯曲振动，杆的剪切、纵向和扭转振动，弹性地基梁的振动，而且结合笔者的研究，增加了曲梁和拱的自由振动问题，这也是本书的主要创新点。与其他教材不同的是，在论述完毕结构动力学的基本理论及分析方法之后，在全书的最后，用单独一章讲述了结构动力学的数值计算方法和实用计算方法，使读者能够更加清楚地明白结构动力学的基本理论与工程应用之间的区别。

本教材力求文字和公式“简洁、易懂、易学”，对于基本概念与原理的阐释，大多简明扼要地给出定义或结论，略去冗余的解释和分析，对于公式推导和例题解析，则力求严谨、详细，便于读者自学和复习。作为教材，本书中的专业术语、公式符号含义和插图沿用传统教材的约定，以便于本教材的推广和普及。

笔者衷心感谢上海工程技术大学轨道交通学院对开设结构动力学研究生课程和编著配套研究生教材的大力支持，同时也十分感谢同济大学出版社陆克丽霞编辑在出版过程中给予的大力帮助。

限于作者水平有限，书中定有不足和疏漏之处，敬请广大师生和读者批评指正，提出宝贵意见。

宋郁民

2023 年 7 月于上海

目 录

前言

1 概　述

1.1 结构动力学概述

静力荷载,常简称为静荷载,是指加载过程缓慢、不使结构产生显著加速度、可忽略惯性作用影响的荷载。在静荷载作用下,荷载的大小、方向和作用点以及由它产生的位移和内力都不随时间而变化。反之,加载过快,在荷载作用下结构产生不可忽视的加速度,必须考虑惯性力的影响,这类荷载被称作动力荷载,常简称为动荷载。在动荷载作用下,结构发生振动,相应的位移和内力等量值均会随时间而变化。

动力作用(如振动、冲击、地震等)常会造成各类工程结构、车辆和机械设备的严重破坏。因此,在进行结构设计与制造时,静力分析必不可少,动力分析也非常有必要。

1.1.1 结构动力学的研究任务、目的和内容

结构在动荷载作用下产生的变形和振动,称作结构的动力响应。固有自振特性和动力响应是结构系统的两个基本动力特性。研究结构在动荷载作用下所表现出来的特性是结构动力学的基本任务。确定动荷载作用下结构的固有自振特性和响应(如内力和变形)是结构动力学的研究目的。因此,结构固有自振特性问题和响应问题是结构动力学研究的基本内容。

1.1.2 结构动力学的要素和研究范畴

结构动力学的三个基本要素是输入(外部激励)、系统(结构本身)和输出(结构响应)。

(1) 输入是系统振动的根源,其随时间而变化呈动态。激励的形式可以是力、位移、能量等,激励的变化规律可以是周期的、瞬态的、随机的。

(2) 系统分为线性和非线性。线性系统的固有特性不随时间变化,可以应用叠加原理。非线性系统的固有特性随时间而变化,不能应用叠加原理。

(3) 输出是结构系统对输入的响应。动力响应主要包含位移、速度和加速度。

在三个基本要素中,可依据其中任意两个要素,得出第三个要素,即结构动力学的研究范畴,包括以下三个方面:

① 响应预测,即已知输入和系统求输出;

② 系统辨识,即已知输入和输出来确定动力系统的特征参数;

③ 测量问题,即已知系统和输出求输入。

1.1.3 结构动力分析的特点

结构动力分析的特点体现在以下三个方面。

(1) 结构质量在加速度作用下产生惯性力。惯性力的出现是结构动力学与静力学的一个本质且重要的区别。如图 1-1 和图 1-2 所示分别为静力问题和动力问题中的受力和位移反应的区别。

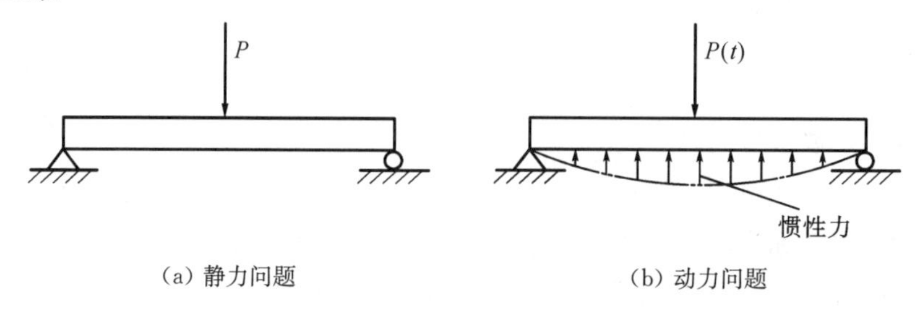

(a) 静力问题　　(b) 动力问题

图 1-1　静力问题和动力问题的受力区别

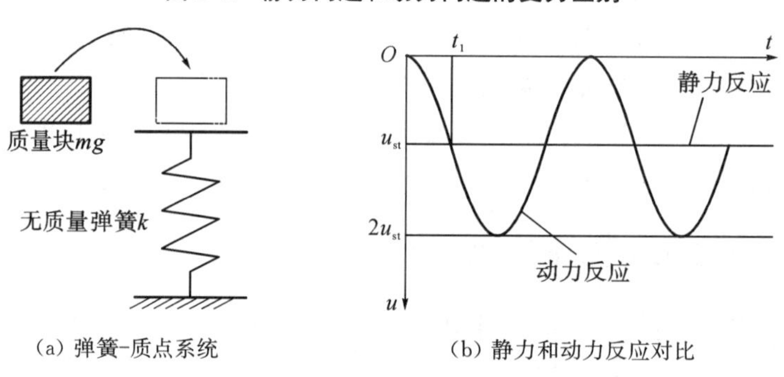

(a) 弹簧-质点系统　　(b) 静力和动力反应对比

图 1-2　静力问题和动力问题的位移反应区别

(2) 惯性力由结构质量和加速度共同决定,所以质量位置和运动描述是动力分析的关键。

(3) 动力分析是计算动力作用在全部时间点上的一系列响应。

1.1.4 动荷载分类

动荷载是大小、方向或作用点随时间快速变化或短时间内突然作用或消失的荷载。动荷载分类如图 1-3 所示。

(1) 简谐荷载:荷载随时间周期性变化,可用简谐函数表示,如

$$F(t)=A\sin\omega t \quad 或 \quad F(t)=B\cos\omega t。$$

许多结构振动荷载本身就是简谐荷载。非简谐周期荷载也可用一系列简谐荷载叠加表示,故简谐荷载作用下的动力分析是所有复杂动力分析的基础。

(2) 非简谐周期荷载:荷载是时间 t 的周期函数,但不能用简谐函数表示。

(3) 冲击荷载:荷载在短时间内突然增大或减小,如突然加载或卸载。

(4) 一般任意动荷载:荷载的大小变化复杂,难以用解析函数表示,如地震动荷载、脉动风荷载等。

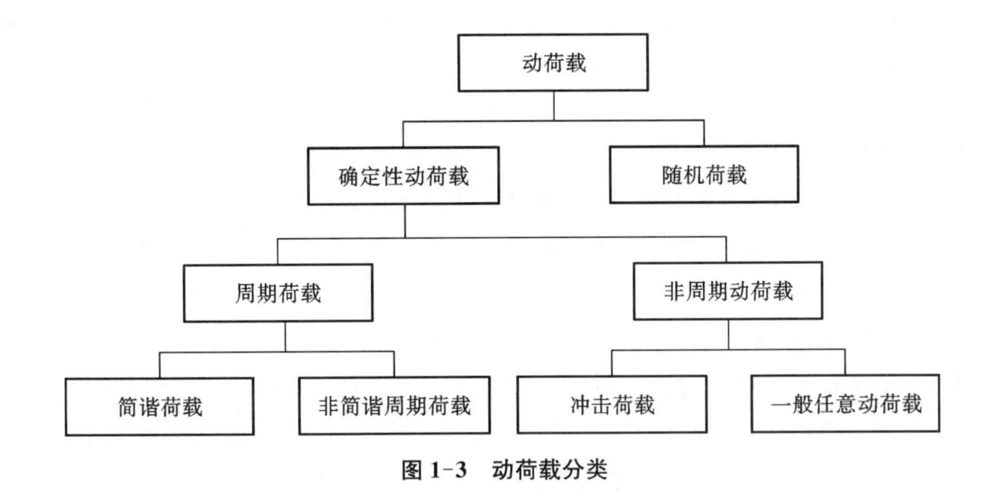

图 1-3 动荷载分类

如图 1-4 所示为四种动荷载的时程曲线。

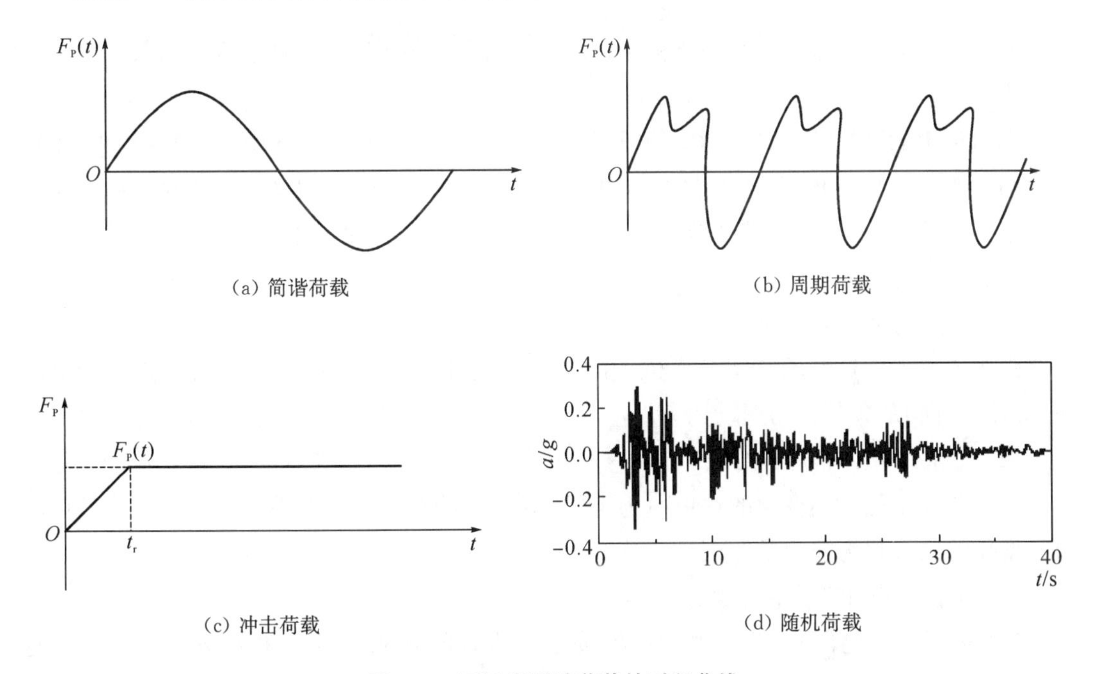

图 1-4 不同类型动荷载的时程曲线

1.2 结构动力学的基本概念

经典动力学分析方法有两大类:一类是基于牛顿运动定律的矢量动力学,另一类是以变分原理为基础的标量动力学。

(1) 矢量动力学方法具有数学形式简单、物理概念清晰的特点,适用于质点、简单质点系和简单刚体系统的动力学分析。

(2) 标量动力学也称分析动力学。标量动力学将系统作为一个整体来考察,采用能量和功等标量函数,运用达朗贝尔原理和虚功原理建立动力学方程。

1.2.1 质点系

质点、质点系和刚体是从力学分析中抽象出来的三种理想模型。

(1) 质点是指只有质量、没有大小的物体。

(2) 质点系是指由若干质点组成且有内在联系的集合。

(3) 刚体可视为一种特殊的质点系,假设内部任意两质点间的长度永不改变。

结构动力学的主要研究对象是质点和质点系。质点系中各个质点空间位置的有序集合确定的该质点系的位置和形状,称为该质点系的位形。研究质点系位形变化过程的运动方程、初始边界条件及其运动方程的求解是动力学分析的主要内容。

1.2.2 约束

限制质点或质点系相对参考坐标系运动的条件称为约束,表示限制条件的数学方程称为约束方程。

动力学中的"约束"与静力学中的"约束"含义不同。例如,静力学中的"弹性约束"不属于动力学所定义的"约束",因为它不能限制质点的运动。动力学中,"约束"的各质点位置坐标值不是独立变量,即不需要全部位置坐标值就可确定质点的空间位置。

"约束"按照不同特性可分为以下几类:

(1) 几何约束和运动约束。

限制质点或质点系的空间几何位置的条件称为几何约束。限制质点或质点系运动状态(速度、方向)的条件称为运动约束。

(2) 定常约束和非定常约束。

约束条件不随时间变化的约束称为定常约束,其约束方程不显含时间 t。约束条件随时间变化的约束称为非定常约束。

(3) 完整约束和非完整约束。

约束方程中不包含坐标对时间的导数,或者约束方程中的微分项可以积分为有限形式,这类约束称为完整约束,相应的系统称为完整系统。约束方程中包含坐标对时间的导数,且约束方程不可积分为有限形式,这类约束称为非完整约束,相应的系统称为非完整系统。

显然,大多数工程结构系统属于完整系统,其约束可以表示为 $f(t, r_i)$,即约束方程中不包含坐标对时间的导数。

1.2.3 动力自由度

结构系统在任意瞬时的一切可能弹性变形中,确定全部质点位置所需独立参数的数目称为动力自由度。

具有一个自由度的结构称为单自由度系统;具有两个或两个以上有限自由度的结构称

为多自由度系统。

如图 1-5 所示的门式刚架模型，忽略立柱的轴向变形和质量。由于刚性横梁只能做水平运动，因此该系统是单自由度的。

如图 1-6 所示的刚架杆系结构模型，当考虑杆的轴向变形时，m_1、m_2 均可做上下、左右运动，系统的动力自由度数为 4。若再考虑质量 m_1、m_2 的转动惯性，则系统的动力自由度数为 6。

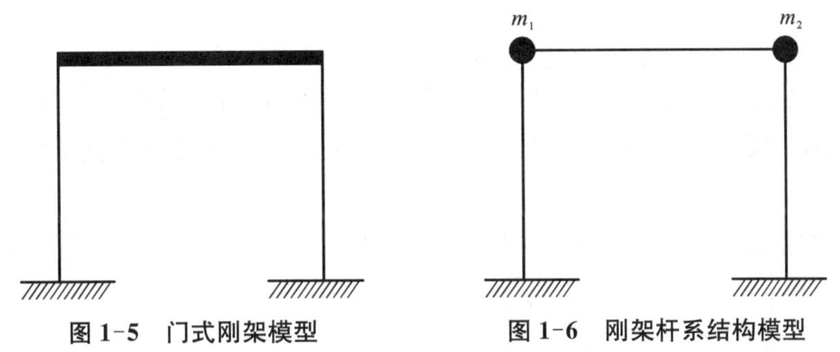

图 1-5 门式刚架模型　　图 1-6 刚架杆系结构模型

当结构系统复杂、自由度不易直接看出时，可外加约束固定各质点，使系统所有质点被固定所需的最少外加约束的数目就是动力自由度数。如图 1-7(a)所示刚架有 4 个质点，若忽略杆的轴向变形，则只需加入 3 根链杆便可限制其全部质点的位置，如图 1-7(b)所示，故其动力自由度数为 3。

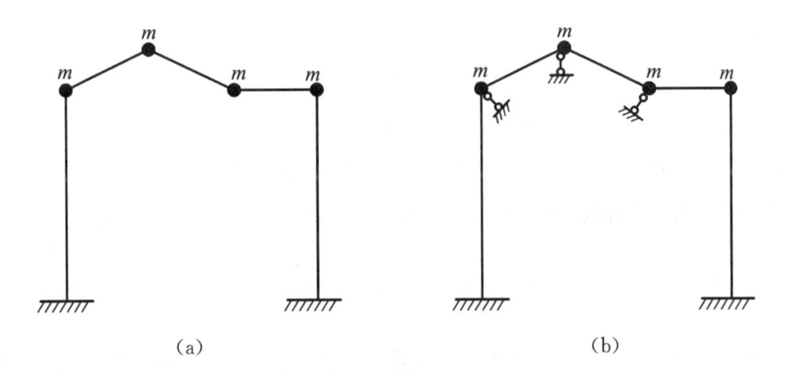

图 1-7 外加约束求系统自由度

动力学的自由度与静力学的自由度的主要区别如下：

(1) 动力学的自由度定义是确定全部质点的位置所需独立参数的数目，而静力学的自由度定义是确定系统在空间中的位置所需独立参数的数目。二者定义的对象不同。

(2) 同一个结构系统，动力自由度的数目随计算要求和精度的不同可以有所变化，但静力自由度的数目是唯一的。

(3) 动力自由度数目不完全取决于质点的数目，也与结构是否为静定结构或超静定结构无关。

1.2.4 实位移和功、虚位移和虚功

作用在质点系上的力可分为两类：主动力 F 和约束力 R。

(1) 实位移的定义:若质点系位移既满足约束方程,也满足运动方程和初始条件,则称该位移为系统的实位移。实位移是质点系在一定时间内的真实位移,用 u 表示,与时间、主动力和运动初始条件有关。

(2) 功的定义:质点系 m 从位置 A 移动到位置 B,主动力 F 所做的功 W 为

$$W=\int_{A(C)}^{B} F\,\mathrm{d}u \tag{1-1}$$

只要力 F 的大小和方向不变,则功 W 不变,即功的大小与运动路径无关。

(3) 虚位移的定义:在某一固定时刻,质点系在约束许可的情况下,可能产生的任意微小位移称为系统的虚位移。虚位移仅与约束条件有关,可以是线位移或角位移,用符号 δ 表示,是变分符号。

(4) 虚功的定义:力在虚位移上所做的功称为虚功,用 δW 表示。系统所有主动力和约束力所做的虚功可表示为

$$\delta W=\sum_{i=1}^{n}(F_i\cdot\delta u_i+R_i\cdot\delta u_i) \tag{1-2}$$

1.2.5 有势力和势能

设质点系中每一个质点 m_i 上所受的力为 F_i(可以是约束反力),若满足下述两个特性,则可称之为有势力:

(1) 每一个力的大小和方向只取决于系统各个质点的位置。

(2) 系统从某一位置 A_i 移动到另一位置 B_i($i=1, 2, \cdots, N$,N 为质点数目),各力所做功之和只取决于位置 A_i 和 B_i,与各质点的运动路径无关。

简而言之,有势力(又称保守力) F 沿任何封闭路线所做的功为零,即

$$\oint F\,\mathrm{d}u=W=0 \tag{1-3}$$

取系统的某一位置 O_i 作为系统的"零位置",则势能定义为系统从位置 A_i 移动到 O_i 过程中各力所做功之和。

确定了系统的"零位置"后,系统任意状态的势能是各质点位置的单值函数,即

$$U=U(x_i, y_i, z_i) \tag{1-4}$$

在"零位置"时,势能为零,函数 U 称为势函数。

设 U_A 是在位置 A 时系统的势能,U_B 是在位置 B 时系统的势能,则质点系由位置 A 到位置 B 时系统势能的变化(即由位置 A 到位置 B 势能的增量)可表示为

$$U_A-U_B=\sum_{i=1}^{N}\mathrm{d}W_i=-\mathrm{d}U \quad (i=1, 2, \cdots, N) \tag{1-5}$$

式中,微元功之和 $\sum_{i=1}^{N}\mathrm{d}W_i$ 可表示为

$$\sum_{i=1}^{N} \mathrm{d}W_i = \sum_{i=1}^{N} (F_{ix}\mathrm{d}x_i + F_{iy}\mathrm{d}y_i + F_{iz}\mathrm{d}z_i) = -\mathrm{d}U \qquad [1\text{-}6(a)]$$

$$F_{ix} = -\frac{\partial U}{\partial x_i};\quad F_{iy} = -\frac{\partial U}{\partial y_i};\quad F_{iz} = -\frac{\partial U}{\partial z_i} \qquad [1\text{-}6(b)]$$

1.2.6 动能和动能原理

设质点系中任一质点 m_i 的速度为 $\dot{u}_i$，加速度为 $\ddot{u}_i$，则质点系动能定义为

$$T = \sum_{i=1}^{N} \frac{1}{2} m_i \dot{u}_i^2 \qquad (1\text{-}7)$$

由牛顿第二定律 $F_i = m_i \ddot{u}_i$ 和功的定义，则有

$$\begin{aligned} W &= \sum_{i=1}^{N} \int_{A(C)}^{B} F_i \mathrm{d}u_i = \sum_{i=1}^{N} \int_{A(C)}^{B} m_i \ddot{u}_i \mathrm{d}u_i = \sum_{i=1}^{N} \frac{1}{2} m_i \int_{A(C)}^{B} \frac{\mathrm{d}}{\mathrm{d}t} (\dot{u}_i)^2 \mathrm{d}t \\ &= \sum_{i=1}^{N} \frac{1}{2} m_i \int_{A(C)}^{B} \mathrm{d}(\dot{u}_i)^2 = \sum_{i=1}^{N} \frac{1}{2} m_i (\dot{u}_{iB}^2 - \dot{u}_{iA}^2) = \sum_{i=1}^{N} (T_{iB} - T_{iA}) \end{aligned} \qquad (1\text{-}8)$$

式(1-8)表达了动能原理的含义：质点系从一个位置移动到另一个位置时，其动能的增量等于作用于该质点系的力在给定运动过程中所做的功。

1.2.7 能量守恒定理

若作用在质点系上的所有力都是保守力，则有

$$U_A - U_B = T_B - T_A \qquad (1\text{-}9)$$

$$E = U_A + T_A = U_B + T_B \qquad (1\text{-}10)$$

式(1-10)表达的是能量守恒定理的含义：在质点系运动过程中，总机械能保持不变。

1.2.8 惯性力

惯性是物体保持运动状态的能力。当物体的运动状态发生改变时，惯性将反抗运动状态的改变，提供一种反抗物体运动状态改变的力，这种抵抗力被称为惯性力，用 f_I 表示，其大小等于物体的质量与加速度的乘积，即

$$f_\mathrm{I} = -m\ddot{u} \qquad (1\text{-}11)$$

式中 I——下标，表示惯性；

m——质量；

$\ddot{u}$——加速度。

负号表示惯性力方向与加速度方向相反。

1.2.9 弹性恢复力

当质点发生运动离开初始平衡位置产生位移时，结构或弹簧对质点产生抵抗位移的作

用，具有将质点拉回到平衡位置的趋势，该作用力被称为弹性恢复力，记为 f_S。

弹性恢复力的大小与离开平衡位置的位移成正比，与结构（弹簧）的刚度成正比，与结构（弹簧）的柔度成反比，方向与位移方向相反。

结构（弹簧）的刚度和柔度的物理含义如下。

（1）刚度的物理含义：结构或弹簧发生单位位移时所需施加的力称为结构的刚度系数（简称刚度），记为 k。

（2）柔度的物理含义：结构或弹簧在单位力作用下发生的位移称为结构的柔度系数（简称柔度），记为 δ。

刚度和柔度具有以下关系：

$$k=\frac{1}{\delta} \tag{1-12}$$

当力与位移的关系为线性时，弹性恢复力的大小等于结构或弹簧的刚度与位移之积，即

$$f_S=-ku=-\frac{1}{\delta}u \tag{1-13}$$

式中 S——下标，表示弹性；

f_S ——弹性恢复力；

k ——体系的刚度；

δ ——体系的柔度；

u ——质点位移。

负号表示弹性恢复力方向与位移方向相反。

1.2.10 阻尼力

结构的振动幅度通常随时间逐渐变小直至消失。引起这种现象的原因较为复杂，但从能量守恒原理的角度分析，显然是系统振动的能量在振动过程中逐渐耗散。动力学中称这种引起振动系统能量耗散、使结构振幅逐渐变小直至趋于零的作用称为阻尼力，其方向与速度方向相反。

结构振动过程中阻尼力有多种来源，主要有以下三种：

（1）固体材料变形时的内摩擦，或材料快速应变引起的热耗散。

（2）结构连接部位的摩擦。

（3）结构周围外部介质引起的阻尼，例如空气、流体的影响等。

在实际问题中，各影响因素几乎同时存在。在动力分析中，一般采用理想化的方法来考虑阻尼。目前，常采用黏性阻尼假设计算阻尼力。在单自由度系统中，黏性阻尼力可表示为

$$f_D=-c\dot{u} \tag{1-14}$$

式中 D——下标，表示阻尼；

f_D——阻尼力；

c——阻尼系数；

$\dot{u}$——质点的运动速度。

负号表示阻尼力方向与速度方向相反。

阻尼系数 c 不像结构刚度 k 那样可以通过结构的几何尺寸等因素来确定，因为 c 是反映了多种耗能因素综合影响的系数。几种常见的阻尼理论如下：

(1) 摩擦阻尼：阻尼力的大小与速度的大小无关，一般为常数。

(2) 滞变阻尼：阻尼力的大小与位移成正比（相位与速度相同）。

(3) 流体阻尼：阻尼力与质点速度的平方成正比，例如由空气、水产生的阻力。

1.2.11 广义坐标

能决定质点系的几何位置且彼此独立的量被称为该质点系的广义坐标。广义坐标有以下几种性质：

(1) 各个坐标必须是相互独立的参数。

(2) 可以是线位移、角位移，甚至是其他几何量或物理量，如面积或体积。

(3) 不同组广义坐标之间的坐标变换应满足雅可比（Jacobi）行列式不等于零的条件。

广义坐标的选取可以有多种。图 1-8 所示的系统，其广义坐标可以为 (x_1, x_2)、(y_1, y_2)、(x_1, y_2)、(x_2, y_1) 或 (φ_1, φ_2)，但不能选择 (x_1, y_1) 或 (x_2, y_2)。选择广义坐标的原则是方便运动方程的求解。

完整系统的广义坐标数目与动力自由度数目是相同的。

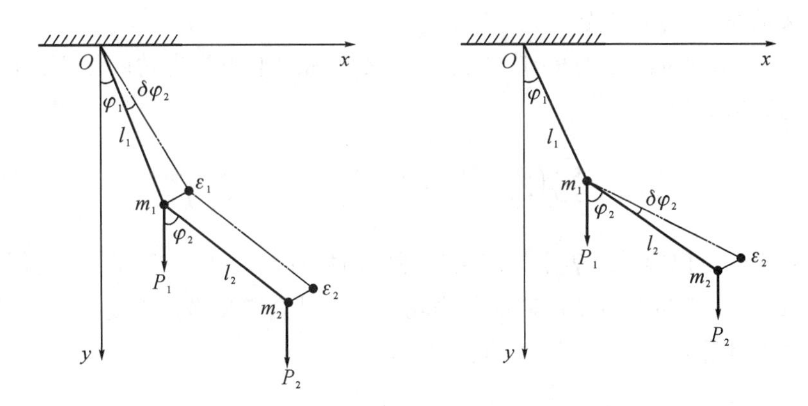

图 1-8 刚性链杆连接的两个质点系统

1.2.12 广义力

对于具有完整约束的 m 个质点组成的质点系，任一质点 m_i 的空间位置 u_i 可表示为一组广义坐标 $q_j(j=1, 2, \cdots, n)$ 和时间 t 的函数：

$$u_i = u_i(q_1, q_2, \cdots, q_n; t) \tag{1-15}$$

该质点所受的力在虚位移 δu_i 上所做虚功为

$$\delta W_i = F_i \delta u_i \tag{1-16}$$

δu_i 可表示为广义坐标的虚位移 δq_j 的函数：

$$\delta u_i = \sum_{j=1}^{n} \frac{\partial u_i}{\partial q_j} \delta q_j \tag{1-17}$$

将式(1-17)代入式(1-16)，则有

$$\delta W_i = F_i \sum_{j=1}^{n} \frac{\partial u_i}{\partial q_j} \delta q_j = \sum_{j=1}^{n} F_i \frac{\partial u_i}{\partial q_j} \delta q_j \tag{1-18}$$

则该质点系的虚功为

$$\delta W = \sum_{i=1}^{m} \sum_{j=1}^{n} F_i \frac{\partial u_i}{\partial q_j} \delta q_j = \sum_{j=1}^{n} \sum_{i=1}^{m} F_i \frac{\partial u_i}{\partial q_j} \delta q_j \tag{1-19}$$

令 $Q_j = \sum_{i=1}^{m} F_i \frac{\partial u_i}{\partial q_j}$，则

$$\delta W = \sum_{j=1}^{n} Q_j \delta q_j \tag{1-20}$$

定义

$$Q_j = \sum_{i=1}^{m} F_i \frac{\partial u_i}{\partial q_j} \tag{1-21}$$

为对应于广义坐标 q_j 的广义力。

显然，广义力是标量而非矢量，广义力与广义坐标的乘积具有功的量纲。广义力在直角坐标系下的表达式为

$$Q_j = \sum_{i=1}^{m} \left(F_{ix} \frac{\partial x_i}{\partial q_j} + F_{iy} \frac{\partial y_i}{\partial q_j} + F_{iz} \frac{\partial z_i}{\partial q_j} \right) \tag{1-22}$$

当 x_i、y_i、z_i 可以容易地表示为广义坐标的函数时，由式(1-22)求 Q_j 是便捷的。

根据式(1-20)，若 δW_j 为 δq_j 对应的虚功，此时，其余广义坐标不变，则 q_j 对应的广义力可按式(1-23)计算：

$$Q_j = \frac{\delta W_j}{\delta q_j} \tag{1-23}$$

【例 1-1】 如图 1-8 所示的双质点系，P_1 和 P_2 为作用于质点 m_1 和 m_2 上的外力。广义坐标选择 φ_1 和 φ_2，求对应的广义力。

解 方法一：采用式(1-21)

$$F_{1x} = F_{2x} = F_{1z} = F_{2z} = 0, \quad F_{1y} = P_1, \quad F_{2y} = P_2$$

因 F_{1x}、F_{2x}、F_{1z}、F_{2z} 为零,则由广义坐标 φ_1 和 φ_2 表达的 y_1 和 y_2 分别为

$$y_1 = l_1 \cos \varphi_1; \quad y_2 = l_1 \cos \varphi_1 + l_2 \cos \varphi_2$$

则有

$$\frac{\partial y_1}{\partial \varphi_1} = -l_1 \sin \varphi_1, \quad \frac{\partial y_1}{\partial \varphi_2} = 0;$$

$$\frac{\partial y_2}{\partial \varphi_1} = -l_1 \sin \varphi_1 + 0, \quad \frac{\partial y_2}{\partial \varphi_2} = -l_2 \sin \varphi_2$$

于是有

$$Q_1 = F_{1y} \frac{\partial y_1}{\partial \varphi_1} + F_{2y} \frac{\partial y_2}{\partial \varphi_1} = -P_1 l_1 \sin \varphi_1 - P_2 l_1 \sin \varphi_1;$$

$$Q_2 = F_{1y} \frac{\partial y_1}{\partial \varphi_2} + F_{2y} \frac{\partial y_2}{\partial \varphi_2} = -P_2 l_2 \sin \varphi_2$$

方法二:采用式(1-22)

先令 φ_1 有一虚位移 $\delta\varphi_1$,φ_2 不变,则质点系对应的虚功为

$$\delta W_1 = -P_1 l_1 \delta\varphi_1 \sin \varphi_1 - P_2 l_1 \delta\varphi_1 \sin \varphi_1$$

将其代入式(1-22),可求得

$$Q_1 = -(P_1 + P_2) l_1 \sin \varphi_1$$

再令 φ_2 有一虚位移 $\delta\varphi_2$,φ_1 不变,则质点系对应的虚功为

$$\delta W_2 = -P_2 l_2 \delta\varphi_2 \sin \varphi_2$$

显然,$Q_2 = -P_2 l_2 \sin \varphi_2$。

1.3 结构动力分析过程和结构离散化

1.3.1 结构动力分析过程

结构动力分析过程包括确定力学模型、建立数学模型和求解动力响应。

力学模型可分为离散模型和连续模型两种基本类型。离散模型的动力自由度是有限个,连续模型的动力自由度有无限个。

数学模型是在力学模型的基础上,用动力学原理和变形体力学方法建立结构的运动微分方程。离散模型可直接用动力学基本原理建立运动方程,运动方程的数学模型是一个或一组常微分方程。连续模型则须结合变形体的应力-应变关系、应变-位移关系和动力学原理建立运动方程,运动方程的数学模型是一个或一组偏微分方程。

求解动力响应即对微分方程进行数学运算，求出系统在整个时间历程上的响应，如位移、内力等。

1.3.2 结构离散化方法

实际结构都是连续的，具有无限个动力自由度。如果所有结构都按照无限自由度计算，不仅十分困难，而且实践证明也不必要，因此，通常简化为有限个自由度的离散模型，即所谓的结构离散化。结构离散化的方法主要有集中质量法、广义坐标法和有限元法。

1. 集中质量法

集中质量法是把连续分布的质量集中为几个质点，使无限（动力）自由度系统简化为有限自由度系统。这是结构动力分析最常用的处理方法。

如图 1-9 所示为一个连续分布质量简支梁结构，用集中质量法进行离散化，即把梁简化为具有三个质点的有限自由度系统。若仅考虑梁平面内的横向运动，则集中质量简支梁具有三个横向位移自由度。

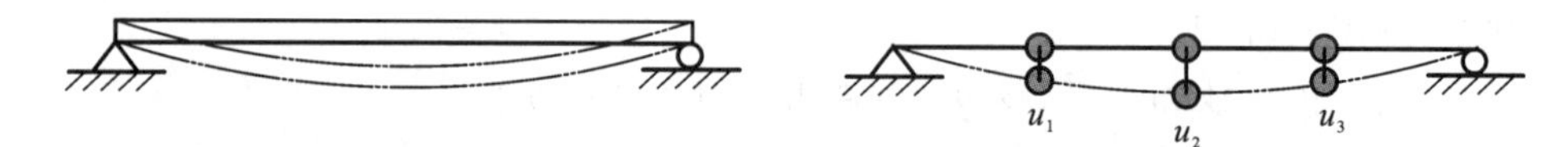

图 1-9 结构集中质量法离散化示意

2. 广义坐标法

数学中常采用级数展开法求微分方程的解，结构动力分析中也可采用相同的方法进行求解。一般而言，结构的位移表达式可写为

$$u(x, t)=\sum_{n} q_n(t)\psi_n(x) \tag{1-24}$$

式中 $\psi_n(x)$ ——满足边界条件的形状函数，简称形函数；

$q_n(t)$ ——广义坐标，表达 t 时刻形函数的幅值。

广义坐标的量值表示对应形函数的贡献度。如果形函数是位移量，则广义坐标具有位移的量纲，但只有前 n 项叠加后才是真实的位移物理量，所以广义坐标实际上并不是真实的物理量。

如图 1-10 和图 1-11 所示分别为具有分布质量的简支梁和悬臂梁模型。简支梁的变形（挠）曲线可用三角级数的和来表示，即

$$u(x, t)=\sum_{n=1}^{\infty} b_n \sin\left(\frac{n\pi x}{L}\right)=\sum_{n=1}^{\infty} b_n(t)\sin\left(\frac{n\pi x}{L}\right) \tag{1-25}$$

式中 L ——梁长；

$\sin\dfrac{n\pi x}{L}$ ——形函数，它是满足边界条件的给定函数；

b_n ——广义坐标，是一组待定参数，它是时间的函数。

形函数是预先给定的确定函数，而梁的变形由无限多个广义坐标 $b_n(n=1, 2, \cdots, \infty)$ 所确定。在实际分析中仅取级数的前 N 项，则有

$$u(x, t)=\sum_{n=1}^{N} b_n(t)\sin\left(\frac{n\pi x}{L}\right) \tag{1-26}$$

因此，简支梁被简化为具有 n 个自由度 $(b_1, b_2, \cdots, b_n)$ 的系统。

对于图 1-11 所示的悬臂梁结构，也可以用幂级数展开表示，即

$$u(x)=b_0+b_1x+b_2x^2+\cdots+b_nx^n=\sum_{n=0}^{\infty} b_nx^n \tag{1-27}$$

由边界条件，在 $x=0$ 处，位移 $u=0$，转角 $\frac{\mathrm{d}u}{\mathrm{d}x}=0$，故 $b_0=b_1=0$，则

$$u(x)=b_2x^2+b_3x^3+\cdots+b_nx^n=\sum_{n=2}^{\infty} b_nx^n \tag{1-28}$$

取前 n 项，即

$$u(x)=b_2x^2+b_3x^3+\cdots+b_{n+1}x^{n+1} \tag{1-29}$$

则系统简化为具有 n 个自由度的问题。

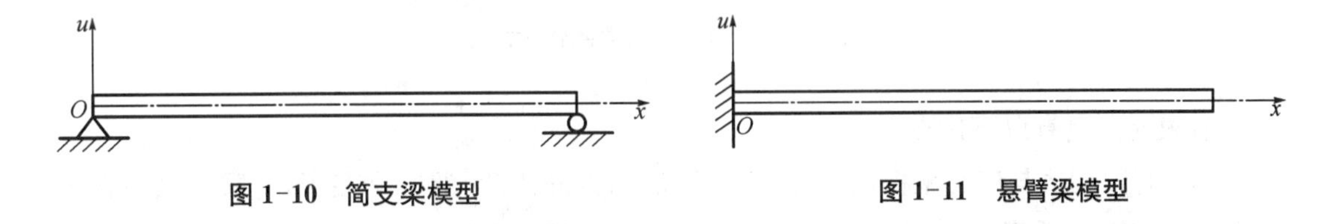

图 1-10 简支梁模型　　**图 1-11 悬臂梁模型**

3. 有限元法

有限元法可以看作是广义坐标的一种特殊应用。在一般的广义坐标法中，广义坐标是形函数的幅值，有时也没有很明确的物理意义。有限元法则采用具有明确物理意义的参数作为广义坐标，且形函数是定义在分片区域上的。在有限元分析中，形函数被称为插值函数。

如图 1-12 所示为一个连续系统的悬臂梁，可分为 N 个单元(梁段)，相邻单元的交点称为节点，取节点位移参数(线位移 u 和转角 θ) 为广义坐标。

在图 1-12 中，采用 $N=3$ 个有限单元进行离散化。该有限元模型共有 6 个广义坐标(位移参数)：$u_1, \theta_1, u_2, \theta_2, u_3, \theta_3$。每个节点的位移参数只在与节点相邻的单元内引起位移，图 1-12 绘出了与 6 个节点位移参数相应的形函数 $\psi_1, \psi_2, \cdots, \psi_6$。

对于采用 N 个单元离散化的悬臂梁模型，共有 $2N$ 个广义坐标，梁的位移可以用 $2N$ 个广义坐标描述，其形函数表示如下：

$$u(x)=u_1\psi_1(x)+\theta_1\psi_2(x)+\cdots+u_N\psi_{2N-1}(x)+\theta_N\psi_{2N}(x) \tag{1-30}$$

通过该方法，将无限自由度的梁简化为具有 $2N$ 个有限自由度的动力系统。

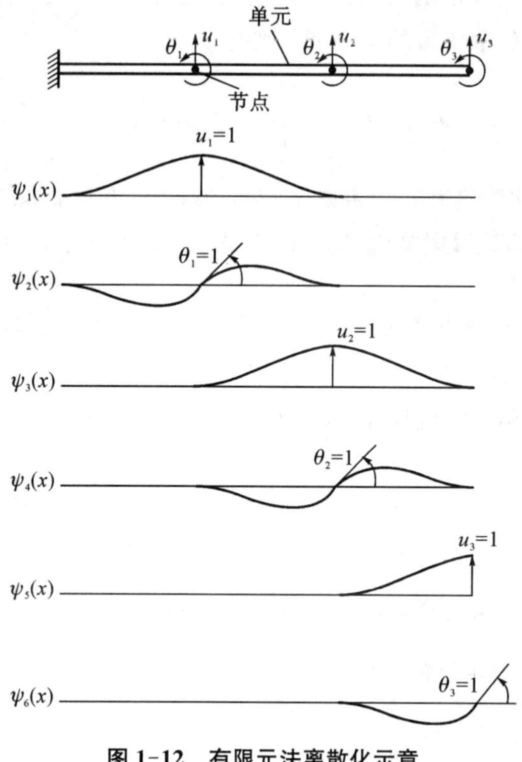

图 1-12　有限元法离散化示意

有限元法具有以下优点：

(1) 有限元法与广义坐标法一样，都采用形函数的概念，但区别在于，有限元法不在全部系统(结构)上插值(即定义形函数)，而是采用分片插值(即定义分片形函数)，因此，其形函数的表达式(形状)相对简单。

(2) 有限元法中的广义坐标采用了真实的物理量，与集中质量法相同，因而具有直接、直观的优点。

1.4　结构动力学基本原理和运动方程的建立

1.4.1　达朗贝尔(d'Alembert)原理

设质点系所受之力为主动力、约束力和惯性力，则质点系的达朗贝尔原理为质点系中每个质点上作用的主动力、约束力和惯性力组成平衡力系。

记 F_i、$f_{\mathrm{I}i}$、S_i 分别为质点 m_i 所受的主动力、惯性力和约束反力，则达朗贝尔原理可表示为

$$F_i + f_{\mathrm{I}i} + S_i = 0\ (i = 1,\ 2,\ \cdots,\ N) \tag{1-31}$$

通常，主动力 F_i 包括外荷载 $P(t)$、阻尼力 f_D 和弹性恢复力 f_S。

用达朗贝尔原理来建立质点系运动方程的方法称为“动静法”或“惯性力法”。

【例 1-2】 如图 1-13 所示系统，质量 m 上受外荷载 $P(t)$ 作用，试建立该系统的运动方程。

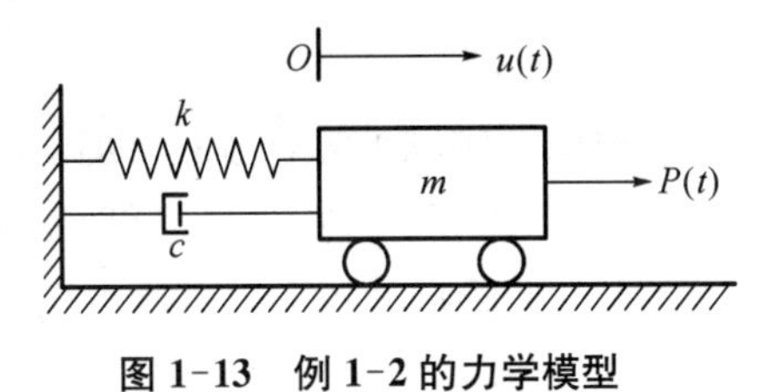

图 1-13 例 1-2 的力学模型

解 质量 m 只做水平运动，因此该系统为单自由度系统。设 $u(t)$ 为质量块 m 的位移坐标，则质量块 m 所受主动力为

$$F(t)=-ku(t)-c\dot{u}(t)+P(t)$$

惯性力为

$$f_I(t)=-m\ddot{u}(t)$$

由于理想约束系统的约束反力不做功，因此，建立运动方程时仅考虑运动方向上的受力。将上面主动力和惯性力的表达式代入式(1-31)，可得运动方程：

$$m\ddot{u}(t)+c\dot{u}(t)+ku(t)=P(t)$$

【例 1-3】 如图 1-14 所示两质点动力系统，求运动方程。

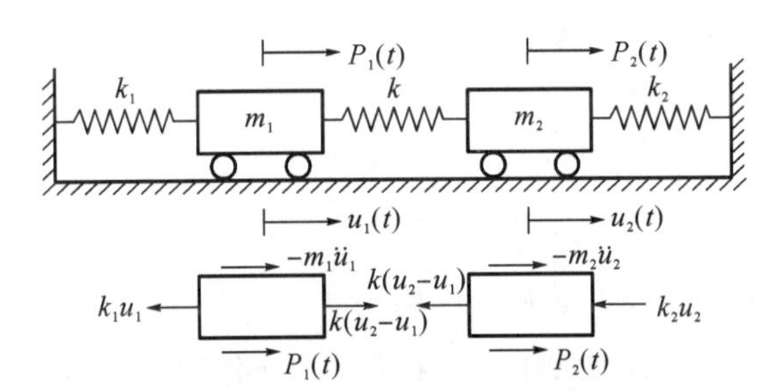

图 1-14 例 1-3 的力学模型

解 m_1 所受的主动力：$F_1(t)=P_1(t)+k[u_2(t)-u_1(t)]-k_1u_1(t)$

m_1 所受的惯性力：$f_{I1}(t)=-m_1\ddot{u}_1(t)$

m_2 所受的主动力：$F_2(t)=P_2(t)-k[u_2(t)-u_1(t)]-k_2u_2(t)$

m_2 所受的惯性力：$f_{I2}(t)=-m_2\ddot{u}_2(t)$

代入动力平衡方程，有

$$P_1(t)+k[u_2(t)-u_1(t)]-k_1u_1(t)-m_1\ddot{u}_1(t)=0$$
$$P_2(t)-k[u_2(t)-u_1(t)]-k_2u_2(t)-m_2\ddot{u}_2(t)=0$$

整理后写成矩阵形式，得

$$\boldsymbol{M}\ddot{\boldsymbol{u}}+\boldsymbol{K}\boldsymbol{u}=\boldsymbol{P}$$

其中

$$\boldsymbol{M}=\begin{bmatrix} m_1 & 0 \\ 0 & m_2 \end{bmatrix};\quad \boldsymbol{K}=\begin{bmatrix} k_1+k & -k \\ -k & k_2+k \end{bmatrix};$$

$$\boldsymbol{u}=[u_1 \quad u_2]^{\mathrm{T}};\quad \ddot{\boldsymbol{u}}=[\ddot{u}_1 \quad \ddot{u}_2]^{\mathrm{T}};\quad \boldsymbol{P}=[P_1 \quad P_2]^{\mathrm{T}}$$

由以上例题可知，应用达朗贝尔原理建立系统运动方程的步骤如下：

(1) 分析系统各个质量所受的主动力和惯性力。

(2) 沿质量的各个自由度方向列平衡方程。

1.4.2 虚功原理

动力学虚功原理：具有理想约束的质点系运动时，在任意瞬时，主动力和惯性力在任意虚位移上所做的虚功之和等于零。

理想约束的定义：在任意虚位移下，约束反力所做的虚功之和恒等于零，即 $\sum_{i=1}^{N} S_i \delta u_i \equiv 0$，表示约束反力不做功。

设系统第 i 质点所受的主动力合力为 F_i，惯性力为 $f_{\mathrm{I}i}=-m_i\ddot{u}_i$，虚位移为 δu_i，由虚功原理得虚功方程：

$$\sum_{i=1}^{N}(F_i - m_i\ddot{u}_i)\delta u_i = 0 \tag{1-32}$$

根据虚位移 δu_i 的任意性，满足上式的充要条件是

$$F_i - m_i\ddot{u}_i = 0 \ (i=1,\ 2,\ \cdots,\ N) \tag{1-33}$$

显然，虚功原理与惯性力法是等价的。虚功原理具有以下特点：

(1) 虚功为标量，可按代数方式相加。而惯性力法作用于结构上的力是矢量，只能按矢量叠加。

(2) 对不便于列平衡方程的复杂系统，虚功原理方法较动静法更方便。

(3) 虚功本身是标量，但计算虚功的力和虚位移仍是矢量。

【例 1-4】 如图 1-15 所示的动力系统，试列出其运动方程。

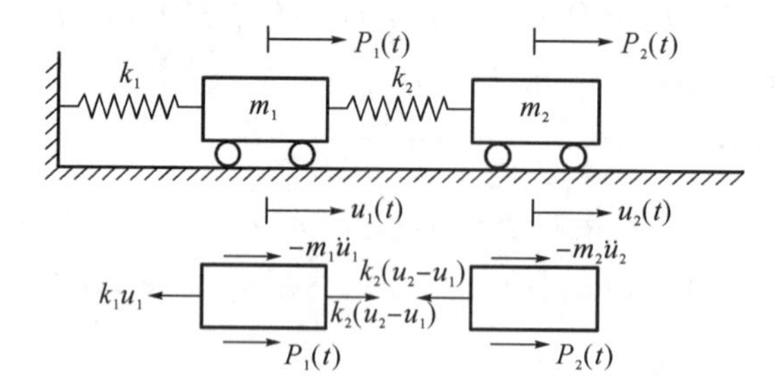

图 1-15 例 1-4 的力学模型

解 (1) 质量 m_1 受力分析。

主动力合力：

$$F_1(t)=P_1(t)+k_2(u_2-u_1)-k_1u_1$$

惯性力：

$$f_{I1}(t)=-m_1\ddot{u}_1$$

对应的虚位移为 δu_1。

(2) 质量 m_2 受力分析。

主动力合力：

$$F_2(t)=P_2(t)-k_2(u_2-u_1)$$

惯性力：

$$f_{I2}(t)=-m_2\ddot{u}_2$$

对应的虚位移为 δu_2。

列出虚功方程：

$$[P_1(t)+k_2(u_2-u_1)-k_1u_1-m_1\ddot{u}_1]\delta u_1+[P_2(t)-k_2(u_2-u_1)-m_2\ddot{u}_2]\delta u_2=0$$

根据 δu_1、δu_2 的任意性，则有

$$\left.\begin{array}{l} P_1(t)+k_2(u_2-u_1)-k_1u_1-m_1\ddot{u}_1=0 \\ P_2(t)-k_2(u_2-u_1)-m_2\ddot{u}_2=0 \end{array}\right\}$$

整理成矩阵形式，即

$$\begin{bmatrix} m_1 & 0 \\ 0 & m_2 \end{bmatrix}\begin{bmatrix} \ddot{u}_1 \\ \ddot{u}_2 \end{bmatrix}+\begin{bmatrix} k_1+k_2 & -k_2 \\ -k_2 & k_2 \end{bmatrix}\begin{bmatrix} u_1 \\ u_2 \end{bmatrix}=\begin{bmatrix} P_1(t) \\ P_2(t) \end{bmatrix}$$

【例 1-5】 如图 1-16 所示动力系统，AB 为均布质量刚性杆，BC 为无质量刚性杆，m_2 为集中质量。以 B 点位移 $u=u_B$ 为广义坐标，求系统的运动方程。

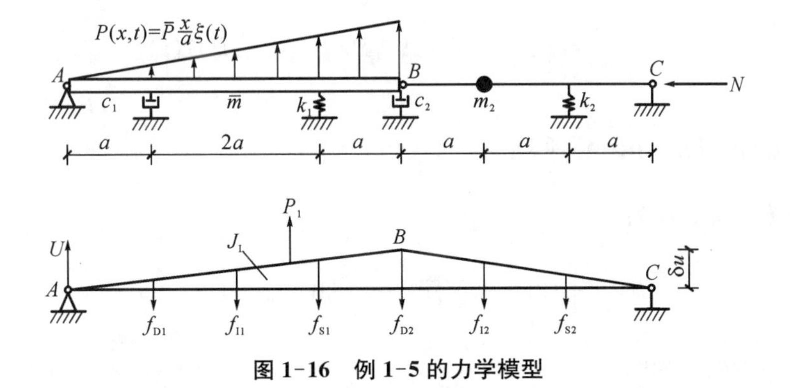

图 1-16 例 1-5 的力学模型

解 (1) AB 杆受力分析。

垂直向主动力有 P_1、f_{D1}、f_{S1}、f_{D2}，各点相应的虚位移依次为 $\frac{2}{3}\delta u$、$\frac{1}{4}\delta u$、$\frac{3}{4}\delta u$、

δu。质心的平动惯性力为 f_{I1}，相应的虚位移为 $\frac{1}{2}\delta u$；AB 杆绕质心的转动惯性力为 J_1，相应的虚位移为 $\frac{\delta u}{4a}$。

(2) BC 杆受力分析。

垂直向主动力为 f_{S2}，相应的虚位移为 $\frac{1}{3}\delta u$；质点 m_2 的惯性力为 f_{I2}，相应的虚位移为 $\frac{2}{3}\delta u$。

列其虚功方程：

$$P_1\frac{2}{3}\delta u - f_{D1}\frac{1}{4}\delta u - f_{S1}\frac{3}{4}\delta u - f_{D2}\delta u - f_{I1}\frac{1}{2}\delta u - J_1\frac{\delta u}{4a} - f_{S2}\frac{1}{3}\delta u - f_{I2}\frac{2}{3}\delta u = 0 \tag{a}$$

其中：$P_1 = 8\bar{P}a\xi(t)$；$f_{I1} = 4a\bar{m}\frac{1}{2}\ddot{u} = 2a\bar{m}\ddot{u}$；$f_{I2} = \frac{2}{3}m_2\ddot{u}$；

$J_1 = \frac{4}{3}a^2\bar{m}\ddot{u} = I_0\frac{\ddot{u}}{4a}\left(I_0 = \frac{\bar{m}}{12}l^3\right)$；$f_{D1} = \frac{1}{4}\dot{u}c_1$；$f_{D2} = \dot{u}c_2$；

$f_{S1} = \frac{3}{4}uk_1$；$f_{S2} = \frac{1}{3}uk_2$。

将以上各式代入虚功方程(a)，整理后得到系统的运动方程：

$$M^*\ddot{u}(t) + C^*\dot{u}(t) + K^*u(t) = P^*(t)$$

其中，M^*、C^*、K^*、P^* 分别为广义质量、广义阻尼、广义刚度和广义力，其定义如下：

$$M^* = \frac{4}{3}\bar{m}a + \frac{4}{9}m_2;\quad C^* = \frac{1}{16}c_1 + c_2;$$

$$K^* = \frac{9}{16}k_1 + \frac{1}{9}k_2;\quad P^*(t) = \frac{16}{3}\bar{P}a\xi(t)。$$

1.4.3 哈密顿(Hamilton)原理

哈密顿原理可表述为

$$\int_{t_1}^{t_2}\delta(T - V)\mathrm{d}t + \int_{t_1}^{t_2}\delta W_{nc}\mathrm{d}t = 0 \tag{1-34}$$

式中 T ——系统总动能；

V ——保守力产生的系统势能；

W_{nc} ——作用于系统上的非保守力所做的功；

δ ——指定时段内所取的变分。

根据固定边界条件下的数学泛函极值原理，当 $t = t_1$，$t = t_2$ 时，有 $\delta u = 0$。

将哈密顿原理用于静力问题时，动能 T 这一项不存在，而式(1-34)积分中的剩余项是不随时间 t 改变的，于是方程简化为

$$\delta(V-W_{\text{nc}})=0 \tag{1-35}$$

哈密顿原理与虚功原理一样，不直接给出系统真实运动的表达式，而是提供一种准则，即通过变分将真实运动与满足同样条件的一切可能运动区别开来，通常将这一类的力学原理称为变分原理。

应用哈密顿原理可以推导出系统的运动方程，示例如下。

【例 1-6】 如图 1-17 所示系统，用哈密顿原理求其运动方程。

解 质量 m 的动能为 $T=\frac{1}{2}m\dot{u}^2$，系统的势能(保守力)为 $V=\frac{1}{2}ku^2$。非保守力做功的变分等于非保守力在位移变分 δu 上做的功，即

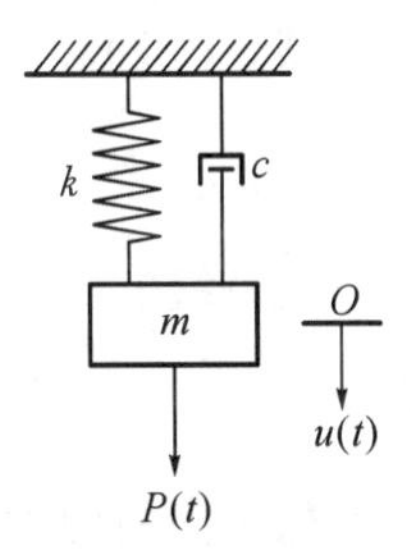

图 1-17 例 1-6 的力学模型

$$\delta W_{\text{nc}}=P\delta u-c\dot{u}\delta u$$

将以上各式代入哈密顿原理公式中，得

$$\int_{t_1}^{t_2}(m\dot{u}\delta\dot{u}-ku\delta u+P\delta u-c\dot{u}\delta u)\mathrm{d}t=0$$

通过积分运算，得

$$\begin{aligned}\int_{t_1}^{t_2}m\dot{u}\delta\dot{u}\,\mathrm{d}t&=\int_{t_1}^{t_2}m\dot{u}\frac{\mathrm{d}(\delta u)}{\mathrm{d}t}\mathrm{d}t=m\dot{u}\delta u\Big|_{t_1}^{t_2}-\int_{t_1}^{t_2}m\ddot{u}\delta u\,\mathrm{d}t\\&=m\dot{u}\delta u\Big|_{t=t_2}-m\dot{u}\delta u\Big|_{t=t_1}-\int_{t_1}^{t_2}m\ddot{u}\delta u\,\mathrm{d}t\\&=-\int_{t_1}^{t_2}m\ddot{u}\delta u\,\mathrm{d}t\end{aligned}$$

所以

$$\int_{t_1}^{t_2}(-m\ddot{u}-c\dot{u}-ku+P)\delta u\,\mathrm{d}t=0$$

由 δu 的任意性，得到系统的运动方程：

$$m\ddot{u}+c\dot{u}+ku=P$$

哈密顿原理的优点如下：

(1) 不明显使用惯性力和弹性力，分别用对动能和位能的变分来代替。

(2) 仅涉及标量(能量)的运算处理。

1.4.4 拉格朗日(Lagrange)方程

设质点系的动力自由度为 n，质点系有 N 个质点，则对于完整约束的质点系，任意质点

的坐标可用 n 个广义坐标表示：

$$u_i = u_i(q_1, q_2, \cdots, q_n; t)\ (i=1, 2, \cdots, N) \tag{1-36}$$

假定这些函数对于 $q_i(i=1, 2, \cdots, n)$ 和 t 是二次可微函数，则有

$$\frac{\mathrm{d}u_i}{\mathrm{d}t} = \sum_{j=1}^{n} \frac{\partial u_i}{\partial q_j}\dot{q}_j + \frac{\partial u_i}{\partial t} \tag{1-37}$$

质点系的动能可表示为

$$T = \frac{1}{2}\sum_{i=1}^{N} m_i \left(\frac{\mathrm{d}u_i}{\mathrm{d}t}\right)^2 \tag{1-38}$$

由式(1-37)和式(1-38)可知，动能 T 可表示为广义坐标及它们对时间导数的函数：

$$T = T(q_1, q_2, \cdots, q_n; \dot{q}_1, \dot{q}_2, \cdots, \dot{q}_n) \tag{1-39}$$

假定系统的保守力对应的势能可表示为

$$V = (q_1, q_2, \cdots, q_n) \tag{1-40}$$

非保守力所做功的变分为

$$\delta W_{\mathrm{nc}} = \sum_{j=1}^{N} Q_j \delta q_j \tag{1-41}$$

这里，Q_j 是非有势力对应于广义坐标 q_j 的广义力函数。

将式(1-39)—式(1-41)代入哈密顿原理方程即式(1-34)，可推得拉格朗日方程：

$$\frac{\mathrm{d}}{\mathrm{d}t}\left(\frac{\partial T}{\partial \dot{q}_j}\right) - \frac{\partial T}{\partial q_j} + \frac{\partial V}{\partial q_j} = Q_j \quad (j=1, 2, \cdots, n) \tag{1-42}$$

具体推导过程如下：

对于具有 n 个自由度的结构系统，其动能和位能的变分分别为

$$\delta T = \sum_{j=1}^{n} \frac{\partial T}{\partial q_j}\delta q_j + \sum_{j=1}^{n} \frac{\partial T}{\partial \dot{q}_j}\delta \dot{q}_j \tag{1-43}$$

$$\delta V = \sum_{j=1}^{n} \frac{\partial V}{\partial q_j}\delta q_j \tag{1-44}$$

非保守力所做功的变分为

$$\delta W_{\mathrm{nc}} = \sum_{j=1}^{n} Q_j \delta q_j \tag{1-45}$$

将式(1-43)、式(1-44)和式(1-45)代入哈密顿原理方程即式(1-34)，得

$$\int_{t_1}^{t_2} \sum_{j=1}^{n} \left(\frac{\partial T}{\partial q_j} - \frac{\partial V}{\partial q_j} + Q_j\right)\delta q_j \,\mathrm{d}t + \sum_{j=1}^{n}\int_{t_1}^{t_2} \frac{\partial T}{\partial \dot{q}_j}\delta \dot{q}_j \,\mathrm{d}t = 0 \tag{1-46}$$

对式(1-46)的第二项进行分部积分，得

$$\int_{t_1}^{t_2} \frac{\partial T}{\partial \dot{q}_j} \delta \dot{q}_j \mathrm{d}t = \int_{t_1}^{t_2} \frac{\partial T}{\partial \dot{q}_j} \delta\left(\frac{\mathrm{d}q_j}{\mathrm{d}t}\right) \mathrm{d}t = \int_{t_1}^{t_2} \frac{\partial T}{\partial \dot{q}_j} \frac{\mathrm{d}}{\mathrm{d}t}(\delta q_j) \mathrm{d}t = \int_{t_1}^{t_2} \frac{\partial T}{\partial \dot{q}_j} \mathrm{d}(\delta q_j)$$
$$= \frac{\partial T}{\partial \dot{q}_j} \delta q_j \Big|_{t_1}^{t_2} - \int_{t_1}^{t_2} \frac{\mathrm{d}}{\mathrm{d}t}\left(\frac{\partial T}{\partial \dot{q}_j}\right) \delta q_j \mathrm{d}t = -\int_{t_1}^{t_2} \frac{\mathrm{d}}{\mathrm{d}t}\left(\frac{\partial T}{\partial \dot{q}_j}\right) \delta q_j \mathrm{d}t \quad (1\text{-}47)$$

将式(1-47)代入式(1-46)，得

$$\sum_{j}^{n} \int_{t_1}^{t_2} \left[-\frac{\mathrm{d}}{\mathrm{d}t}\left(\frac{\partial T}{\partial \dot{q}_j}\right) + \frac{\partial T}{\partial q_j} - \frac{\partial V}{\partial q_j} + Q_j \right] \delta q_j \mathrm{d}t = 0 \quad (1\text{-}48)$$

由 δq_j 的任意性，可知式(1-48)中方括号内项恒为零，得到拉格朗日方程，如式(1-42)所示。

【例 1-7】 依据【例 1-1】中图 1-8 所示的两自由度系统，利用拉格朗日方程建立关于广义坐标 φ_1、φ_2 的运动方程(假设 φ_1、φ_2 为微小量，即系统仅发生线性的微幅振动)。

解 物理坐标与广义坐标的关系如下：

$$x_1 = l_1 \sin\varphi_1 \ \ y_1 = l_1 \cos\varphi_1;$$
$$x_2 = l_1 \sin\varphi_1 + l_2 \sin\varphi_2 \ \ y_2 = l_1 \cos\varphi_1 + l_2 \cos\varphi_2$$

质点 m_1 的动能为 $T_1 = \frac{1}{2} m_1 (\dot{x}_1^2 + \dot{y}_1^2) = \frac{1}{2} m_1 l_1^2 \dot{\varphi}_1^2$；

质点 m_1 的势能为 $V_1 = m_1 g (l_1 + l_2 - y_1) = m_1 g [l_1(1 - \cos\varphi_1) + l_2]$；

质点 m_2 的动能为

$$T_2 = \frac{1}{2} m_2 (\dot{x}_2^2 + \dot{y}_2^2) = \frac{1}{2} m_2 [(l_1 \dot{\varphi}_1 \cos\varphi_1 + l_2 \dot{\varphi}_2 \cos\varphi_2)^2 + (l_1 \dot{\varphi}_1 \sin\varphi_1 + l_2 \dot{\varphi}_2 \sin\varphi_2)^2]$$
$$= \frac{1}{2} m_2 [l_1^2 \dot{\varphi}_1^2 + l_2^2 \dot{\varphi}_2^2 + 2 l_1 l_2 \dot{\varphi}_1 \dot{\varphi}_2 \cos(\varphi_1 - \varphi_2)];$$

质点 m_2 的势能为 $V_2 = m_2 g (l_1 + l_2 - l_1 \cos\varphi_1 - l_2 \cos\varphi_2)$。

对应广义坐标 φ_1、φ_2 的广义力为

$$Q_1 = -P_1 l_1 \sin\varphi_1 - P_2 l_1 \sin\varphi_1;$$
$$Q_2 = -P_2 l_2 \sin\varphi_2$$

系统总动能 $T = T_1 + T_2$，总势能 $V = V_1 + V_2$，代入拉格朗日方程，得

$$\frac{\partial T}{\partial \dot{\varphi}_1} = m_1 l_1^2 \dot{\varphi}_1 + m_2 l_1^2 \dot{\varphi}_1 + m_2 l_1 l_2 \dot{\varphi}_2 \cos(\varphi_1 - \varphi_2);$$

$$\frac{\mathrm{d}}{\mathrm{d}t}\left(\frac{\partial T}{\partial \dot{\varphi}_1}\right) = (m_1 + m_2) l_1^2 \ddot{\varphi}_1 + m_2 l_1 l_2 [\ddot{\varphi}_2 \cos(\varphi_1 - \varphi_2) - \dot{\varphi}_2 (\dot{\varphi}_1 - \dot{\varphi}_2) \sin(\varphi_1 - \varphi_2)];$$

$$\frac{\partial T}{\partial \varphi_1} = -m_2 l_1 l_2 \dot{\varphi}_1 \dot{\varphi}_2 \sin(\varphi_1 - \varphi_2); \quad \frac{\partial V}{\partial \varphi_1} = (m_1 + m_2) g l_1 \sin\varphi_1;$$

$$\frac{\partial T}{\partial \dot{\varphi}_2} = m_2 l_2^2 \dot{\varphi}_2 + m_2 l_1 l_2 \dot{\varphi}_1 \cos(\varphi_1 - \varphi_2);$$

$$\frac{\mathrm{d}}{\mathrm{d}t}\left(\frac{\partial T}{\partial \dot{\varphi}_2}\right)=m_2 l_2^2 \ddot{\varphi}_2+m_2 l_1 l_2[\ddot{\varphi}_1 \cos(\varphi_1-\varphi_2)-\dot{\varphi}_1(\dot{\varphi}_1-\dot{\varphi}_2)\sin(\varphi_1-\varphi_2)];$$

$$\frac{\partial T}{\partial \varphi_2}=m_2 l_1 l_2 \dot{\varphi}_1 \dot{\varphi}_2 \sin(\varphi_1-\varphi_2);\quad \frac{\partial V}{\partial \varphi_2}=m_2 g l_2 \sin\varphi_2。$$

φ_1、φ_2 为小量，则 $\sin\varphi_1=\varphi_1$，$\sin\varphi_2=\varphi_2$，$\cos\varphi_1=\cos\varphi_2=1$，略去二阶微量后，简化得运动方程：

$$(m_1+m_2)l_1^2\ddot{\varphi}_1+m_2 l_1 l_2\ddot{\varphi}_2+(m_1+m_2)g l_1\varphi_1=-(P_1+P_2)l_1\varphi_1$$

$$m_2 l_1 l_2\ddot{\varphi}_1+m_2 l_2^2\ddot{\varphi}_2+m_2 g l_2\varphi_2=-P_2 l_2\varphi_2$$

写成矩阵形式为

$$\begin{bmatrix}(m_1+m_2)l_1^2 & m_2 l_1 l_2\\ m_2 l_1 l_2 & m_2 l_2^2\end{bmatrix}\begin{bmatrix}\ddot{\varphi}_1\\ \ddot{\varphi}_2\end{bmatrix}+\begin{bmatrix}(P_1+P_2+m_1 g+m_2 g)l_1 & 0\\ 0 & (P_2+m_2 g)l_2\end{bmatrix}\begin{bmatrix}\varphi_1\\ \varphi_2\end{bmatrix}=\begin{bmatrix}0\\ 0\end{bmatrix}$$

1.4.5 若干结论

达朗贝尔原理、虚功原理、哈密顿原理和拉格朗日方程是建立系统运动方程的四种基本力学原理，相关结论如下：

(1) 达朗贝尔原理是一种应用广泛、简单、直观的建立运动方程的方法，属于矢量方法。该原理应用动力平衡概念，使得结构静力分析中建立控制方程的一些方法可以直接推广应用到动力分析中，例如虚位移原理。

(2) 虚功原理属于半矢量方法，适用于结构具有分布质量和弹性约束或变形的动力系统。当用动力平衡方法来建立系统的运动方程较为困难时，采用虚位移原理可能比较方便——在获得系统虚功之后，可采用标量运算建立系统的运动方程，避免了矢量运算，求解方便。

(3) 哈密顿原理属于标量方法，表达式简洁。若不考虑非保守力做的功(主要是阻尼力)，就完全是标量运算。实际上，能直接采用哈密顿原理建立运动方程的系统并不多。

(4) 拉格朗日方程也属于标量方法，应用较多。通常，惯性力和弹性恢复力是建立运动方程时最为困难的处理对象，而该方法不必直接分析惯性力和保守力(主要是弹性恢复力)。当不考虑非保守力(阻尼力)时，拉格朗日方程是一个完全的标量分析方法。

1.5 重力与约束激励的影响

1.5.1 重力的影响

结构自重属于静力问题，但重力对结构的动力响应以及对运动方程的建立有何影响，需要讨论。

如图 1-18 所示悬吊的单质点弹簧-质点系统，在自重和动荷载作用下的变形过程如图 1-18(b)、(c)、(d)所示。

在自重作用下，质量块 m 产生一竖向位移 Δ_{st}（弹簧伸长 Δ_{st}）。按静力学方法可得在重力 $W=mg$ 作用下系统的静位移为 $\Delta_{st}=W/k$。在静荷载(自重)作用下结构所处的位置称为静平衡位置。该位置就是受到动力作用之前结构所处的实际位置。

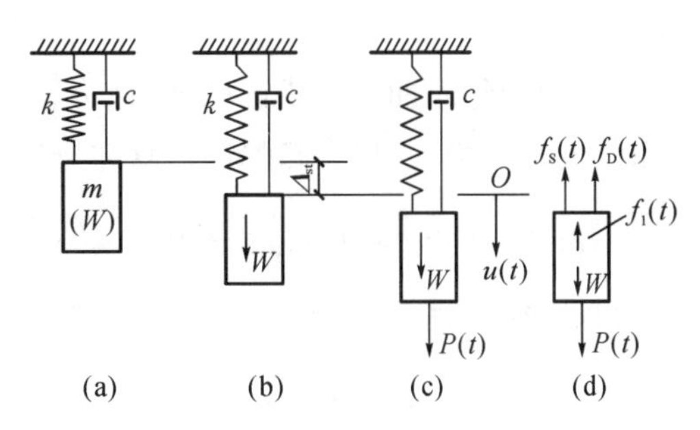

图 1-18 考虑重力影响时单自由度系统的受力分析

取结构的静平衡位置为坐标原点，此时，结构受动荷载 $P(t)$ 作用，质点的动力位移、速度、加速度分别为 u、$\dot{u}$ 和 $\ddot{u}$。质点受到的惯性力、阻尼力和弹性恢复力分别为 $f_I=m\ddot{u}$，$f_D=c\dot{u}$ 和 $f_S=k(u+\Delta_{st})$。

外荷载包括动荷载和自重，即 $P(t)+W$。

应用达朗贝尔原理，得到质点的平衡方程为

$$f_I+f_D+f_S=P(t)+W \tag{1-49}$$

将 f_I、f_D、f_S 表达式代入上式，得

$$m\ddot{u}+c\dot{u}+k(u+\Delta_{st})=P(t)+W \tag{1-50}$$

再将 $\Delta_{st}=W/k$ 代入上式，得到考虑重力影响的结构系统运动方程为

$$m\ddot{u}+c\dot{u}+ku=P(t) \tag{1-51}$$

显然，考虑重力影响的结构系统的运动方程与无重力影响时的运动方程完全一样，位移 u 是由动荷载引起的动力反应。

在研究结构动力反应时，关于重力的影响有以下几个结论：

(1) 可完全不考虑重力影响，直接建立系统的运动方程，求解动荷载作用下的响应。

(2) 需考虑重力影响时，叠加原理成立，即在结构反应问题中，应用叠加原理可将静力问题(一般是重力问题)和动力问题分开计算，结构的总位移(变形)等于静力解加动力解，结果可得到结构的总反应。叠加原理仅适用于线弹性、小变形动力系统。

(3) 在动荷载作用之前，如果重力的影响没有预先被平衡，则在施加动荷载产生进一步变形后，可产生二阶影响问题，例如 P-Δ 效应。

1.5.2 约束激励的影响

实际中常见的一种结构动力反应，不是由直接作用到结构上的动力引起的，而是由约束运动使得结构相对约束运动而引起的振动。

如图 1-19 所示的单自由度系统，其中，u_g 是地基的位移；u 是相对于固定在地基之上的相对坐标系的位移，反映了结构本身的变形；$u(t)$ 是质点相对于绝对坐标系的位移，

$u(t)=u+u_g$。

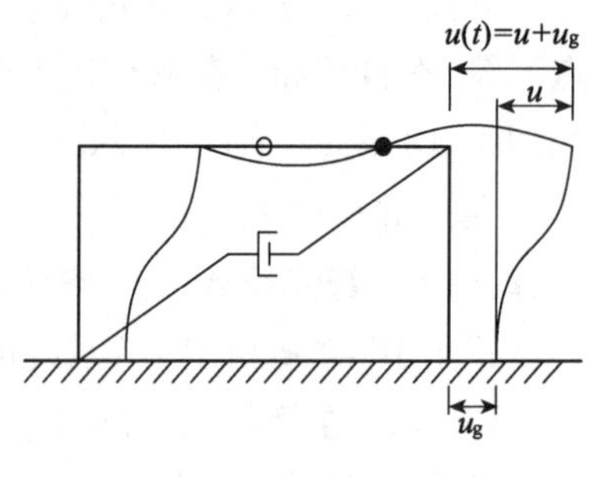

图 1-19　考虑地基运动影响时系统运动与变形的关系

惯性力与绝对加速度成正比，弹性力仅与相对变形有关，系统的惯性力、阻尼力和弹性恢复力分别为

$$f_I=m(\ddot{u}+\ddot{u}_g);\quad f_S=ku;\quad f_D=c\dot{u}。\tag{1-52}$$

根据平衡方程 $f_I+f_D+f_S=0$，得

$$m\ddot{u}+c\dot{u}+ku=P_{eff}(t)\tag{1-53}$$

$$P_{eff}(t)=-m\ddot{u}_g\tag{1-54}$$

式中，$P_{eff}(t)$ 表示由地基运动产生的等效荷载，其大小等于结构的质量与地面加速度之积，方向与地面加速度方向相反。

因此，结构由约束运动引起的反应问题转化为约束固定而结构在等效荷载作用下的动力反应问题。

习　题

1-1　结构动力学与结构静力学的主要区别是什么？

1-2　结构动力学中最基本的两个特征和三个要素分别是什么？

1-3　结构动力自由度与系统几何分析中的自由度有何区别？

1-4　结构的动力特性一般指什么？

1-5　建立如图所示的弹簧-质点系统运动方程(要求从刚度的基本定义出发确定系统的等效刚度)。

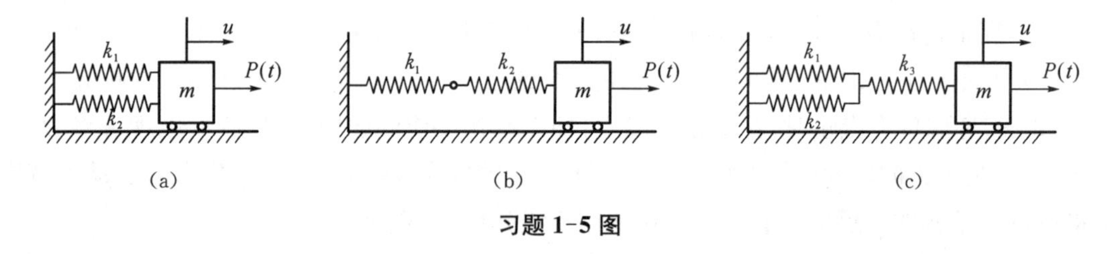

习题 1-5 图

1-6　确定图中各系统的动力自由度，其中对习题 1-6 图(a)所示系统不考虑轴向力的影响。

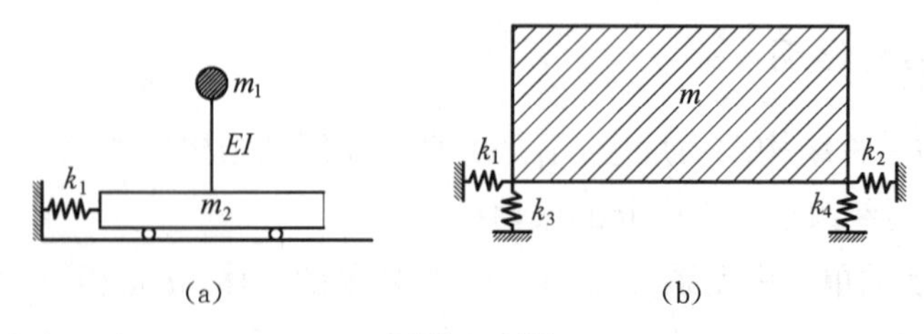

习题 1-6 图

1-7 确定图中各系统的动力自由度(各集中质量略去转动惯量;杆件质量除注明者外略去不计。除图中标明了抗弯刚度者外,其余抗弯刚度均为 EI,且刚架的轴向变形忽略不计)。

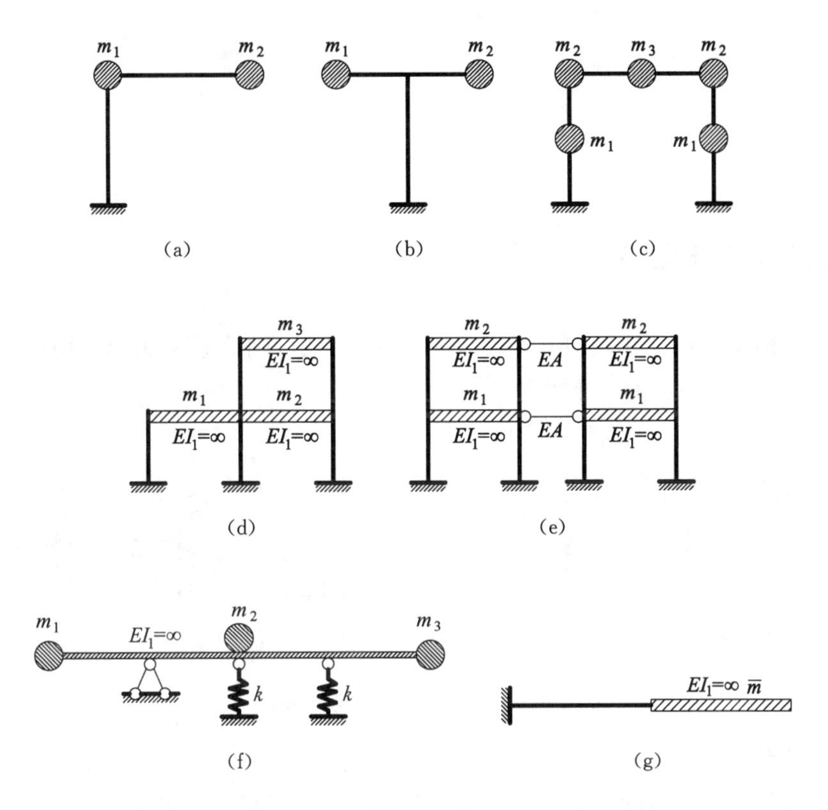

习题 1-7 图

2 单自由度系统

2.1 单自由度系统概述

若确定结构运动状态的几何位置仅需一个独立参数，则该系统为单自由度系统。如图2-1所示为单自由度系统的三个例子。

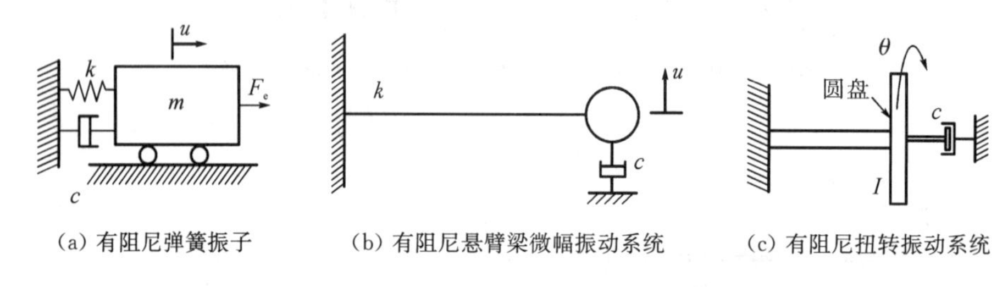

图2-1 单自由度系统示例

单自由度系统虽然简单，对其进行研究却具有重要的意义：一方面，许多实际系统可以比较准确地简化为单自由度系统；另一方面，单自由度系统的一些重要概念、特性和研究方法是研究复杂系统振动问题的基础。

2.2 无阻尼单自由度系统的自由振动

2.2.1 单自由度系统振动微分方程的建立

以图2-1(a)所示的单自由度模型——弹簧-质量系统为例，对单自由度系统进行受力分析，如图2-2所示。

假定质量块偏离静力平衡位置(虚线表示)的位移为$u(t)$，则质量块的受力分析如下。

(1) 恢复力。恢复力是由弹簧变形产生的弹性力：

$$F_S = -ku(t) \tag{2-1}$$

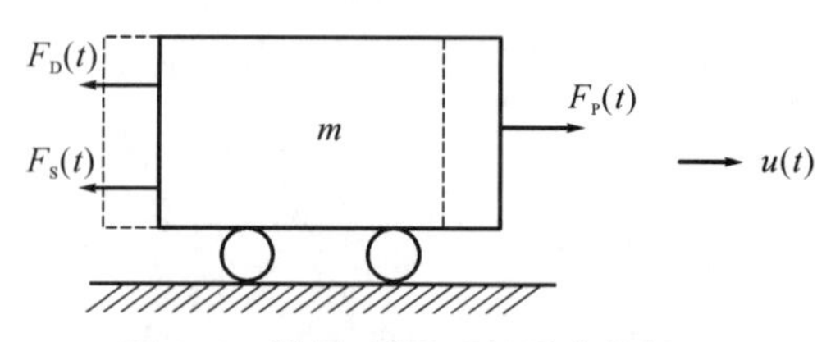

图2-2 弹簧-质量系统受力分析

(2) 阻尼力。采用黏性阻尼模型，假设质量运动时所受的阻尼力与运动速度成正比，用 F_D 表示阻尼力，则

$$F_D = -c\dot{u}(t) \tag{2-2}$$

(3) 激励力。一般情况下，外部作用的激励力为时间的函数，可以表示为 $F_P(t)$。根据牛顿第二定律，可得

$$F = F_S + F_D + F_P = -ku(t) - c\dot{u}(t) + F_P(t) = m\ddot{u}(t) \tag{2-3}$$

式(2-3)整理后，可得

$$m\ddot{u}(t) + c\dot{u}(t) + ku(t) = F_P(t) \tag{2-4}$$

式(2-4)即为单自由度系统的运动微分方程，简称运动方程，其数学模型是一个二阶非齐次线性常微分方程。

2.2.2 无阻尼系统自由振动微分方程求解

动力系统仅受到初始扰动激励所产生的振动，称为自由振动。自由振动在振动过程中不再受激励力作用或者吸收外界的能量，不计阻尼力的自由振动称为无阻尼自由振动。

根据式(2-4)，无阻尼自由振动的振动微分方程为

$$m\ddot{u}(t) + ku(t) = 0 \tag{2-5}$$

令

$$\omega_n^2 = \frac{k}{m} \tag{2-6}$$

显然，ω_n 只由系统本身的刚度 k 和质量 m 决定，而与初始条件无关，故称固有角频率，简称固有频率、圆频率或自然频率。

将式(2-6)代入式(2-5)，得

$$\ddot{u}(t) + \omega_n^2 u(t) = 0 \tag{2-7}$$

式(2-7)是单自由度系统无阻尼自由振动的标准微分方程，相应的数学模型是一个二阶齐次线性常微分方程，其通解为

$$u(t) = C_1 \sin(\omega_n t) + C_2 \cos(\omega_n t) \tag{2-8}$$

其中，常数 C_1 和 C_2 可根据运动的初始条件求出。设 $t=0$ 时，$u=u_0$，$\dot{u}=\dot{u}_0$，代入式(2-8)，求出常数 C_1 和 C_2 后，得

$$u = \frac{\dot{u}_0}{\omega_n}\sin(\omega_n t) + u_0 \cos(\omega_n t) \tag{2-9}$$

若令 $u_0 = A\sin\varphi$，$\frac{\dot{u}_0}{\omega_n} = A\cos\varphi$，则上述方程可变为

$$u(t)=A\sin(\omega_n t+\varphi) \tag{2-10}$$

其中

$$A=\sqrt{C_1^2+C_2^2}=\sqrt{\left(\frac{\dot{u}_0}{\omega_n}\right)^2+u_0^2},\quad \tan\varphi=\frac{C_2}{C_1}=\frac{\omega_n u_0}{\dot{u}_0} \tag{2-11}$$

由式(2-10)可知，单自由度系统的无阻尼自由振动为简谐振动。简谐振动属于周期性振动，振幅 A 和相位角 φ 都由初始条件确定。

图 2-3 所示为无阻尼自由振动的运动曲线，也称时间历程曲线。

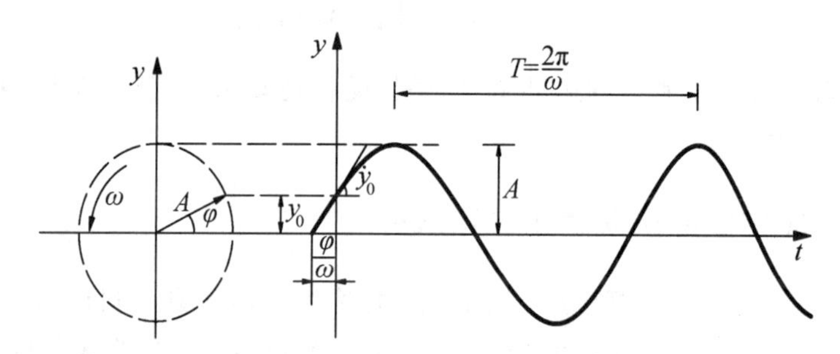

图 2-3　无阻尼自由振动的运动曲线

由式(2-10)和图 2-3 可知：

(1) 结构的自由振动位移是按正弦(或余弦)规律在静力平衡位置附近做往复运动，凡是满足这种关系的振动均称为简谐振动。

(2) 在简谐振动中，速度 $\dot{y}$、加速度 $\ddot{y}$ 等物理量也都是按正弦(或余弦)规律变化的。

2.2.3　结构自振频率与周期

式(2-10)右边是一个周期函数，其周期为 $T_n=\frac{2\pi}{\omega_n}$。

不难验证，式(2-10)中的位移 $u(t)$ 满足周期运动的条件：

$$u(t+T)=u(t) \tag{2-12}$$

定义：结构重复出现同一运动状态(包括位移、速度等)的最短时间间隔称为自振周期，用符号 T_n 表示，通常选取的时间单位为秒(s)。

定义：2π s 时间段内的振动次数称为圆频率，用符号 ω_n 表示，单位是 rad/s，也称简谐振动的固有频率、角频率或自然频率。

由式(2-6)得

$$\omega_n=\sqrt{\frac{k}{m}}=\sqrt{\frac{1}{m\delta}} \tag{2-13}$$

定义：每秒内系统的振动次数称为自振频率，用 f_n 表示，单位为赫兹(Hz)。工程中它

与周期 T 的关系如下：

$$f_n=\frac{1}{T}=\frac{\omega_n}{2\pi}=\frac{1}{2\pi}\sqrt{\frac{k}{m}} \tag{2-14}$$

定义：工程上还常用 1 min 内振动的次数表示频率，称为工程频率，用字母 n 表示。工程频率 n 与频率 f_n 的关系为

$$n=60f_n \tag{2-15}$$

圆频率 ω_n、频率 f_n 和周期 T_n 之间的关系及它们常用的计算公式如下：

$$f_n=\frac{1}{T_n},\quad f_n=\frac{\omega_n}{2\pi},\quad T_n=\frac{2\pi}{\omega_n} \tag{2-16}$$

$$\omega_n=\sqrt{\frac{k}{m}}=\sqrt{\frac{1}{m\delta}}=\sqrt{\frac{g}{W\delta}}=\sqrt{\frac{g}{\Delta_{st}}} \tag{2-17}$$

$$T_n=\frac{2\pi}{\omega_n}=2\pi\sqrt{\frac{m}{k}}=2\pi\sqrt{m\delta}=2\pi\sqrt{\frac{\Delta_{st}}{g}} \tag{2-18}$$

式中 k ——质点系的刚度；

δ ——柔度；

g ——重力加速度；

Δ_{st} ——在质点上沿振动方向施加荷载 W 时质点沿振动方向所产生的静位移。

从能量角度来看，无阻尼自由振动系统为保守系统，其机械能守恒，即动能 T 和势能 V 之和保持不变：$T+V=$常数。

显然，动能为零时，势能达到最大值；动能达到最大值时，势能为零。故有 $T_{max}=V_{max}$。

由无阻尼自由振动微分方程的解，得位移与速度的响应为

$$u=A\sin(\omega_n t+\varphi),\quad \dot{u}=A\omega_n\cos(\omega_n t+\varphi) \tag{2-19}$$

对应的最大动能和最大势能分别为

$$T_{max}=\frac{1}{2}mA^2\omega_n^2,\quad V_{max}=\frac{1}{2}kA^2 \tag{2-20}$$

令 $T_{max}=\frac{1}{2}mA^2\omega_n^2=V_{max}=\frac{1}{2}kA^2$，显然可得到固有频率公式，如式(2-13)所示。

分析式(2-17)和式(2-18)，可得到如下结论：

(1) 通常，结构振动的一个重要特性，即一个结构系统的自由振动频率值的大小与该结构系统的外部条件无关，只与反映该结构内部固有属性的质量和刚度有关，所以称之为自振频率或固有频率。结构的刚度 k 越大或柔度 δ 越小，频率 f(或 ω) 就越大，即振动越快；质量 m 越大(即运动的惯性越大)，振动频率 f(或 ω) 就越小，即振动越慢。在结构设计中，这个特点对于如何控制结构的自振频率有着重要意义。

(2) ω 随 Δ_{st} 的增大而减小,因此,若把集中质点放在结构上产生最大位移处,则可得到最低的自振频率和最大的振动周期。

(3) 自振周期与结构的质量和刚度有关,与外界的干扰因素无关。干扰力的大小只能影响振幅的大小,而不能影响结构自振周期的大小。

(4) 自振周期与质量的平方根成正比,质量越大,则周期越大(频率 f 越小);自振周期与刚度的平方根成反比,刚度越大,则周期越小(频率 f 越大);要改变结构的自振频率,只有从改变结构的质量或刚度着手。

(5) 自振周期 T 是结构动力性能的一个重要特性。两个外表相似的结构,如果周期相差很大,则动力性能就会相差很大;反之,两个外表看起来并不相似的结构,如果其自振频率相近,则在动荷载作用下其动力性能基本一致。

【例 2-1】 如图 2-4 所示为一等截面简支梁,截面抗弯刚度为 EI,跨度为 l。在梁的跨度中点有一集中质量 m。如果忽略梁本身的质量,试求梁的自振周期 T 和圆频率 ω。

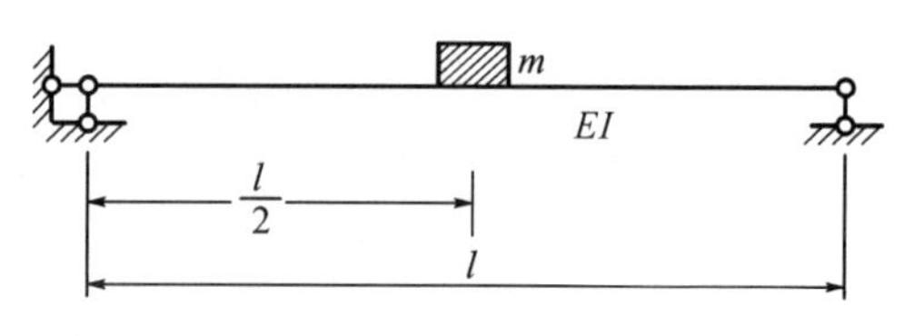

图 2-4 例 2-1 图和力学模型

解 质量块在简支梁跨中,容易求得其柔度系数为

$$\delta=\frac{l^3}{48EI}$$

可得

$$T=2\pi\sqrt{m\delta}=2\pi\sqrt{\frac{ml^3}{48EI}};\quad \omega=\frac{1}{\sqrt{m\delta}}=\sqrt{\frac{48EI}{ml^3}}$$

【例 2-2】 如图 2-5 所示为一简支梁,在跨度为 l、抗弯刚度为 EI 的轻质弹性梁中点处有一质量为 m 的重物,且梁中点下端与一刚度系数为 k_2 的弹簧相连,$k_2=24EI/l^3$,试求系统的固有频率 ω_n。

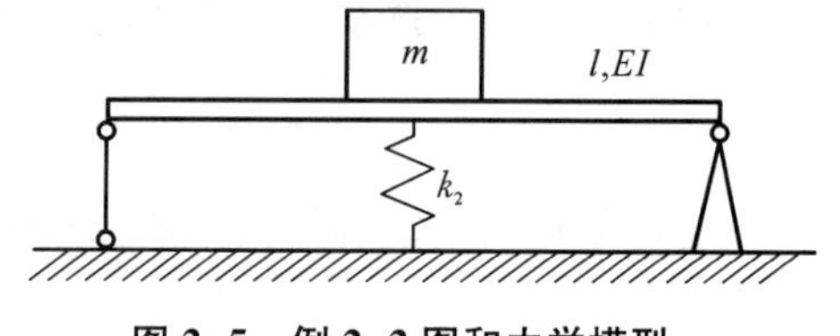

图 2-5 例 2-2 图和力学模型

解 不计梁自重。根据材料力学公式,可求出在简支梁中点作用集中力 F 后,跨中挠度为

$$w=\frac{Fl^3}{48EI}$$

则梁的等效刚度为

$$k_1=\frac{F}{w}=\frac{48EI}{l^3}$$

系统总刚度相当于两个刚度分别为 k_1、k_2 的弹簧并联,则总刚度为

$$k = k_1 + k_2 = \frac{48EI}{l^3} + \frac{24EI}{l^3} = \frac{72EI}{l^3}$$

系统的固有频率为

$$\omega_n = \sqrt{\frac{k}{m}} = \sqrt{\frac{72EI}{ml^3}}$$

2.3 有阻尼单自由度系统的自由振动

无阻尼自由振动状态是一种理想情况，在实际动力系统振动过程中，存在各种阻尼因素，如接触面摩擦、流动介质阻力和弹性材料内阻尼等。

当质点或质点系的运动速度较小时，黏性流体介质阻力近似与速度成正比，称为黏性阻尼。

图 2-6 所示为一黏性阻尼器，其阻尼系数为 c，物体受到的阻尼力为 $-c\dot{u}$。根据达朗贝尔原理，可得到有阻尼自由振动系统的振动微分方程：

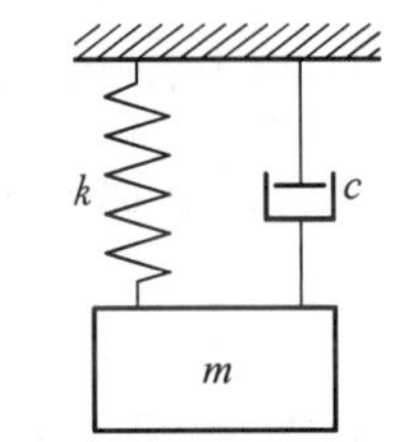

图 2-6 有阻尼弹簧振子

$$m\ddot{u} + c\dot{u} + ku = 0 \tag{2-21}$$

已知 $\omega_n^2 = k/m$，令

$$2n = \frac{c}{m} \tag{2-22}$$

则式(2-22)可改写为标准形式的振动微分方程：

$$\ddot{u} + 2n\dot{u} + \omega_n^2 u = 0 \tag{2-23}$$

式(2-23)是一个二阶常系数齐次线性常微分方程，设其通解为 $u = A\mathrm{e}^{st}$，则特征方程为

$$s^2 + 2ns + \omega_n^2 = 0 \tag{2-24}$$

特征解为

$$s_{1,2} = -n \pm \sqrt{n^2 - \omega_n^2} \tag{2-25}$$

由式(2-25)可知，特征解与 n 和固有频率 ω_n 有关，存在以下三种情况，分别进行讨论。

2.3.1 超阻尼系统的自由振动

当 $n > \omega_n$ 时，系统称为超阻尼系统，也称过阻尼系统。此时，特征解 s 为两个负实根：

$$s_{1,2} = -(n \mp \sqrt{n^2 - \omega_n^2}) \tag{2-26}$$

则振动微分方程的解为

$$u=Ae^{-\left(n-\sqrt{n^2-\omega_n^2}\right)t}+Be^{-\left(n+\sqrt{n^2-\omega_n^2}\right)t} \tag{2-27}$$

其中,系数 A 和 B 为待定常数,由初始条件确定。

由指数函数的性质可知,式(2-27)中 u 随着时间 t 的增大而逐渐趋于零,系统停止振动,表明过阻尼状态下的振动时间历程曲线是非往复的衰减曲线。

初始条件的不同会影响过阻尼系统振动的时间历程曲线,结合图 2-7,可分为以下三种情况:

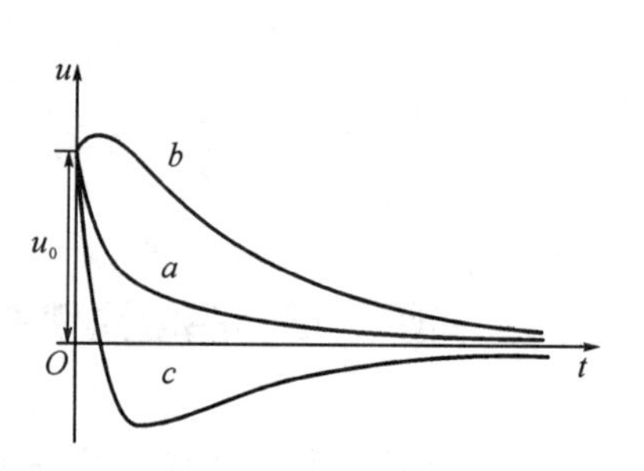

图 2-7　过阻尼状态运动曲线

(1) 图中曲线 a 对应的初始条件为 $u_0>0$, $\dot{u}_0>0$ 时;

(2) 图中曲线 b 对应的初始条件为 $u_0>0$, $\dot{u}_0<0$ 且 $|\dot{u}_0|$ 较小时;

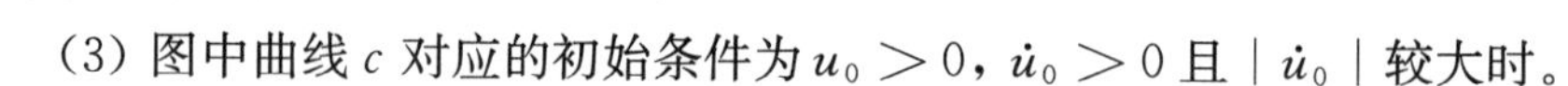

(3) 图中曲线 c 对应的初始条件为 $u_0>0$, $\dot{u}_0>0$ 且 $|\dot{u}_0|$ 较大时。

但是,不管初始条件如何,过阻尼状态下的振动时间历程曲线都是非往复的衰减曲线。

2.3.2　临界阻尼系统的自由振动

当 $n=\omega_n$ 时,特征解 s 为两个相等实根, $s_1=s_2=-n$,称为临界阻尼状态,比较特殊,其振动微分方程的解为

$$u=(A+Bt)e^{-nt} \tag{2-28}$$

其中,系数 A 和系数 B 是取决于初始条件的待定常数。临界阻尼状态下的时间历程曲线也为非往复的衰减曲线,如图 2-8 所示。

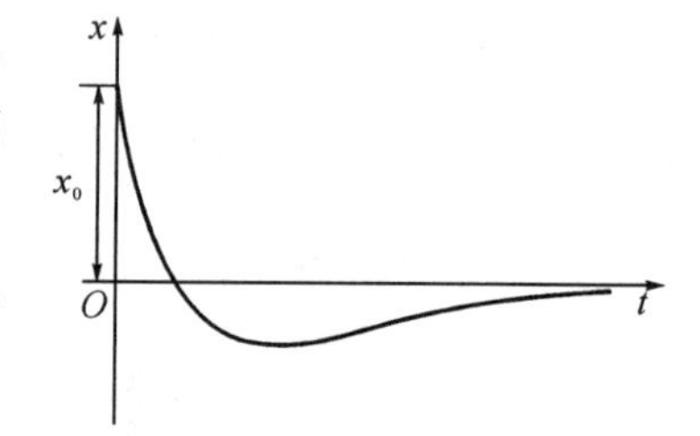

图 2-8　临界阻尼状态下的运动曲线

定义:称临界阻尼状态下的阻尼系数为临界阻尼系数,用 c_c 表示。

由 $n=\omega_n$ 可得

$$c_c=2\sqrt{mk}=2m\omega_n \tag{2-29}$$

定义:系统的阻尼系数与临界阻尼系数的比值为阻尼比,用 ξ 表示:

$$\xi=\frac{c}{c_c}=\frac{n}{\omega_n} \tag{2-30}$$

2.3.3　低阻尼系统的自由振动

当 $n<\omega_n$ 时,两个特征根 s_1 和 s_2 是一对共轭复数:

$$s_{1,2}=-n\pm i\sqrt{\omega_n^2-n^2}=-n\pm i\omega_d \tag{2-31}$$

其中 $i^2=-1$，并有

$$\omega_d=\sqrt{\omega_n^2-n^2}=\omega_n\sqrt{1-\xi^2} \tag{2-32}$$

ω_d 称为有阻尼固有频率。振动微分方程的解为

$$u=e^{-nt}(C_1 e^{i\omega_d t}+C_2 e^{-i\omega_d t}) \tag{2-33}$$

将欧拉公式 $\sin(\omega_d t)=\frac{1}{2j}(e^{i\omega_d t}-e^{-i\omega_d t})$，$\cos(\omega_d t)=\frac{1}{2}(e^{i\omega_d t}+e^{-i\omega_d t})$ 代入式(2-33)，得

$$u=e^{-nt}[C_3\cos(\omega_d t)+C_4\sin(\omega_d t)]=Ae^{-nt}\sin(\omega_d t+\varphi) \tag{2-34}$$

式中 C_3、C_4——待定常数；

A、φ——初始振幅和初相角。

这四个参数都由初始条件确定。

设初始条件为当 $t=0$ 时，$u=u_0$，$\dot{u}=\dot{u}_0$，将其代入式(2-34)，解得

$$\left.\begin{aligned}
&C_3=u_0\\
&C_4=\frac{\dot{u}_0+\xi\omega_n u_0}{\omega_d}\\
&A=\sqrt{C_3^2+C_4^2}=\sqrt{u_0^2+\left(\frac{\dot{u}_0+\xi\omega_n u_0}{\omega_d}\right)^2}\\
&\varphi=\arctan\left(\frac{C_3}{C_4}\right)=\arctan\frac{\omega_d u_0}{\dot{u}_0+\xi\omega_n u_0}
\end{aligned}\right\} \tag{2-35}$$

从式(2-34)可以看出：欠阻尼状态下的自由振动并不是真正意义上的简谐振动，其振幅在振动过程中，有按指数规律衰减的现象，如图 2-9 所示。

通常称欠阻尼状态下的自由振动为准简谐振动，其振动周期可定义为

$$T_d=\frac{2\pi}{\omega_d}=\frac{2\pi}{\sqrt{\omega_n^2-n^2}}=\frac{2\pi}{\omega_n\sqrt{1-\xi^2}} \tag{2-36}$$

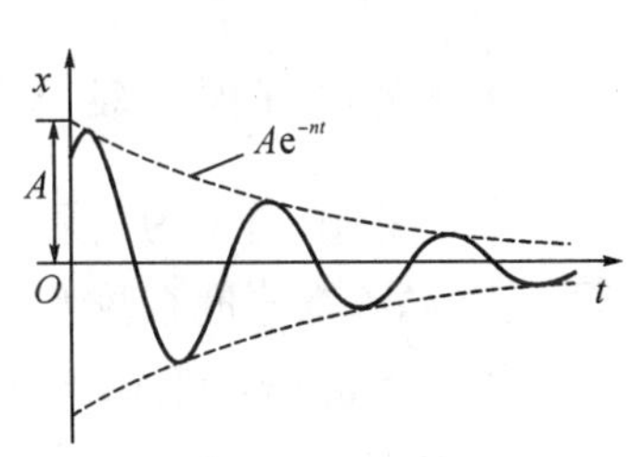

图 2-9 欠阻尼状态振动曲线

2.3.4 相关结论

有阻尼单自由度系统的自由振动，只有在欠阻尼状态下系统才会形成往复振动。阻尼比 ξ 可以作为区分以上三种状态的依据：$\xi>1$ 对应过阻尼状态；$\xi=1$ 对应临界阻尼状态；$\xi<1$ 对应欠阻尼状态。

对于一般结构物而言，$n\leqslant\omega_n$，即 $\xi\leqslant 1$，ξ 的值一般在 2%～10%。所以，式(2-32)右端根号内的值接近于 1，可近似地认为 $\omega_d=\omega_n$，在计算系统的自振频率时，可不考虑阻尼的

影响。

为评价阻尼对振幅衰减快慢的影响，引入衰减系数 η，其定义为相邻两个振幅之比：

$$\eta=\frac{A_i}{A_{i+1}}=\frac{A\mathrm{e}^{-\xi\omega_n t_i}}{A\mathrm{e}^{-\xi\omega_n(t_i+T_\mathrm{d})}}=\mathrm{e}^{\xi\omega_n T_\mathrm{d}} \tag{2-37}$$

从式(2-37)可以看出，阻尼比越大，振幅衰减越明显。实践中，阻尼比 ξ 非常小，引入对数衰减率 δ 的概念，将振幅衰减系数取自然对数。

$$\delta=\ln\eta=\ln\frac{A_i}{A_{i+1}}=\xi\omega_n T_\mathrm{d}\approx\xi\omega_\mathrm{d}T_\mathrm{d}=2\pi\xi \tag{2-38}$$

进一步可推导出相隔 j 个周期的振幅之比和对数衰减率分别为

$$\eta^j=\frac{A_i}{A_{i+j}}=\left(\frac{A_i}{A_{i+1}}\right)\left(\frac{A_{i+1}}{A_{i+2}}\right)\cdots\left(\frac{A_{i+j-1}}{A_{i+j}}\right) \tag{2-39}$$

$$\delta=\frac{1}{j}\ln\frac{A_i}{A_{i+j}} \tag{2-40}$$

2.4 单自由度系统的强迫振动

动力系统在振动过程中持续受到外部激励作用而产生的振动，称为强迫振动或受迫振动。激励按时间变化规律可分为简谐激励、周期激励和任意激励。其中，简谐激励是周期激励的特殊情形，也是研究一般周期激励的基础。

2.4.1 运动方程的建立与求解

如图 2-10 所示为无阻尼单自由度系统的强迫振动模型，质量为 m，弹簧刚度系数为 k，承受动荷载 $F_\mathrm{P}(t)$。

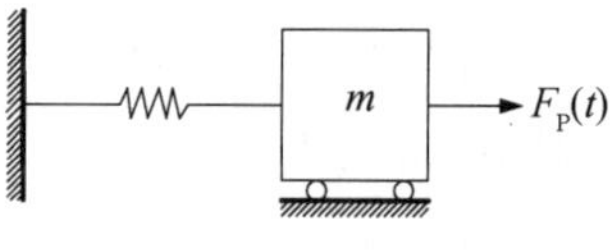

依据达朗贝尔原理，弹性力 $-ku$、惯性力 $-m\ddot{u}$ 和动荷载 $F_\mathrm{P}(t)$ 之间的平衡方程为

$$m\ddot{u}+ku=F_\mathrm{P}(t) \tag{2-41(a)}$$

$$\ddot{u}+\omega^2u=\frac{F_\mathrm{P}(t)}{m} \tag{2-41(b)}$$

图 2-10　无阻尼单自由度系统的强迫振动模型

式(2-41)就是无阻尼单自由度系统强迫振动的微分方程。

图 2-11 为有阻尼单自由度系统的强迫振动模型。系统的质量为 m，承受动荷载 $F_\mathrm{P}(t)$ 的作用。系统的刚度系数为 k。系统的阻尼性质用阻尼器表示，阻尼常数为 c。

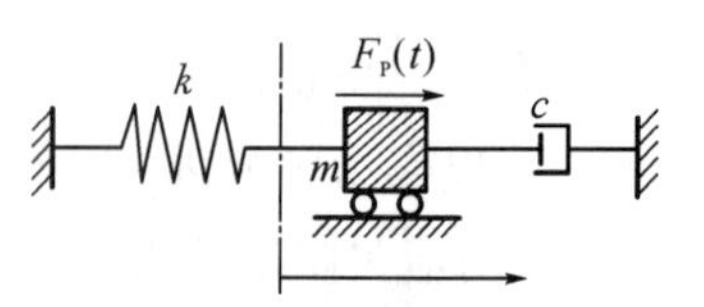

图 2-11　有阻尼单自由度系统的强迫振动模型

取质量 m 为隔离体，位移 u 向右为正，依据达朗贝尔原

理，弹性力 $-ku$、阻尼力 $-c\dot{u}$、惯性力 $-m\ddot{u}$ 和动力荷载 $F_P(t)$ 之间的平衡方程为

$$m\ddot{u}+c\dot{u}+ku=F_P(t) \tag{2-42(a)}$$

$$\ddot{u}+2\xi\omega\dot{u}+\omega^2 u=\frac{F_P(t)}{m} \tag{2-42(b)}$$

式(2-42)就是有阻尼单自由度系统强迫振动的微分方程。

式(2-41)和式(2-42)均为二阶常系数非齐次线性常微分方程，其解 u 由齐次方程的通解 u_c 和非齐次方程的特解 u_p 两部分组成，即

$$u(t)=u_c(t)+u_p(t) \tag{2-43}$$

其中，$u_c(t)$ 是齐次方程

$$\ddot{u}+\omega^2 u=0 \tag{2-44}$$

$$\ddot{u}+2\xi\omega\dot{u}+\omega^2 u=0 \tag{2-45}$$

的通解，其表达式为

$$u_c(t)=a\sin(\omega t+\varphi) \tag{2-46}$$

$u_p(t)$ 是式(2-44)和式(2-45)的特解，可用求解微分方程的方法求得：

$$u_p(t)=\frac{1}{\omega}\int_0^t F(\tau)\sin\omega(t-\tau)\mathrm{d}\tau \tag{2-47}$$

于是，微分方程式(2-41)和式(2-42)的解可表达为

$$u(t)=a\sin(\omega t+\varphi)+\frac{1}{\omega}\int_0^t F(\tau)\sin\omega(t-\tau)\mathrm{d}\tau \tag{2-48}$$

下面讨论几种常见的动荷载作用下的强迫振动。

2.4.2 简谐荷载作用下的强迫振动

设动荷载为简谐荷载 $F_0\sin(\theta t)$，这里，θ 是简谐荷载的圆频率，F_0 是荷载的最大值，称为幅值。根据式(2-41)和式(2-42)，单自由度系统在简谐荷载作用下的强迫振动微分方程为

$$m\ddot{u}+ku=F_0\sin(\theta t) \tag{2-49(a)}$$

$$\ddot{u}+\omega_n^2 u=\frac{F_0}{m}\sin(\theta t) \tag{2-49(b)}$$

下面讨论微分方程式(2-49)的求解。

1. 无阻尼系统的方程求解和动力响应

方程的通解已由前述自由振动的分析求得，即式(2-10)，此处只需讨论方程的特解。设特解为

$$u(t)=A\sin(\theta t) \tag{2-50}$$

将式(2-50)代入式(2-49),得

$$(-\theta^2+\omega^2)A\sin(\theta t)=\frac{F}{m}\sin(\theta t) \tag{2-51}$$

则

$$A=\frac{F}{m(-\theta^2+\omega^2)} \tag{2-52}$$

故特解为

$$u(t)=\frac{F_0}{m\omega^2(1-\theta^2/\omega^2)}\sin(\theta t) \tag{2-53}$$

因为 $\omega^2=\frac{k}{m}=\frac{1}{m\delta}$,故 $\omega^2 m=\frac{1}{\delta}$,则有

$$u_{st}=\frac{F_0}{m\omega^2}=F_0\delta \tag{2-54}$$

式中,$u_{st}=F_0\delta$ 代表将简谐荷载幅值 F_0 作为静荷载作用于结构上时所引起的静力位移,则特解(2-53)可写为

$$u(t)=\frac{y_{st}}{(1-\theta^2/\omega^2)}\sin(\theta t) \tag{2-55}$$

将齐次解和通解叠加,得微分方程的通解为

$$u(t)=C_1\sin(\omega t)+C_2\cos(\omega t)+u_{st}\frac{F}{1-\frac{\theta^2}{\omega^2}}\sin(\theta t) \tag{2-56}$$

积分常数 C_1 和 C_2 须由初始条件求得。设在 $t=0$ 时的初始位移和初始速度均为零(即零初始条件),则得

$$C_1=-u_{st}\left(\frac{\theta/\omega}{1-\theta^2/\omega^2}\right),\quad C_2=0 \tag{2-57}$$

代入式(2-56),即得无阻尼单自由度系统强迫振动的解,三种常见的表达式为

$$u(t)=\frac{F_0}{m\omega}\left[\sin(\theta t)\left(\frac{-\omega}{\theta^2-\omega^2}\right)+\left(\frac{\theta}{\theta^2-\omega^2}\right)\sin(\omega t)\right] \tag{2-58(a)}$$

$$u(t)=\frac{F_0}{m\omega^2(1-\theta^2/\omega^2)}\left[\sin(\theta t)-\frac{\theta}{\omega}\sin(\omega t)\right] \tag{2-58(b)}$$

$$u(t)=u_{st}\frac{1}{(1-\theta^2/\omega^2)}\left[\sin(\theta t)-\frac{\theta}{\omega}\sin(\omega t)\right] \tag{2-58(c)}$$

由式(2-58)可知:

(1) 第一项是纯强迫振动，第二项是伴随着强迫振动的自由振动，称为伴生自由振动。

(2) 自由振动部分由于阻尼的影响，很快消失，因而只剩下纯强迫振动部分(即第一项)，这种振动常称为稳态振动。

(3) 把振动刚开始两种振动同时存在的阶段称为“过渡阶段”，把后来只按荷载频率振动的阶段称为“平稳阶段”。

由于过渡阶段的延续时间较短，因此，在结构动力学问题中，稳态振动是主要研究的内容。

进一步分析如下：

若以 $u_{\max}$ 表示 u 的最大值，也就是最大动力位移，即振幅，则

$$u_{\max}=\frac{1}{1-\theta^2/\omega^2}u_{\mathrm{st}} \tag{2-59}$$

令

$$\beta=\frac{1}{1-\theta^2/\omega^2} \tag{2-60}$$

则有

$$u_{\max}=\beta u_{\mathrm{st}}=A \tag{2-61}$$

其中，β 称为动力放大系数或动力系数，是最大动力位移与静力位移的比值。它与频率比 θ/ω 有关，其大小反映了干扰力对结构的动力作用的强弱。

以式(2-60)中的 β 为纵坐标、以频率比 θ/ω 为横坐标绘制曲线，得系统的振幅-频率特性曲线，如图 2-12 所示。

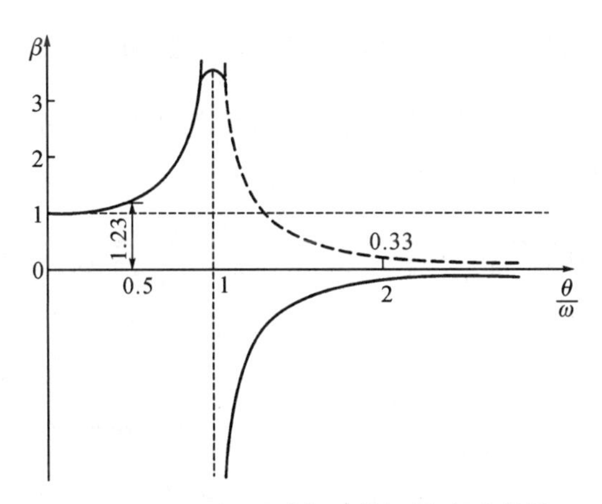

图 2-12　无阻尼强迫振动的振幅-频率曲线

下面根据图 2-12 阐述简谐荷载作用下无阻尼纯强迫振动的一些规律：

(1) 当 $\theta \ll \omega$ 时，动力系数 $\beta \approx 1$，这说明当干扰力的频率 θ 远低于结构的自振频率 ω 时，干扰力所产生的动力作用并不明显，接近于静力作用，此时，纯强迫振动的振幅可用静力计算。

(2) 当 $\theta \gg \omega$ 时,动力系数 $\beta \approx 0$,这表明干扰力的频率很高时,最大动力位移 $u_{\max} \approx 0$,即振动趋于静止状态,质量 m 只在静力平衡位置做极微小的振动。

(3) 当 $\theta = \omega$,即 $\theta/\omega = 1$ 时,$|\beta| \to \infty$,这表明当干扰力的频率与结构自振频率重合时,位移和内力都将无限增加,这种现象称为"共振"。工程结构或机械系统设计中应避免接近共振的情况。

常用的避免共振发生的措施是改变干扰力频率 θ,或者改变结构的构造形式或尺寸,从而改变自振频率 ω 的值。

为了避免共振的影响,有些工程部门曾规定 θ 与 ω 的值最小相差 25%,或者应避开 $0.75 < \dfrac{\theta}{\omega} < 1.25$ 这个区间,该区间被称为共振区。

【例 2-3】 如图 2-13(a)所示的简支钢梁,跨度为 4 m,惯性矩 $I = 8.8 \times 10^{-5}\ \text{m}^4$,弹性模量 $E = 210$ GPa。在跨度中点安置电动机,重量 $G = 35$ kN,转速 $n = 500$ r/min。由于电机转轴的偏心,电动机在转动时产生了离心力,其幅值为 $F_0 = 10$ kN;离心力的竖向分力为 $F_0 \sin(\theta t)$。若略去梁本身的自重和阻尼影响,求梁的最大弯矩和挠度。

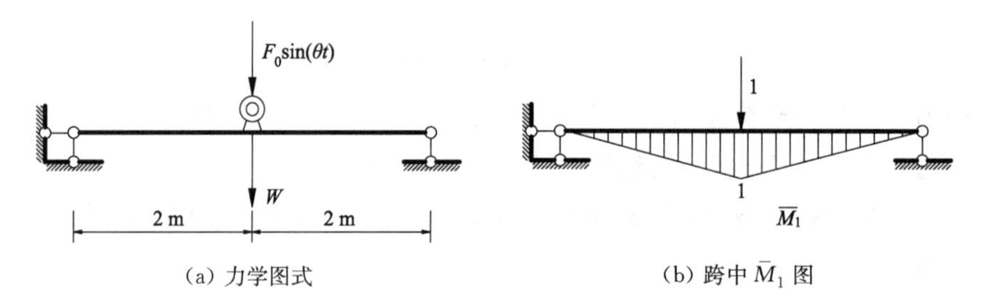

(a) 力学图式　　(b) 跨中 $\overline{M}_1$ 图

图 2-13　惯性力与动荷载作用线重合计算模型

解　不计梁的自重,电动机只有竖向振动,属于单自由度系统的强迫振动。单位力作用在跨中时的弯矩图如图 2-13(b)所示。

中点的位移:$\delta = \dfrac{l^3}{48EI} = \dfrac{4^3}{48 \times 210 \times 10^9 \times 8.8 \times 10^{-5}} = \dfrac{1}{13.86} \times 10^{-6}$

干扰力频率:$\theta^2 = \left(\dfrac{2\pi \times 500}{60}\right)^2 = 2\,741.556\,8(\text{rad/s})^2$

自振频率:$\omega^2 = \dfrac{1}{m\delta} = \dfrac{1}{(G/g)\delta} = \dfrac{13.86 \times 10^6}{35\,000/9.8} = 3\,880.8(\text{rad/s})^2$

则动力系数为

$$\beta = \frac{1}{1 - \theta^2/\omega^2} = \frac{1}{1 - 2\,741.556\,8/3\,880.8} = 3.406$$

按动力系数的定义,最大弯矩为

$$M_{\max} = M^w + \beta M_{\text{st}}^F = \frac{1}{4} \times 35 \times 4 + 3.406 \times \frac{1}{4} \times 10 \times 4 = 69.06\ \text{kN} \cdot \text{m}$$

梁中点最大挠度为

$$y_{max}=\Delta_{st}+\mu\Delta_{st}^{P}=\frac{Wl^3}{48EI}+\beta\frac{F_0 l^3}{48EI}=\frac{(W+\beta F_0)l^3}{48EI}$$

$$=\frac{(35+3.406\times10)\times4^3\times10^3}{48\times210\times10^9\times8.8\times10^{-5}}$$

$$=\frac{69.06\times4^3\times10^{-3}}{48\times2.1\times8.8}=4.98\times10^{-3}\ \text{m}=4.98\ \text{mm}$$

结合本例题作进一步讨论,有如下结论:

(1) 对单自由度结构系统来说,当材料处于弹性阶段时,位移和各内力之间存在不变的线性关系。

(2) 当干扰力与惯性力作用点重合时,位移动力系数和内力动力系数是完全一样的。

(3) 对于振动问题,加大结构构件的截面尺寸不一定有利于减小结构的振动响应。假设本例题的设计频率比 $\theta/\omega>1$,处于共振区,此时若将梁截面加大,选取 $I=7\ 480\ \text{cm}^4$、$W=534\ \text{cm}^3$ 的 28b 号工字钢,则动力系数 β 高达 8.46,反而会导致梁的最大应力和挠度都远超允许值。

当干扰力为简谐荷载 $F_0\sin(\theta t)$ 时,仅考虑系统稳态振动,则位移、加速度和惯性力的变化规律分别如下。

(1) 位移:$y(t)=A\sin(\theta t)$;

(2) 振幅:$A=y_{max}=\mu y_{st}$;

(3) 加速度:$\ddot{y}(t)=-A\theta^2\sin(\theta t)$;

(4) 惯性力:$F_I(t)=-m\ddot{y}(t)=mA\theta^2\sin(\theta t)=m\theta^2 y(t)$;

(5) 动荷载:$F_P(t)=F_0\sin(\theta t)$。

根据这些变化规律,可得出以下结论:

(1) 惯性力与位移同向,惯性力幅值为 $m\theta^2 A$。

(2) 干扰力、惯性力以及位移都按 $\sin(\theta t)$ 变化,将同时达到最大值(幅值)。

(3) 求得幅值后,应用静力分析的方法,将惯性力幅值和动荷载幅值同时作用在结构上,可求得动内力幅值,这种方法通常称为幅值法。

(4) 幅值法对单自由度系统、多自由度系统的自由振动和简谐荷载引起的强迫稳态振动均适用。

【例 2-4】 如图 2-14(a)所示简支梁的跨中有一集中质量 m,在截面 2 处作用一动力矩 $M\sin(\theta t)$。不计梁的质量,求跨中最大动力竖向位移和截面 3 处的角位移的幅值。

解 该题动荷载不作用在质点处,先用幅值方程求出质点处的振幅 A,然后求出惯性力幅值 $m\theta^2 A$,最后把惯性力幅值和动荷载幅值加在梁各自的作用点处,求出任一截面的内力或位移。

(1) 求振幅 A。

荷载幅值 M 与惯性力幅值 $m\theta^2 A$ 共同作用下产生的振幅 A,如图 2-14(b)所示,且可

分解为图 2-14(c)、(d)，分别计算然后叠加，可得

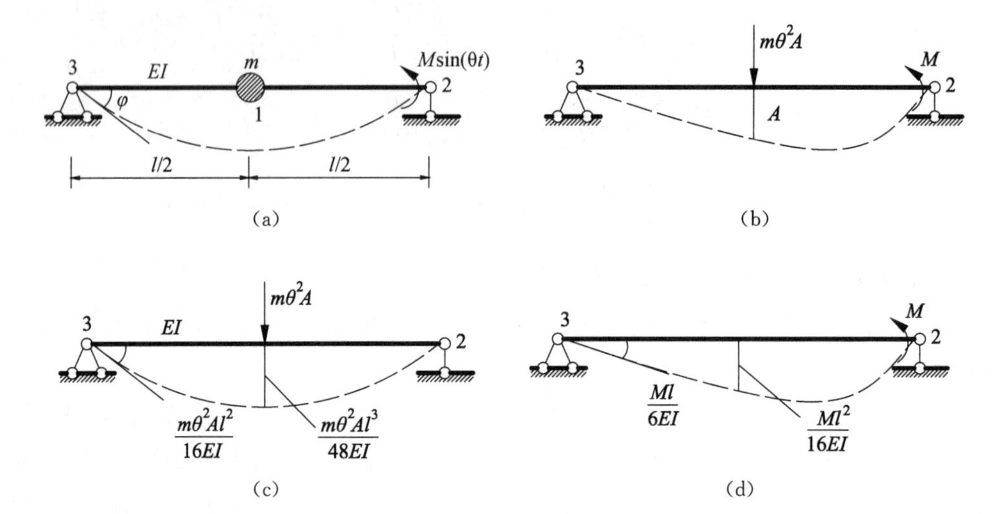

图 2-14　幅值法求位移

$$A=\frac{Ml^2}{16EI}+\frac{m\theta^2Al^3}{48EI}$$

令 $\lambda^4=\dfrac{m\theta^2l^3}{EI}$，整理得

$$A\left(1-\frac{\lambda^4}{48}\right)=\frac{Ml^2}{16EI}$$

则振幅 A(即梁中点的最大动力位移)为

$$A=\frac{Ml^2}{16EI}\cdot\frac{1}{1-\lambda^4/48}=u_{\mathrm{st}}\cdot\beta$$

式中，跨中静力位移 $u_{\mathrm{st}}=\dfrac{Ml^2}{16EI}$，而中点位移的动力系数为

$$\beta=1/(1-\lambda^4/48)$$

(2) 求惯性力幅值。

$$F_{\mathrm{Imax}}=m\theta^2A=\frac{Ml^2}{16EI}\cdot\frac{m\theta^2}{(1-\lambda^4/48)}$$

(3) 求梁截面 3 处的转角 φ。

由图 2-14(c)、(d)可得

$$\varphi=\frac{Ml}{6EI}+\frac{m\theta^2l^2}{16EI}\cdot\frac{Ml^2}{16EI}\left(\frac{1}{1-\lambda^4/48}\right)=\frac{Ml}{6EI}\left(\frac{1+\lambda^4/384}{1-\lambda^4/48}\right)$$

上式括号内的数值就是转角 φ 的动力系数，显然与跨中线位移的动力系数不同。

2. 有阻尼系统的方程求解和动力响应

设有阻尼系统的动荷载为简谐荷载，即 $F_P(t)=F_0\sin(\theta t)$，且初始条件的位移和速度均为零。考虑阻尼力作用，得有阻尼系统的强迫振动的运动方程：

$$m\ddot{u}+c\dot{u}+ku=F_0\sin(\theta t) \tag{2-62(a)}$$

$$\ddot{u}+2\xi\omega\dot{u}+\omega^2u=\frac{F_0}{m}\sin(\theta t) \tag{2-62(b)}$$

其通解也包括两部分，即 $u(t)=u_c(t)+u_p(t)$。

其中，$u_c(t)$ 是齐次方程 $\ddot{u}+2\xi\omega\dot{u}+\omega^2u=0$ 的通解：

$$u_c(t)=a\mathrm{e}^{-\xi\omega t}\sin(\omega_d t+\varphi_d) \tag{2-63}$$

$u_p(t)$ 是式(2-62)的特解，可用求解微分方程的方法求出

$$u_p(t)=\frac{1}{m\omega_d}\int_0^t F_P(\tau)\mathrm{e}^{-\xi\omega(t-\tau)}\sin\omega_d(t-\tau)\mathrm{d}\tau \tag{2-64}$$

于是，方程(2-62)的通解为

$$u(t)=a\mathrm{e}^{-\xi\omega t}\sin(\omega_d t+\varphi)\frac{1}{m\omega_d}\int_0^t F_P(t)\mathrm{e}^{-\xi\omega(t-\tau)}\sin\omega_d(t-\tau)\mathrm{d}\tau \tag{2-65}$$

分析有阻尼运动方程的解，即式(2-65)可知：

(1) 有阻尼系统的强迫振动由两部分组成。

(2) 第一部分振动频率与系统自振频率 ω_d 一致，带有衰减因子 $\mathrm{e}^{-\xi\omega t}$，它将随时间的增长而很快地衰减掉。

(3) 第二部分振动频率与干扰力频率一致，称为纯强迫振动。

通常，工程结构与机械系统只考虑纯强迫振动。将简谐荷载动荷载 $F_P(t)=F_0\sin(\theta t)$ 代入式(2-65)，并取 $\omega_d=\omega$，则得

$$u(t)=u_p(t)=\frac{F_0}{m\omega^2}\cdot\frac{1}{\sqrt{(1-\lambda^2)^2+(2\xi\lambda)^2}}\sin(\theta t-\varphi) \tag{2-66}$$

式中，$\lambda=\theta/\omega$ 为激励频率与固有频率的比值，简称频率比。

定义：有阻尼系统的动力放大系数为

$$\beta=\frac{1}{\sqrt{(1-\lambda^2)^2+(2\xi\lambda)^2}} \tag{2-67}$$

则有

$$u_{st}=\frac{F_0}{m\omega^2};\quad A=u_{st}\cdot\beta \tag{2-68}$$

式(2-66)可写为

$$\left.\begin{aligned} u(t) &= A\sin(\theta t - \varphi) \\ \varphi &= \arctan\left(\frac{2\xi\omega\theta}{\omega^2 - \theta^2}\right) \end{aligned}\right\} \tag{2-69}$$

式(2-69)即为考虑阻尼的纯强迫振动的位移响应。其中,A 是有阻尼的纯强迫振动的振幅,φ 是位移与荷载之间的相位差。

3. 有阻尼系统的振动规律

从式(2-67)可知,动力放大系数 β 不仅与 θ 和 ω 的比值有关,还与阻尼比 ξ 有关。对于不同的 ξ 值,绘制相应的 β-θ/ω 图,称为幅频响应曲线,如图 2-15 所示。

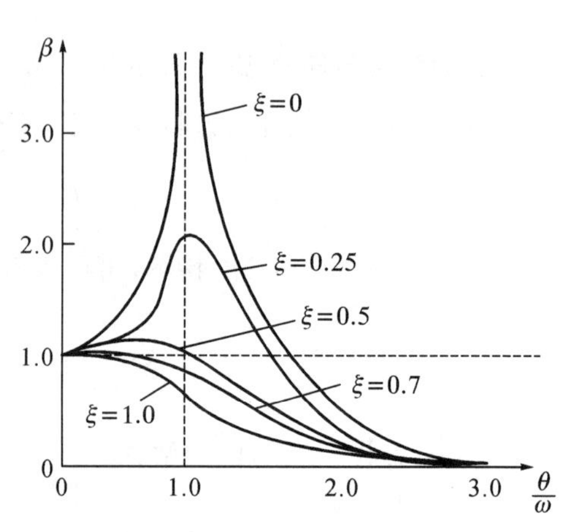

图 2-15 有阻尼强迫振动的“振幅—频率”特性曲线

结合图 2-15,进一步讨论有阻尼强迫振动的特性,得出以下结论。

(1) 随着阻尼比 ξ 的增大,β 值下降,特别是在 $\theta/\omega=1$ 附近,β 的峰值下降得最为显著。通常在 $0.75<\theta/\omega<1.25$ 这一区间(称为共振区),由于阻尼对 β 的影响较大,计算时需考虑阻尼的影响。

(2) 当频率比 $\lambda=\theta/\omega$ 接近 1 时,振幅迅速增大,系统发生共振。对应振幅最大值时的频率称为共振频率。由式(2-67)可以解得共振频率:

$$\omega_{共}=\omega_n\sqrt{1-2\xi^2} \tag{2-70}$$

其值略小于固有频率,但是在小阻尼情况下,近似认为 $\omega_{共}\approx\omega_n$,系统的最大动力放大系数由式(2-67)求得,为

$$\beta_{共}=\frac{1}{2\xi} \tag{2-71}$$

显然,当系统的特性不变时,它为一有限量值。由此可见,在考虑阻尼影响时,动力放大系数并不趋向于无限大。

(3) β 的最大值并不发生在 $\theta/\omega=1$ 处,利用求极值的方法,式(2-67)对 ξ 求导,并令 $\frac{\partial\beta}{\partial\xi}=0$,求得当 $\xi<\frac{1}{\sqrt{2}}$ 时,响应峰值发生在频率比 $\beta_{峰}=\sqrt{1-2\xi^2}$ 处,相应的动力放大系数的峰值为

$$\beta_{\max}=\frac{1}{2\xi\sqrt{1-\xi^2}} \tag{2-72}$$

(4) 当频率比 $\lambda=\theta/\omega$ 接近零时,动力放大系数约等于 1。此时,稳态响应振幅与静变

形大小相当。

(5) 当频率比 $\lambda=\theta/\omega$ 接近无限大时，动力放大系数趋近于0，此时，稳态响应振幅非常小。该现象是由于此时简谐激励的频率太大，激励力方向变化得太快，而系统由于自身惯性不能对快速变化的激励作出相应的响应。

(6) 当频率比 $\lambda=\theta/\omega$ 接近于零和无限大时，两个区域内曲线接近重合，振幅对阻尼不敏感。因此，在这些区域内，可以不考虑阻尼的影响。

(7) 在共振区内，不同阻尼比的曲线变化趋势不同：较小阻尼比的曲线的动力放大系数在共振区内迅速增大，而较大阻尼比的曲线的动力放大系数增大缓慢，甚至出现缓慢减小的现象。因此，当激励频率接近固有频率时，动力放大系数的变化对阻尼非常敏感。

根据上述振动规律，可利用共振原理求系统的阻尼。绘制如图2-16所示的黏性阻尼的幅频曲线，横坐标表示频率比 λ。

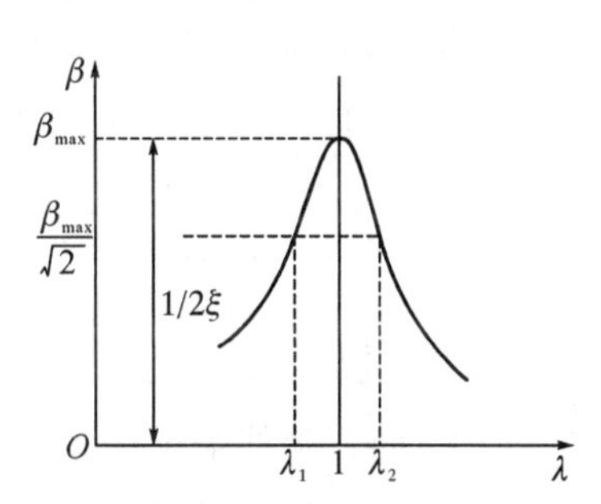

图2-16 共振法求系统阻尼

当发生共振时，$\omega=\omega_n$，即 $\lambda=1$，$\beta_{\max}=1/(2\xi)$。可近似认为幅频响应曲线关于直线 $\lambda=1$ 对称，在曲线两侧找到频率比 λ_1 和 λ_2，令它们的振幅为

$$\beta_{1,2}=\frac{\beta_{\max}}{\sqrt{2}}=\frac{1}{2\sqrt{2}\xi} \tag{2-73}$$

并称 $\Delta\omega=\omega_n(\lambda_2-\lambda_1)$ 为带宽。再根据动力放大系数的定义得到

$$\frac{1}{2\sqrt{2}\xi}=\frac{1}{\sqrt{(1-\lambda)^2+4\xi^2\lambda^2}} \tag{2-74}$$

整理得

$$\lambda^4-2(1-2\xi^2)\lambda^2+(1-8\xi^2)=0 \tag{2-75}$$

解方程(2-75)，当阻尼比 ξ 较小时，略去高阶小量，得到

$$\omega_1=(1-\xi)\omega_n,\quad \omega_2=(1+\xi)\omega_n \tag{2-76}$$

由式(2-76)和带宽 $\Delta\omega$ 的定义，得

$$\xi=\frac{\Delta\omega}{2\omega_n} \tag{2-77}$$

式(2-77)就是共振法求系统阻尼的计算公式，称为宽带法或半功率法。

同样地，以不同的阻尼比 ξ 为参数，依据式(2-69)可以得到稳态响应相位与频率比的关系曲线，即 φ-λ 曲线，称为相频响应曲线，如图2-17所示。

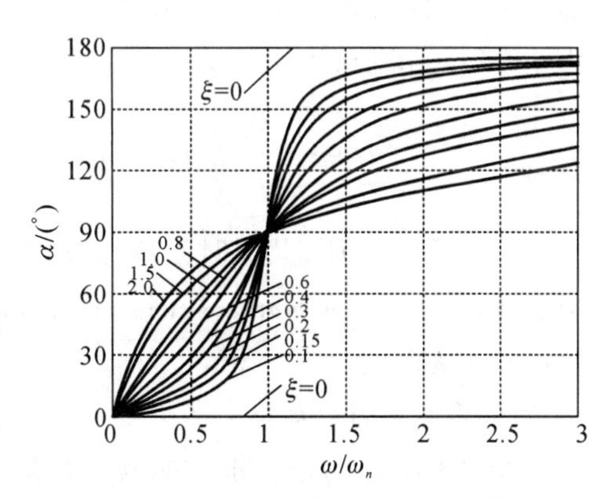

图2-17 有阻尼系统相频响应曲线

由相频响应曲线,可得到以下振动规律:

(1) 当频率比 λ 接近零时,相位差约等于零,即响应与激励的相位基本相同。当频率比 λ 接近无限大时,相位差约等于 π,即响应与激励的相位基本相反。

(2) 频率比 λ 对相位差 α 的影响。相位差随着频率比 λ 的增大而增大。

(3) 阻尼比 ξ 对相位差 α 的影响。以频率比 $\lambda=1$ 作为分界线,当 $\lambda<1$ 时,相位差随阻尼比增大而增大;当 $\lambda>1$ 时,相位差随阻尼比增大而减小;当 $\lambda=1$ 时,相位差恒等于 $\pi/2$。实践中,常用最后一条特性作为判断共振的依据。

4. 简谐激励响应的过渡阶段

1) 线性无阻尼系统

对于线性无阻尼系统,其瞬态响应是对应的齐次方程的通解,而稳态响应为非齐次方程的特解。代入初始条件 $u(0)=u_0$ 和 $\dot{u}(0)=\dot{u}_0$,得到

$$u=u_0\cos(\omega_n t)+\frac{\dot{u}_0}{\omega_n}\sin(\omega_n t)-\frac{F_0}{k}\frac{\lambda}{1-\lambda^2}\sin(\omega_n t)+\frac{F_0}{k}\frac{1}{1-\lambda^2}\sin(\omega t) \quad (2-78)$$

式(2-78)的物理含义如下:

(1) 前三项都是频率为 ω_n 的自由振动。

(2) 第一、二项是由初始条件引起的自由振动。

(3) 第三项是伴随激励力的作用而自由振动,与初始条件无关。

(4) 第四项为激励力引起以激励频率产生的振动,称为纯强迫振动。

当激励频率与系统固有频率十分接近时,取零初始条件状态,将 $\lambda=1+2\varepsilon$(ε 为小量)代入式(2-78),得

$$u\approx\frac{F_0}{4k\varepsilon}[\sin(\omega t)-\sin(\omega_n t)]=\frac{F_0}{2k\varepsilon}\sin(\varepsilon\omega_n t)\cos(\omega_n t) \quad (2-79)$$

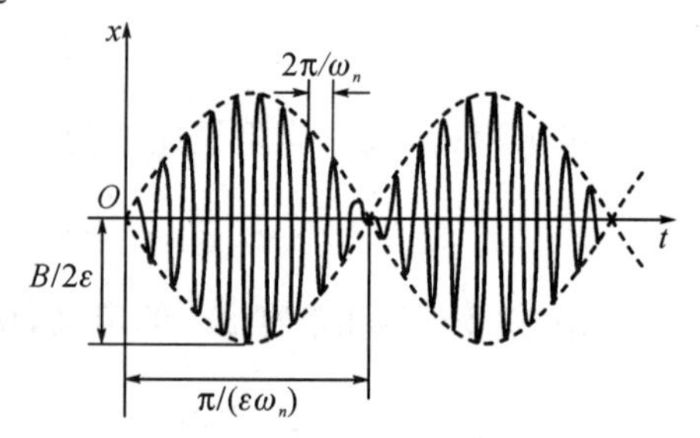

图 2-18　振动中“拍”的现象

从式(2-79)可知,系统的振动频率为系统固有频率,且振幅并不是前面所提到的呈指数规律衰减,而是按正弦规律变化,如图 2-18 所示。通常,这种振动形式称为拍,振动周期为 $\pi/(\varepsilon\omega_n)$。当 ε 取值无限接近于零时,$\sin(\varepsilon\omega_n t)\approx\varepsilon\omega_n t$,则式(2-79)可改写为

$$u\approx\frac{1}{2}\frac{F_0}{k}\omega_n t\cos(\omega_n t) \quad (2-80)$$

式(2-80)表明,共振时系统振动的振幅与时间成正比,如图 2-19 所示。当时间趋于无穷时,振幅可以趋于无限大。

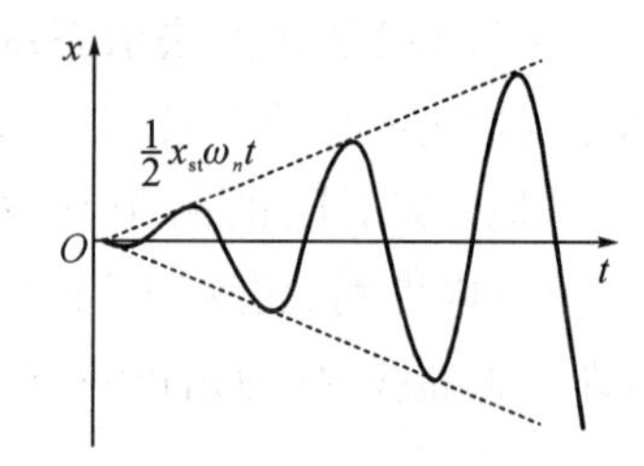

图 2-19　共振曲线

2) 线性有阻尼系统

对于有阻尼的单自由度系统,其振动微分方程的解为

$$u=\mathrm{e}^{-nt}\left[u_0\cos(\omega_\mathrm{d}t)+\frac{\dot{u}_0+nu_0}{\omega_\mathrm{d}}\sin(\omega_\mathrm{d}t)\right]+ \\ A\mathrm{e}^{-nt}\left[\sin\alpha\cos(\omega_\mathrm{d}t)+\frac{n\sin\alpha-\omega\cos\alpha}{\omega_\mathrm{d}}(\sin\omega_\mathrm{d}t)\right]+ \\ A\sin(\omega t-\alpha) \tag{2-81}$$

式(2-81)中各项与无阻尼振动中的各项特性相近。受阻尼影响，随着时间的增加，自由振动部分和自由伴随振动部分的振幅按指数规律减小，最后消失，进入稳态阶段，如图 2-20 所示。

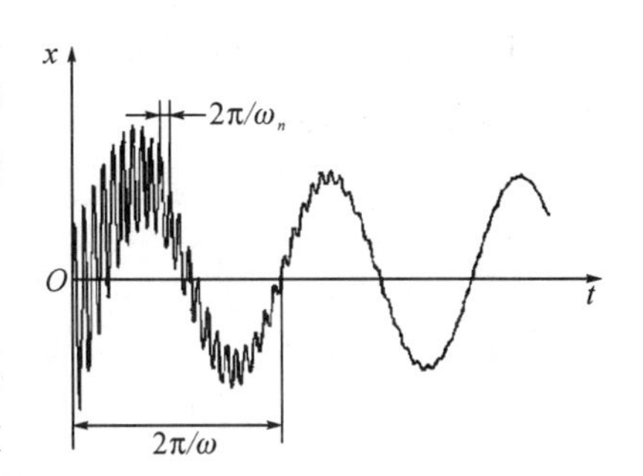

图 2-20　有阻尼单自由度系统的过渡阶段运动曲线

2.4.3　一般周期荷载作用下的强迫振动

简谐激励可以看成是特殊形式的周期激励，可通过求解振动微分方程得到解析解。而对于一般周期激励，则很难这样求解。实践中，采用谐波分析法来研究一般周期荷载作用下系统的强迫振动响应。

谐波分析法就是在线性系统中将周期激励力分解为一组频率为 $i\omega(i=0, 1, 2, \cdots)$ 的简谐激励力，再根据强迫振动的稳态响应公式求出每个简谐激励力作用下系统产生的稳态响应，然后依据线性叠加原理进行叠加，得到系统在一般周期荷载作用下的稳态响应。

设系统受到周期为 T 的任意周期力 $F(t)$ 的作用。周期函数 $F(t)$ 可以按傅里叶级数展开为

$$F(t)=\frac{a_0}{2}+\sum_{i=1}^{\infty}[a_i\cos(i\omega t)+b_i\sin(i\omega t)] \tag{2-82}$$

其中，$\omega=2\pi/T$，称为基频，系数 a_i、b_i 分别为

$$\left.\begin{aligned} a_i&=\frac{2}{T}\int_0^\mathrm{T}F(t)\cos(i\omega t)\mathrm{d}t \quad (i=0, 1, 2, \cdots) \\ b_i&=\frac{2}{T}\int_0^\mathrm{T}F(t)\sin(i\omega t)\mathrm{d}t \quad (i=1, 2, \cdots) \end{aligned}\right\} \tag{2-83}$$

代入振动微分方程，得到

$$m\ddot{u}+c\dot{u}+ku=\frac{a_0}{2}+\sum_{i=1}^{\infty}[a_i\cos(i\omega t)+b_i\sin(i\omega t)] \tag{2-84}$$

简谐激励力作用所产生的系统稳态响应为 $u=A\sin(\omega t-\alpha)$，其中，振幅 A 和相位差 α 可根据前文得到。由叠加原理得到系统的稳态响应为

$$u=\frac{a_0}{2k}+\sum_{i=1}^{\infty}\frac{[a_i\cos(i\omega t-\alpha_i)+b_i\sin(i\omega t-\alpha_i)]}{k\sqrt{(1-i^2\lambda^2)^2+(2\xi i\lambda)^2}} \tag{2-85}$$

其中，λ 和 ξ 的定义同前。在无阻尼系统中，稳态响应可以简化为

$$u=\frac{a_0}{2k}+\sum_{i=1}^{\infty}\frac{[a_i\cos(i\omega t)+b_i\sin(i\omega t)]}{k(1-i^2\lambda^2)} \tag{2-86}$$

【例 2-5】 设无阻尼单自由度系统受到图 2-21 所示周期激励荷载的作用，采用谐波分析方法求出系统的稳态响应。

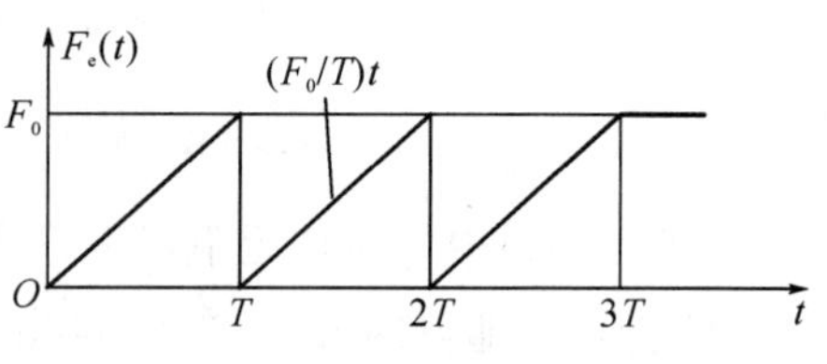

图 2-21　锯齿形周期激励载荡

解　首先将周期激励荷载按傅里叶级数展开，计算傅里叶系数为

$$a_0=\frac{2}{T}\int_0^T\frac{F_0}{T}t\,\mathrm{d}t=F_0$$

$$a_i=\frac{2}{T}\int_0^T\frac{F_0}{T}t\cos(i\omega t)\,\mathrm{d}t=0$$

$$b_i=\frac{2}{T}\int_0^T\frac{F_0}{T}t\sin(i\omega t)\,\mathrm{d}t=-\frac{F_0}{i\pi}$$

其中，$i=1,2,3,\cdots$，ω 为基频，代入式(2-82)，得到

$$F_e(t)=\frac{F_0}{2}-\sum_{i=1}^{\infty}\frac{F_0}{i\pi}\sin(i\omega t)$$

任一阶简谐激励荷载所产生的稳态响应为

$$u_i(t)=\frac{F_0\sin(i\omega t)}{i\pi k(1-i^2\lambda^2)}\quad(i=1,2,3,\cdots)$$

应用叠加原理，得

$$u(t)=\frac{F_0}{2k}-\sum_{i=1}^{\infty}\frac{F_0\sin(i\omega t)}{i\pi k(1-i^2\lambda^2)}$$

或直接将 a_0、a_i 和 b_i 的表达式代入式(2-86)，即可得到上式的解答。

2.4.4　任意非周期荷载作用下的强迫振动

实践中，很多动荷载既不是简谐荷载，也不是周期性荷载，而是随时间任意变化的荷载。特殊的任意荷载有单位脉冲激励和单位阶跃激励，较容易求解其动力响应。

任意非周期荷载激励作用下的单自由度系统动力反应求解，有两种常用方法：一种常用的时域分析方法是杜阿梅尔(Duhamel)积分法，另一种常用的频域分析方法是傅里叶(Fourier)变换法。这两种分析方法均基于叠加原理，适用于线弹性结构系统。当结构反应可能呈弹塑性，或结构位移较大时，系统呈几何非线性，叠加原理将不再适用，这两种方法也不再适用。

1. 单位脉冲激励响应

定义：单位脉冲是作用时间很短、冲量等于 1 的荷载。实际上，就是数学中的特殊函数——δ 函数。δ 函数的定义为

$$\delta(t-\tau)=\begin{cases}\infty, & t=\tau \\ 0, & \text{其他}\end{cases} \tag{2-87}$$

$$\int_0^{\infty}\delta(t-\tau)\mathrm{d}t=1 \tag{2-88}$$

设在 $t=\tau$ 时刻，一个单位脉冲 $P(t)=\delta(t)$ 作用在单自由度系统上，使质点获得一个单位冲量，脉冲结束后，质点获得一个初速度，即

$$m\dot{u}(\tau+\varepsilon)=\int_{\tau}^{\tau+\varepsilon}P(t)\mathrm{d}t=\int_{\tau}^{\tau+\varepsilon}\delta(t)\mathrm{d}t=1 \tag{2-89}$$

当 $\varepsilon\rightarrow 0$ 时

$$\dot{u}(\tau)=\frac{1}{m} \tag{2-90}$$

脉冲作用时间很短，当 $\varepsilon\rightarrow 0$ 时，由单位脉冲引起的质点的位移为零：

$$u(\tau)=0 \tag{2-91}$$

单位脉冲的作用相当于给出一个初始条件，将 τ 时刻脉冲作用后的初值条件 $u(\tau)=0$ 和 $\dot{u}(\tau)=1/m$ 代入单自由度系统自由振动的一般解，即可得到无阻尼系统和阻尼系统的单位脉冲反应。

单位脉冲反应函数用 $h(t-\tau)$ 表示，其中，t 为结构系统动力反应的时间，而 τ 则表示单位脉冲作用的时刻。

对于无阻尼系统，单位脉冲反应函数为

$$h(t-\tau)=u(t)=\frac{1}{m\omega_n}\sin[\omega_n(t-\tau)](t\geqslant\tau) \tag{2-92}$$

对于阻尼系统，单位脉冲反应函数为

$$h(t-\tau)=u(t)=\frac{1}{m\omega_{\mathrm{d}}}\mathrm{e}^{-\xi\omega_n(t-\tau)}\sin[\omega_{\mathrm{d}}(t-\tau)]\quad(t\geqslant\tau) \tag{2-93}$$

图 2-22 给出了单位脉冲及在单位脉冲作用下无阻尼系统和阻尼系统动力反应的时程曲线，即单位脉冲反应函数 $h(t-\tau)$。

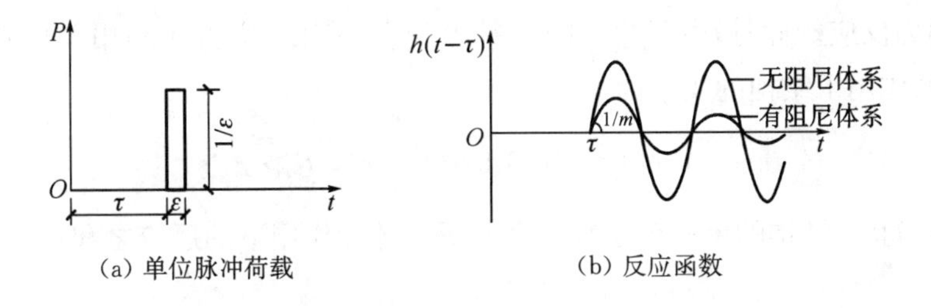

(a) 单位脉冲荷载　　(b) 反应函数

图 2-22　单位脉冲及单位脉冲反应函数

由于脉冲激励很短，系统只有瞬态响应，没有稳态响应，且瞬态响应滞后于脉冲激励。

2. 单位阶跃激励响应

单位阶跃激励是满足单位阶跃函数的激励力 $f(t)=U(t)$，表示如下：

$$U(t)=\begin{cases}0, & t<0 \\ 1/2, & t=0 \\ 1, & t>0\end{cases} \tag{2-94}$$

如图 2-23 所示为单位阶跃激励力变化曲线，则系统的振动微分方程为

$$m\ddot{u}+c\dot{u}+ku=1 \tag{2-95}$$

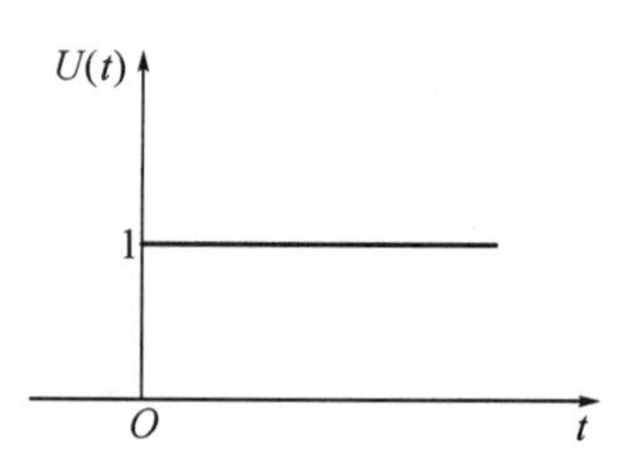

图 2-23 单位阶跃分布曲线

方程的解 u 由对应的齐次方程的通解与非齐次方程的特解两部分组成。齐次方程的通解可由前述分析得到；非齐次方程的特解为常数 $1/k$。所以，振动微分方程的解为

$$u=A\mathrm{e}^{-\xi\omega_n t}\sin(\omega_{\mathrm{d}}t+\alpha)+\frac{1}{k} \tag{2-96}$$

零初始条件下，振幅 A 和相位角 α 分别为

$$A=\frac{-1}{k\sqrt{1-\xi^2}};\quad \alpha=\arctan\sqrt{\frac{1}{\xi^2}-1} \tag{2-97}$$

代入式(2-96)，得

$$u=\frac{1}{k}\left[1-\frac{1}{\sqrt{1-\xi^2}}\mathrm{e}^{-\xi\omega_n t}\sin(\omega_{\mathrm{d}}t+\alpha)\right] \tag{2-98}$$

如果是无阻尼系统，则为

$$u=\frac{1}{k}[1-\sin(\omega_n t)] \tag{2-99}$$

3. 时域分析法——杜阿梅尔积分法

图 2-24 给出了将任意荷载离散成一系列脉冲以及各个脉冲动力反应时程示意图。

将作用于结构系统的外荷载 $F(\tau)$ 离散成一系列脉冲后，首先计算其中任一脉冲 $F(\tau)\mathrm{d}\tau$ 的动力反应。此时，由于脉冲的冲量等于 $F(\tau)\mathrm{d}\tau$，则直接利用单位脉冲反应函数可得在该脉冲作用下结构的反应为

$$\mathrm{d}u(t)=F(\tau)\mathrm{d}\tau h(t-\tau),\ t>\tau \tag{2-100}$$

在任意时间 t，结构的反应就是在 t 之前所有脉冲作用下的反应之和：

$$u(t)=\int_0^t \mathrm{d}u=\int_0^t F(\tau)h(t-\tau)\mathrm{d}\tau \tag{2-101}$$

将式(2-92)和式(2-93)分别代入式(2-101)得到求解无阻尼和阻尼系统动力反应的杜阿梅尔积分公式：

$$u(t)=\frac{1}{m\omega_n}\int_0^t F(\tau)\sin\left[\omega_n(t-\tau)\right]d\tau \tag{2-102}$$

$$u(t)=\frac{1}{m\omega_d}\int_0^t F(\tau)e^{-\xi\omega_d(t-\tau)}\sin\left[\omega_d(t-\tau)\right]d\tau \tag{2-103}$$

其中，ω_n 和 $\omega_d=\omega_n\sqrt{1-\xi^2}$ 分别为无阻尼系统和阻尼系统的自振频率。

式(2-102)和式(2-103)在动力学中称为杜阿梅尔积分，在数学上称为卷积。

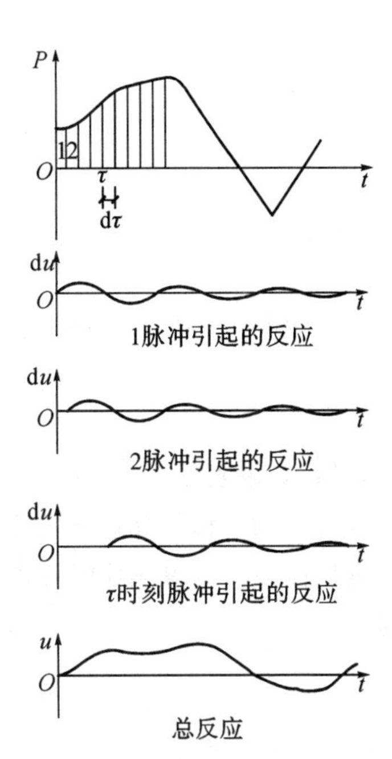

图 2-24　任意荷载离散成一系列脉冲以及各个脉冲动力反应

杜阿梅尔积分给出的解是一个由动荷载引起的相应于零初始条件的特解。如果初始条件不为零，则需要再叠加上由非零初始条件引起的自由振动。例如，对于无阻尼系统，当存在非零初始条件时，其完整解为

$$u(t)=u_0\cos(\omega t)+\frac{\dot{u}_0}{\omega}\sin(\omega t)+\frac{1}{m\omega}\int_0^t F_P(\tau)\sin\omega(t-\tau)d\tau \tag{2-104}$$

当考虑阻尼影响时，杜阿梅尔积分位移计算式分别为

$$u(t)=\frac{1}{m\omega_d}\int_0^t F_P(\tau)e^{-\xi\omega(t-\tau)}\sin\omega_d(t-\tau)d\tau \tag{2-105}$$

$$u(t)=a e^{-\xi\omega t}\sin(\omega_d t+\varphi)\ \frac{1}{m\omega_d}\int_0^t F_P(\tau)e^{-\xi\omega(t-\tau)}\sin\omega_d(t-\tau)d\tau \tag{2-106}$$

式(2-105)和式(2-106)适用于任意的动荷载。

【例 2-6】 设单自由度有阻尼系统，在初始时刻 $t=0$ 时突加常力 F_0，如图 2-25(a)所示，求位移响应。

解　因为 $F(t)=\dfrac{F_0}{m}$，由式(2-106)得

$$u(t)=\frac{F_0}{m\omega_d}\int_0^t e^{-\xi\omega(t-\tau)}\sin\omega_d(t-\tau)d\tau$$

令 $t'=t-\tau$，$d\tau=dt'$，运用分部积分，并注意到

$$\omega_d=\omega\sqrt{1-\xi^2},\quad \frac{F_0}{m\omega^2}=\frac{F_0}{k}=u_{st}$$

则有

$$u(t)=u_{st}\left[1-\frac{e^{-\xi\omega t}}{\sqrt{1-\xi^2}}\cos(\omega_d t-\varphi)\right]$$

$$\varphi=\arctan\frac{\xi}{\sqrt{1-\xi^2}}$$

上式说明，有阻尼时的运动是衰减的。位移最大值可对上式求导得出：

$$u_{max}=u_{st}(1+e^{-\pi\xi/\sqrt{1-\xi^2}})$$

显然，如果阻尼 $\xi=0$(即无阻尼时)，上式 $u_{max}=2u_{st}$，动力系数为 $\beta=2$，即突加荷载所引起的最大动位移是静位移的 2 倍。

突加荷载的位移响应时程曲线如图 2-25(b)中虚线所示(实线为考虑阻尼影响的位移曲线)。

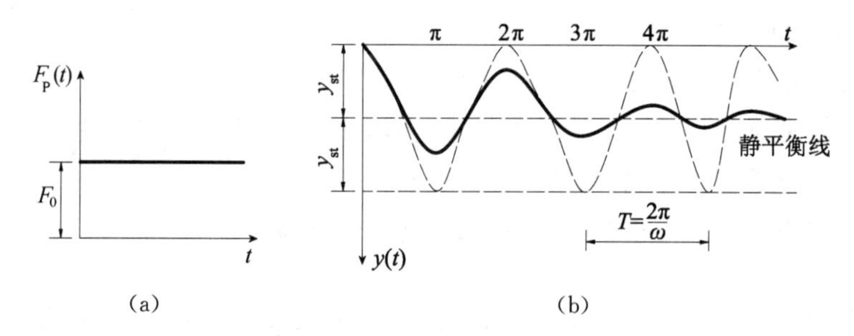

图 2-25　突加荷载及响应

杜阿梅尔积分法给出了计算线性单自由度系统在任意荷载作用下动力反应的一般解，适用于线弹性系统。因为使用了叠加原理，所以，它限于弹性范围而不能用于非线性分析。如果荷载 $F(\tau)$ 是简单函数，封闭解是可以得到的。如果 $F(\tau)$ 是一个很复杂的函数，则可通过数值积分得到问题的解，其计算仅涉及简单的代数运算。

在实际应用中，当采用杜阿梅尔积分法求解时，计算效率不高，因为对于计算任意一个时间点 t 的反应，积分都要从 0 积到 t，而实际要计算全部时间域内点系列，可能要有几百个点到几千个点。尽管如此，它给出了以积分形式表示的系统运动的解析表达式，在分析任意荷载作用下系统动力反应的理论研究中得到了广泛应用。

4. 频域分析法——傅里叶(Fourier)变换法

频域分析法基于傅里叶变换。对任意非周期、有限长的荷载，可以采用傅里叶变换法，在频域求得系统的动力反应。

傅里叶变换的定义为

$$\left.\begin{aligned}&\text{正变换}:U(\omega)=\int_{-\infty}^{+\infty}u(t)e^{-i\omega t}dt\\&\text{逆变换}:u(t)=\frac{1}{2\pi}\int_{-\infty}^{+\infty}U(\omega)e^{i\omega t}d\omega\end{aligned}\right\}\qquad(2\text{-}107)$$

式中，$U(\omega)$ 称为位移 $u(t)$ 的傅里叶谱。

根据傅里叶变换的性质，速度和加速度的傅里叶变换为

$$\left.\begin{aligned}\int_{-\infty}^{+\infty}\dot{u}(t)\mathrm{e}^{-\mathrm{i}\omega t}\mathrm{d}t=\mathrm{i}\omega U(\omega)\\ \int_{-\infty}^{+\infty}\ddot{u}(t)\mathrm{e}^{-\mathrm{i}\omega t}\mathrm{d}t=-\omega^2U(\omega)\end{aligned}\right\}\tag{2-108}$$

对单自由度系统运动方程

$$\ddot{u}(t)+2\xi\omega_n\dot{u}(t)+\omega_n^2u(t)=\frac{1}{m}P(t)\tag{2-109}$$

两边同时进行傅里叶正变换，得到以频域表达的运动方程：

$$-\omega^2U(\omega)+\mathrm{i}2\xi\omega_n\omega U(\omega)+\omega_n^2U(\omega)=\frac{1}{m}P(\omega)\tag{2-110}$$

其中，$U(\omega)$ 和 $P(\omega)$ 分别为 $u(t)$ 和 $P(t)$ 的傅里叶谱，即 $U(\omega)$ $u(t)$，$P(\omega)$ $P(t)$。

可以看到，通过傅里叶变换把问题从时间域（自变量为 t）变到频率域（自变量为 ω），由频域的运动方程式(2-110)可得到

$$U(\omega)=H(\mathrm{i}\omega)P(\omega)\tag{2-111}$$

式中，$H(\mathrm{i}\omega)=\frac{1}{k}\left\{\frac{1}{1-(\omega/\omega_n)^2+\mathrm{i}[2\xi(\omega/\omega_n)]}\right\}$ 为给出的复频反应函数，$H(\mathrm{i}\omega)$ 中的 i 用来表示复函数。

由式(2-111)完成频域解的求解后，再利用傅里叶逆变换得到系统的位移解：

$$u(t)=\frac{1}{2\pi}\int_{-\infty}^{+\infty}H(\mathrm{i}\omega)P(\omega)\mathrm{e}^{\mathrm{i}\omega t}\mathrm{d}\omega\tag{2-112}$$

频域分析法中涉及两次傅里叶变换，均为无穷域积分，特别是傅里叶逆变换，被积函数是复数，有时涉及围道积分。当外荷载是复杂的时间函数时，用解析型傅里叶变换几乎是不可能的，在实际计算中，大量采用的是离散的傅里叶变换。

离散的傅里叶变换将随时间连续变化的函数用等步长 Δt 离散成有 N 个离散数据点的系列，即

$$P(t_k)(k=0,1,2,\cdots,N-1);\quad t_k=k\Delta t;\quad \Delta t=T_{\mathrm{P}}/N\tag{2-113}$$

其中，Δt 为离散时间步长；T_{P} 为外荷载的持续时间。

同样地，对频域的傅里叶谱也进行离散化，即

$$P(\omega_j)(j=0,1,2,\cdots,N-1);\quad \omega_j=j\Delta\omega;\quad \Delta\omega=2\pi/T_{\mathrm{P}}\tag{2-114}$$

将离散化的值代入傅里叶正变换公式，应用梯形数值积分公式，得

$$P(\omega_j)=\int_{-\infty}^{+\infty}P(t)\mathrm{e}^{-\mathrm{i}\omega_j t}\mathrm{d}t=\sum_{k=0}^{N-1}P(t_k)\mathrm{e}^{-\mathrm{i}\omega_j t_k}\cdot\Delta t=\Delta t\sum_{k=0}^{N-1}P(t_k)\mathrm{e}^{-\mathrm{i}\frac{2\pi kj}{N}}\tag{2-115}$$

由式(2-111)可以得到系统的位移谱 $U(\omega_j)=H(\mathrm{i}\omega_j)P(\omega_j)$，将 $U(\omega_j)$ 代入式(2-112)，得

$$u(t_k)=\frac{1}{2\pi}\int_{-\infty}^{+\infty}U(\omega)\mathrm{e}^{\mathrm{i}\omega t_k}\mathrm{d}\omega=\frac{1}{2\pi}\sum_{j=0}^{N-1}U(\omega_j)\mathrm{e}^{\mathrm{i}\omega_j t_k}\Delta\omega=\frac{1}{T_\mathrm{P}}\sum_{j=0}^{N-1}U(\omega_j)\mathrm{e}^{\mathrm{i}\frac{2\pi kj}{N}} \tag{2-116}$$

以上公式是求结构反应的离散傅里叶变换方法。如果 $N=2^m$，再利用简谐函数 $\mathrm{e}^{\pm ix}$ 的周期性特点，可以得到快速傅里叶变换，应用快速傅里叶变换，可以较大地提高计算效率。

当应用离散傅里叶变换方法分析一般任意荷载作用下系统的动力反应问题时，离散傅里叶变换将非周期函数周期化。

在应用离散的傅里叶变换时，应注意以下事项：

(1) 离散的傅里叶变换将非周期时间函数周期化。

(2) 对 $P(t)$ 要加足够多的零点增大外荷载的持续时间 T_P，在所计算的时间段 $[0, T_\mathrm{P}]$ 内，系统的位移能衰减到零。

(3) 频谱上限频率为 $f_{\mathrm{Nyquist}}=1/2\Delta t$，　$\omega_{\mathrm{Nyquist}}=2\pi f_{\mathrm{Nyquist}}$。

(4) 频谱的分辨率为 $\Delta f=1/T_\mathrm{P}$，即 $\Delta\omega=2\pi/T_\mathrm{P}$。

(5) 频谱的下限频率为 $f_1=1/T_\mathrm{P}$。

2.5 支承运动引起的强迫振动

2.5.1 支承激励

约束和支承引起激励的例子有很多，如汽车在波形路面上引起的强迫振动、固定在机器上面的仪表振动以及地震引起的地面结构振动等。这些都可简化为图 2-26(a)所示的单自由度系统。

设支承的运动规律是

$$u_\mathrm{s}=B\sin(\omega t) \tag{2-117}$$

如图 2-26(b)所示，对质量块进行受力分析：弹性恢复力为 $-k(u-u_\mathrm{s})$，阻尼力为 $-c(\dot{u}-\dot{u}_\mathrm{s})$。如此便将支承引起的激励问题转化为直接作用在系统上的激励力问题。应用达朗贝尔原理建立运动方程：

$$m\ddot{u}+c(\dot{u}-\dot{u}_\mathrm{s})+k(u-u_\mathrm{s})=0 \tag{2-118}$$

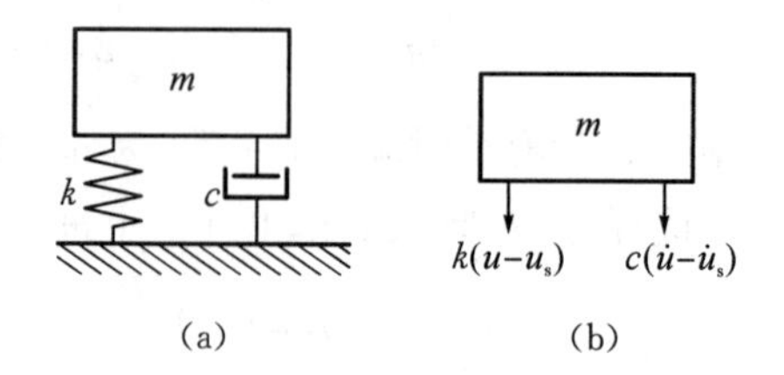

图 2-26　支承运动引起的位移激励

该式可改写为

$$m\ddot{u}+c\dot{u}+ku=ku_\mathrm{s}+c\dot{u}_\mathrm{s} \tag{2-119}$$

将式(2-117)代入式(2-119)，得

$$m\ddot{u}+c\dot{u}+ku=kB\sin(\omega t)+c\omega B\cos(\omega t) \tag{2-120}$$

可以看出，质量块所受的激励可分为两部分：一部分是由弹簧传递的 ku，相位与 u_s 相同；另一部分是由阻尼器传递的 $c\dot{u}_s$，相位比 u_s 超前 $\pi/2$。这两部分激励均是简谐激励。显然，系统对简谐激励的稳态响应依然是同频率的简谐振动。应用叠加原理，将两部分激励引起的稳态响应进行叠加，设叠加后的稳态响应为

$$u=A\sin(\omega t-\alpha) \tag{2-121}$$

将式(2-121)代入式(2-120)，得到

$$\frac{A}{B}=\sqrt{\frac{k^2+c^2\omega^2}{(k-m\omega^2)^2+c^2\omega^2}}=\sqrt{\frac{1+(2\xi\omega)^2}{(1-\omega^2)^2+(2\xi\omega)^2}} \tag{2-122}$$

$$\tan\alpha=\frac{mc\omega^3}{k(k-m\omega^2)+c^2\omega^2}=\frac{2\xi\omega^3}{1-\omega^2+(2\xi\omega)^2} \tag{2-123}$$

2.5.2 隔振原理

隔振可分为两类：主动隔振和被动隔振。

1. 主动隔振

主动隔振就是将振源与周围环境隔开，使振动不向外传播。简化后的主动隔振力学模型如图 2-27 所示。

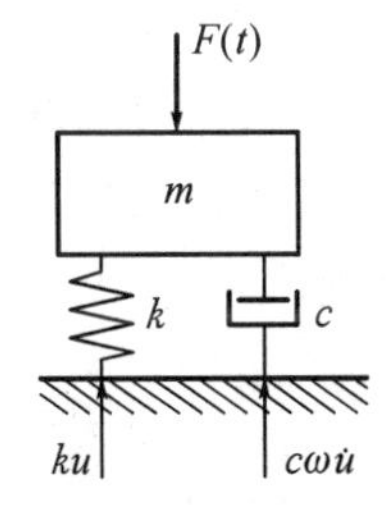

图 2-27 主动隔振力学模型

主动隔振的目的是减小传递到地面上的力。为衡量隔振效果，引入力的传递率 T_f，它表示隔振后与隔振前传递到地面上的力的幅值之比，表示为

$$T_f=\frac{F_T}{F_0} \tag{2-124}$$

其中，F_0 和 F_T 为隔振前后传递到地面上的力的幅值，系统的稳态响应如式(2-121)所示。

则
$$\dot{u}=\omega A\cos(\omega t-\alpha)=\omega A\sin(\omega t-\alpha+\pi/2) \tag{2-125}$$

显然，弹簧所传递的最大力 KA 与阻尼器传递的最大力 ωcA 的相位差为 $\pi/2$，隔振后传递到地面上的力的幅值为

$$F_T=\sqrt{(kA)^2+(c\omega A)^2}=kA\sqrt{1+\left(\frac{c\omega}{k}\right)^2} \tag{2-126}$$

经推导，可得

$$T_f=\frac{F_T}{F_0}=\sqrt{\frac{1+(2\xi\omega)^2}{(1-\omega^2)^2+(2\xi\omega)^2}} \tag{2-127}$$

式(2-127)就是力的传递率 T_f 的计算公式。

2. 被动隔振

被动隔振就是把保护设备与振源隔开,降低振动对其的影响。将隔振后传到设备上的振幅值与支承振幅值之比定义为位移传递率 T_d,并用其来衡量被动隔振。因此,T_d 与 T_f 有完全相同的表达式:

$$T_d=\sqrt{\frac{1+(2\xi\omega)^2}{(1-\omega^2)^2+(2\xi\omega)^2}} \tag{2-128}$$

根据式(2-127)和式(2-128),可绘制不同阻尼比 ξ 的传递率 $T_f(T_d)$ 与频率比 λ 的关系曲线,如图 2-28 所示。

从图 2-28 可以看出:

(1) 当 $\lambda=\sqrt{2}$ 时,无论阻尼比 ξ 为何值,传递率恒等于 1。

(2) 当 $\lambda>\sqrt{2}$ 时,传递率才会小于 1。

(3) 激励频率一定要大于系统固有频率的 $\sqrt{2}$ 倍才会起到减振效果。

值得关注的是,虽然阻尼比越大,减振效果越好,但是在通过共振区时,振幅同时也会增加得很快,将会发生共振,这一现象在实践中应引起重视。

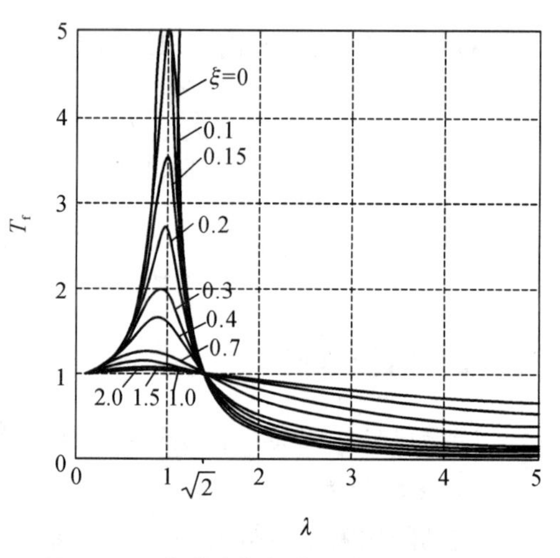

图 2-28　传递率与频率比的关系曲线

习　题

2-1　为什么说结构自振频率是结构的重要动力特征?它与哪些量有关?

2-2　自由振动的振幅与哪些量有关?

2-3　什么叫临界阻尼?什么叫阻尼比?阻尼对频率、振幅有何影响?怎样量测系统振动过程中的阻尼比?

2-4　什么叫动力系数?动力系数的大小与哪些因素有关?单自由度系统的位移动力系数与内力动力系数是否一样?

2-5　试列出图中结构的振动微分方程,不计阻尼[提示:习题 2-5 图(a)列动力平衡方程 $\sum M_A=0$ 较简单;习题 2-5 图(b)列位移方程较简便]。

2-6　略去杆件自重及阻尼影响,试求图中各结构的自振频率。

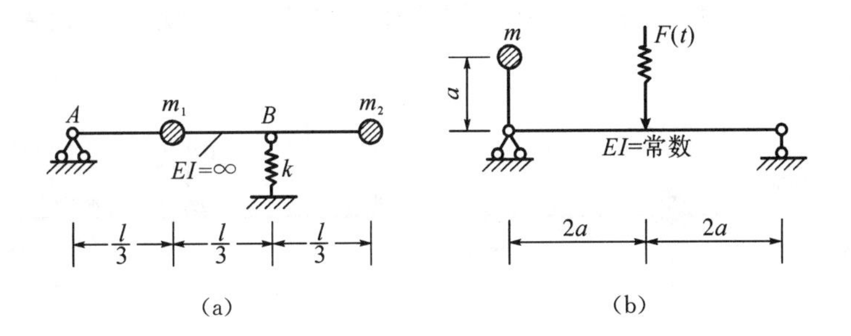

习题 2-5 图

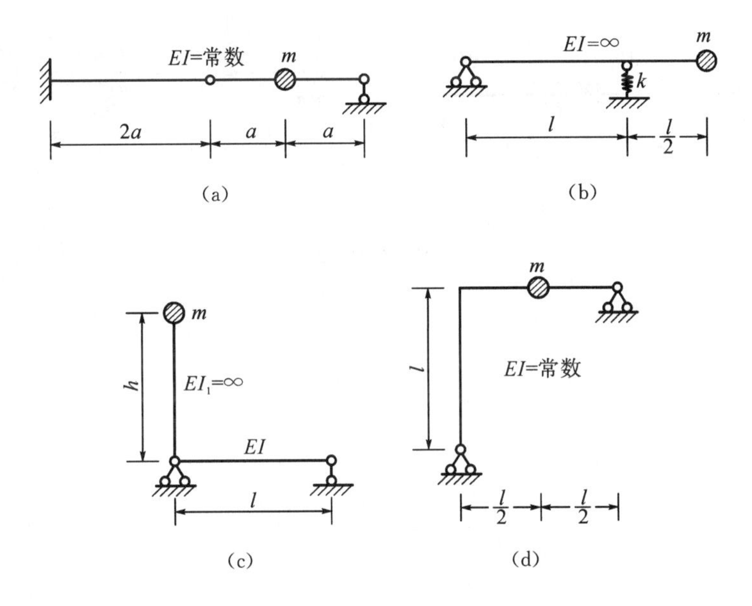

习题 2-6 图

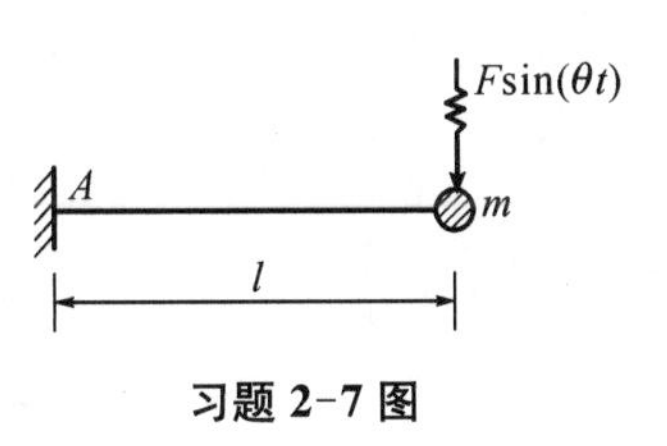

习题 2-7 图

2-7 图示悬臂梁有一重量 $mg=12\ \text{kN}$ 的集中质量，其上受有振动荷载 $F\sin(\theta t)$，其中，$F=5\ \text{kN}$。若不考虑阻尼，试分别计算该梁在振动荷载为每分钟振动 300 次和 600 次两种情况下的最大竖向位移和最大负弯矩。已知 $l=2\ \text{m}$，$E=210\ \text{GPa}$，$I=3.4\times10^{-5}\ \text{m}^4$。梁的自重可略去不计。

2-8 测得某结构自由振动经过 10 个周期后振幅降为原来的 5%，试求阻尼比和在简谐干扰力作用下共振时的动力系数。

2-9 爆炸荷载可近似用图示规律表示：

$$F(t)=\begin{cases}F\left(1-\dfrac{t}{t_1}\right) & (t\leqslant t_1)\\ 0 & (t\geqslant t_1)\end{cases}$$

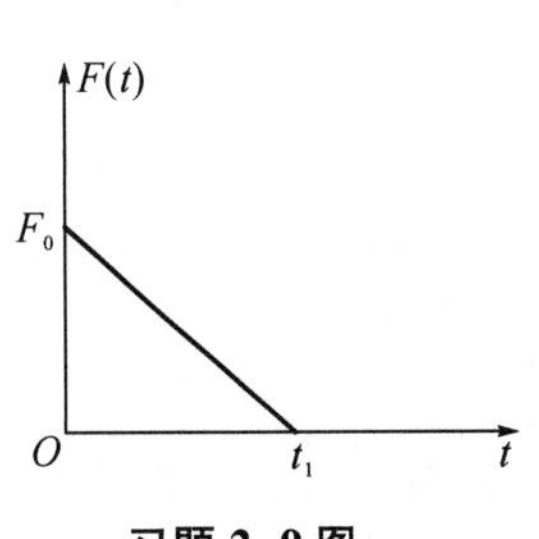

习题 2-9 图

若不考虑阻尼，试求单自由度结构在此种荷载作用下的动力位移公式（设结构原处于静止状态）。

2-10 忽略阻尼影响,分别用达朗贝尔原理和虚位移原理建立下图中各系统的运动方程。

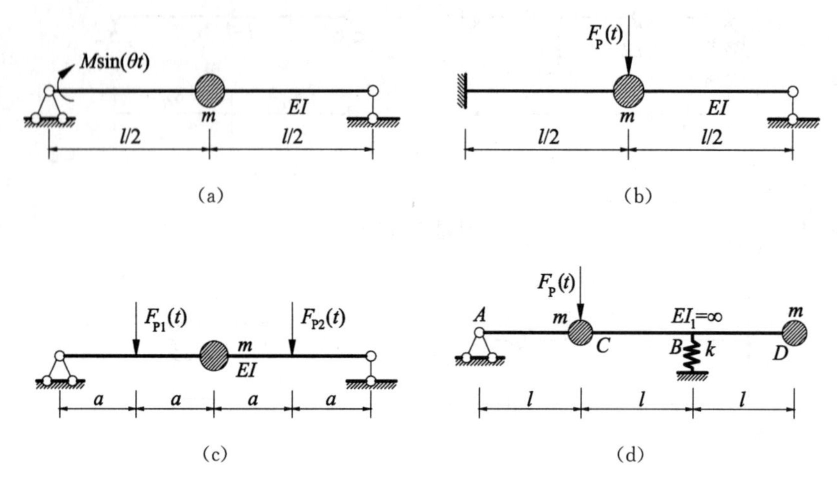

习题 2-10 图

3 多自由度系统

3.1 多自由度系统概述

严格意义上的单自由度系统是不存在的。单自由度系统只是实际情况简化后得到的一种计算模型。当简单结构系统简化为合理的单自由度系统时，一般会影响计算精度，但复杂结构系统简化为单自由度系统计算时，不仅会影响计算精度，还会影响计算的正确性，系统的某些动力特性将无法得到正确反映。因此，复杂结构系统需要采用多自由度系统的动力模型。本章主要学习内容如下：

(1) 多自由度系统的自由振动。分析自由振动的目的是计算系统的固有动力特性，即频率和振型。频率和振型的分析极为重要，且计算工作量大。

(2) 多自由度系统的振型分析。振型分析是多自由度系统动力分析的重要内容，其中振型正交性是多自由度系统的重要动力特性。

(3) 多自由度系统的强迫振动。基于振型分析，采用振型叠加法，求解多自由度系统的振动响应。

(4) 多自由度系统的阻尼理论和阻尼矩阵的构造。

多自由度系统的自由振动方程建立，仍可采用本书第1章所述的几种基本原理，但更为常见的是采用达朗贝尔原理建立运动方程，即“动静法”。采用动静法建立多自由度系统的运动方程，依据弹性恢复力的计算特点，可分为柔度法和刚度法。

柔度法是建立动力平衡方程时，以质点为对象，将质点分离出来运用动力学原理建立运动方程。

刚度法是建立动力平衡方程时，不将质点分离，以整个结构为对象，按类似于结构静力学中位移法的步骤来建立方程。

在多自由度系统中，两个自由度系统是最简单的情况。多自由度系统问题的物理概念、解题思路可通过两个自由度系统的分析得到初步认识。因此，本章首先讨论两个自由度系统的振动，然后推广到 n 个自由度的多自由度系统。

3.2 两个自由度系统的自由振动

3.2.1 柔度法

1. 运动方程建立

设有两个自由度简支梁系统，如图 3-1(a)所示。两个集中质点的质量分布为 m_1、m_2，梁的自重忽略不计。设质点 m_1、m_2 处梁的竖向位移分别为 $y_1(t)$ 和 $y_2(t)$，向下为正。当以位移条件建立运动方程时，认为在自由振动过程中的任意瞬时，质点 m_1 和 m_2 的位移均是惯性力 $-m_1\ddot{y}_1(t)$ 和 $-m_2\ddot{y}_2(t)$ 共同作用下产生的静力位移。

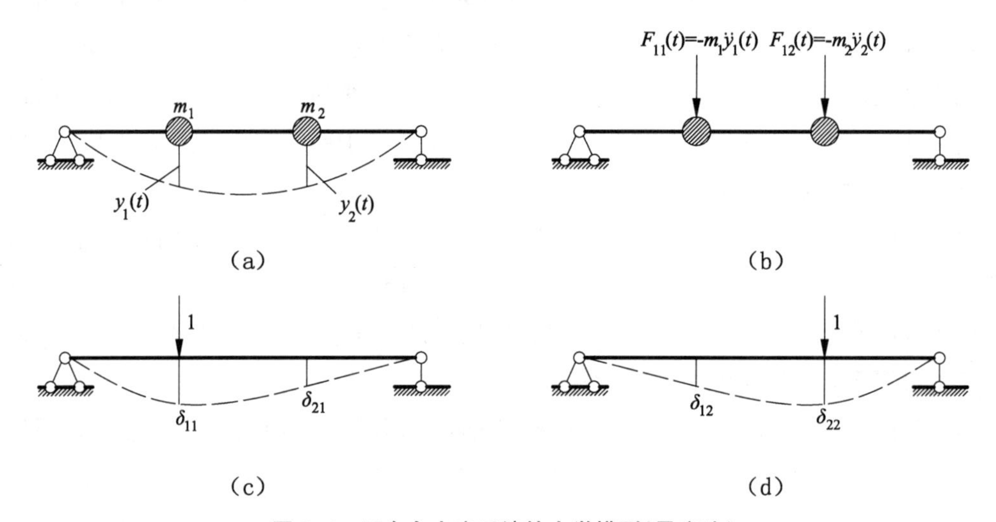

图 3-1 两个自由度系统的力学模型(柔度法)

建立位移协调方程如下：

$$\left.\begin{aligned}y_1(t)&=-m_1\ddot{y}_1(t)\delta_{11}-m_2\ddot{y}_2(t)\delta_{12}\\y_2(t)&=-m_1\ddot{y}_1(t)\delta_{21}-m_2\ddot{y}_2(t)\delta_{22}\end{aligned}\right\}\qquad[3\text{-}1(\text{a})]$$

写成矩阵形式为

$$\begin{bmatrix}y_1(t)\\y_2(t)\end{bmatrix}+\begin{bmatrix}\delta_{11}&\delta_{12}\\\delta_{21}&\delta_{22}\end{bmatrix}\begin{bmatrix}m_1&0\\0&m_2\end{bmatrix}\begin{bmatrix}\ddot{y}_1(t)\\\ddot{y}_2(t)\end{bmatrix}=\begin{bmatrix}0\\0\end{bmatrix}\qquad[3\text{-}1(\text{b})]$$

或

$$\boldsymbol{Y}+\boldsymbol{\delta M\ddot{Y}}=\boldsymbol{0}\qquad[3\text{-}1(\text{c})]$$

式中

$\boldsymbol{M}=\begin{bmatrix}m_1&0\\0&m_2\end{bmatrix}$ 为质量矩阵；$\boldsymbol{\delta}=\begin{bmatrix}\delta_{11}&\delta_{12}\\\delta_{21}&\delta_{22}\end{bmatrix}$ 为柔度矩阵；

$\boldsymbol{Y}=\begin{bmatrix}y_1(t)\\y_2(t)\end{bmatrix}$ 为位移列向量；$\ddot{\boldsymbol{Y}}=\begin{bmatrix}\ddot{y}_1(t)\\\ddot{y}_2(t)\end{bmatrix}$ 为加速度列向量。

柔度矩阵中柔度系数的物理含义：δ_{ii} 表示在质点 i 上作用单位力时该质点产生的位移；δ_{ij} 表示在质点 j 上作用单位力时，质点 i 产生的位移。

2. 自振频率分析

系统作自由振动时均为简谐振动，故可设方程(3-1)的特解为

$$\left.\begin{aligned}y_1(t)&=A_1\sin(\omega t+\varphi)\\y_2(t)&=A_2\sin(\omega t+\varphi)\end{aligned}\right\}\qquad[3\text{-}2(\mathrm{a})]$$

或

$$\boldsymbol{Y}=\boldsymbol{A}\sin(\omega t+\varphi)\qquad[3\text{-}2(\mathrm{b})]$$

式中 $\boldsymbol{A}$ ——振幅(位移幅值)向量，它是系统按某一频率 ω 作自由振动时，两质点的振幅依次排列的一个常值矩阵，它描述了系统振动的位移响应；

φ ——相位角。

式(3-2)表明，所有质点都按同一频率、同一相位作同步简谐振动，但各质点的振幅值不相同。

将式(3-2)代入式(3-1)，并消去公因子 $\sin(\omega t+\varphi)$，整理后可得

$$\left.\begin{aligned}\left(\delta_{11}m_1-\frac{1}{\omega^2}\right)A_1+\delta_{12}m_2A_2&=0\\\delta_{21}m_1A_1+\left(\delta_{22}m_2-\frac{1}{\omega^2}\right)A_2&=0\end{aligned}\right\}\qquad[3\text{-}3(\mathrm{a})]$$

写成矩阵形式：

$$\begin{bmatrix}\delta_{11}m_1-\frac{1}{\omega^2}&\delta_{12}m_2\\\delta_{21}m_1&\delta_{22}m_2-\frac{1}{\omega^2}\end{bmatrix}\begin{bmatrix}A_1\\A_2\end{bmatrix}=\begin{bmatrix}0\\0\end{bmatrix}\qquad[3\text{-}3(\mathrm{b})]$$

式(3-3)是关于振幅 $\boldsymbol{A}$ 的齐次方程。若系统发生振动，则有 $\boldsymbol{A}\neq0$，式(3-3)成立的充要条件是系数行列式必然等于零，即

$$D=\begin{vmatrix}\delta_{11}m_1-\frac{1}{\omega^2}&\delta_{12}m_2\\\delta_{21}m_1&\delta_{22}m_2-\frac{1}{\omega^2}\end{vmatrix}=0\qquad(3\text{-}4)$$

用式(3-4)来确定频率 ω，称为频率方程或特征方程。

令 $\frac{1}{\omega^2}=\lambda$，并展开可得

$$\lambda^2-(m_1\delta_{11}+m_2\delta_{22})\lambda+m_1m_2(\delta_{11}\delta_{22}-\delta_{12}{}^2)=0 \tag{3-5}$$

解得

$$\lambda_{1,2}=\frac{\delta_{11}m_1+\delta_{22}m_2\pm\sqrt{(\delta_{11}m_1+\delta_{22}m_2)^2-4m_1m_2(\delta_{11}\delta_{22}-\delta_{12}{}^2)}}{2} \tag{3-6}$$

从而可求得频率的两个值为

$$\omega_1=\frac{1}{\sqrt{\lambda_1}},\quad \omega_2=\frac{1}{\sqrt{\lambda_2}} \tag{3-7}$$

其中,最小频率 ω_1 称为第一频率或基本频率,较大频率 ω_2 称为第二频率。频率的数目与振动自由度数目相同。

3. 振型分析

所谓振型就是结构各个质点振动时质点的位置形状。

将 ω_1、ω_2 分别代回式[3-3(b)],则其系数行列式等于零自然满足,所以可求得相应的两组 A_1 和 A_2 的比值。

1) $\omega=\omega_1$ 的情况

此时 A_1 用 $A_1^{(1)}$ 表示,A_2 用 $A_2^{(1)}$ 表示,那么由式[3-3(a)]中的第一式可得

$$\frac{A_2^{(1)}}{A_1^{(1)}}=\frac{\frac{1}{\omega_1^2}-\delta_{11}m_1}{\delta_{12}m_2}=\frac{\lambda_1-\delta_{11}m_1}{\delta_{12}m_2}=\rho_1 \tag{3-8}$$

相应地,质点 m_1、m_2 的振动方程为

$$\left.\begin{aligned}y_1(t)=A_1^{(1)}\sin(\omega_1t+\varphi_1)\\ y_2(t)=A_2^{(1)}\sin(\omega_1t+\varphi_1)\end{aligned}\right\} \tag{3-9}$$

由式(3-8)和式(3-9)可知

$$\frac{y_2(t)}{y_1(t)}=\frac{A_2^{(1)}}{A_1^{(1)}}=\rho_1 \tag{3-10}$$

该式的物理意义是:振动时,两质点的位移比值恒为常数 ρ_1(即与时间无关),表示系统振动变形的形状不变。通常称此种情况下的振动形式为主振型,简称振型。由式(3-6)有

$$\lambda_1-\delta_{11}m_1=\frac{m_2\delta_{22}-m_1\delta_{11}}{2}+\sqrt{\left(\frac{m_1\delta_{11}-m_2\delta_{22}}{2}\right)^2+m_1m_2\delta_{12}{}^2}>0 \tag{3-11}$$

对于图 3-1 所示的单跨梁,因 $\delta_{12}>0$,故 $\rho_1>0$。它表明当系统按 ω_1 作简谐振动时,两个质点总在同相位,相应的振动形式如图 3-2(a)所示,称为第一主振型或基本振型。

2) $\omega=\omega_2$ 的情况

此时 A_1 用 $A_1^{(2)}$ 表示,A_2 用 $A_2^{(2)}$ 表示,有

$$\left.\begin{aligned} y_1(t) &= A_1^{(2)}\sin(\omega_2 t + \varphi_2) \\ y_2(t) &= A_2^{(2)}\sin(\omega_2 t + \varphi_2) \end{aligned}\right\} \tag{3-12}$$

$$\frac{A_2^{(2)}}{A_1^{(2)}} = \frac{\dfrac{1}{\omega_2^2} - \delta_{11}m_1}{\delta_{12}m_2} = \rho_2 < 0 \tag{3-13}$$

系统相应的振动形式如图 3-2(b)所示，称为第二主振型。

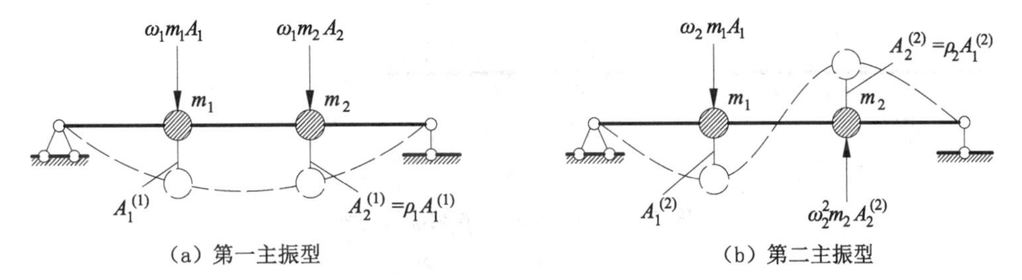

(a) 第一主振型　　(b) 第二主振型

图 3-2　两个自由度的振动形式

4. 方程组的解

两个自由度系统按其主振型所作的简谐振动，是在特定的初始条件下才会出现的一种运动形式，例如对于第一主振型，由式(3-2)应有

$$\left.\begin{aligned} &y_1(0) = A_1^{(1)}\sin\varphi_1, \quad y_2(0) = A_2^{(1)}\sin\varphi_1 = \rho_1 A_1^{(1)}\sin\varphi_1 \\ &\dot{y}_1(0) = A_1^{(1)}\omega_1\cos\varphi_1, \quad \dot{y}_2(0) = A_2^{(1)}\omega_1\cos\varphi_1 = \rho_1 A_1^{(1)}\omega_1\cos\varphi_1 \end{aligned}\right\} \tag{3-14}$$

这表明，只有当质点 2 的位移初速度是质点 1 的位移初速度的 ρ_1 倍时，上述振动形式才会出现。这种只有在特定初始条件下才出现的运动形式，在数学上就属于微分方程组的特解。

显然，式(3-1)有两个特解，两个特解的线性组合就是方程的通解。也就是说，在一般情形下，两个自由度系统的自由振动就是两种频率相对应的主振型的组合振动，即

$$\left.\begin{aligned} y_1(t) &= A_1^{(1)}\sin(\omega_1 t + \varphi_1) + A_1^{(2)}\sin(\omega_2 t + \varphi_2) \\ y_2(t) &= A_2^{(1)}\sin(\omega_1 t + \varphi_1) + A_2^{(2)}\sin(\omega_2 t + \varphi_2) \end{aligned}\right\} \tag{3-15}$$

其中，共有 4 个独立的待定系数 $A_1^{(1)}$(或 $A_2^{(1)}$)、$A_1^{(2)}$(或 $A_2^{(2)}$)、φ_1 和 φ_2，它们由 4 个初始条件 $y_1(0)$、$y_2(0)$、$\dot{y}_1(0)$ 和 $\dot{y}_2(0)$ 来确定。

综上分析，多自由度系统的自由振动具有以下特性：

(1) 多自由度系统自振频率的个数与系统的自由度数相等。

(2) 自振频率及其相应的主振型均为系统固有动力特性，与外界因素(如干扰力、初始条件等)无关。

(3) 多自由度系统的自由振动是不同自振频率对应的主振型的线性组合，或者说，多自由度系统的自由振动可以分解为各自振频率下对应主振型的简谐振动。

(4) 只有当质点的初始位移和初始速度与某个主振型相一致时，系统才会按该主振型

作简谐振动。

【例 3-1】 试求图 3-3(a)所示等截面简支梁自振频率并确定主振型。

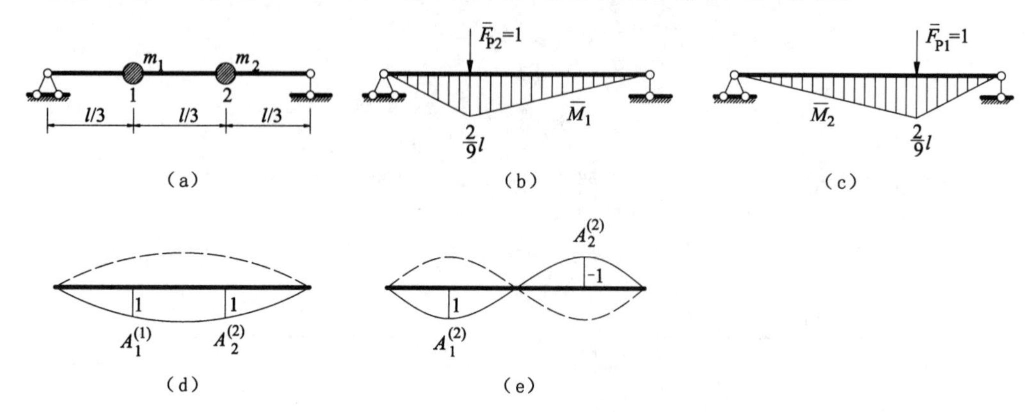

图 3-3 两个自由度的柔度法算例

解 系统有两个自由度，由结构力学的图乘法[图 3-3(b)、(c)]可得柔度系数

$$\delta_{11}=\delta_{22}=\frac{4l^3}{243EI},\quad \delta_{12}=\delta_{21}=\frac{7l^3}{486EI}$$

将它们代入式(3-6)，注意有 $m_1=m_2=m$，则可求得

$$\lambda_1=(\delta_{11}+\delta_{12})m=\frac{15ml^3}{486EI},\quad \lambda_2=(\delta_{11}-\delta_{12})m=\frac{ml^3}{486EI}$$

由式(3-7)得自振频率

$$\omega_1=\sqrt{\frac{486EI}{15ml^3}}=5.69\sqrt{\frac{EI}{ml^3}},\quad \omega_2=\sqrt{\frac{486EI}{ml^3}}=22.05\sqrt{\frac{EI}{ml^3}}$$

由式(3-8)及式(3-13)求得第一、第二振型分别为

$$\rho_1=\frac{\dfrac{1}{\omega_1^2}-m_1\delta_{11}}{m_2\delta_{12}}=\frac{\dfrac{15ml^3}{486EI}-\dfrac{4l^3}{243EI}}{\dfrac{7l^3}{486}}=1$$

$$\rho_2=\frac{\dfrac{1}{\omega_2^2}-m_1\delta_{11}}{m_2\delta_{12}}=\frac{\dfrac{ml^3}{486EI}-\dfrac{4l^3}{243EI}}{\dfrac{7l^3}{486}}=-1$$

如图 3-3(d)、(e)所示。

3.2.2 刚度法

1. 运动方程建立

仍选取简支梁的两个自由度系统，如图 3-4 所示。在质点 m_1、m_2 处沿位移方向加入

附加链杆，然后假定链杆发生与实际情况相同的位移 $y_1(t)$、$y_2(t)$，同时施加相应的惯性力。因为 $y_1(t)$、$y_2(t)$ 是与质点和加速度相适应的真实位移，所以，此时系统必然恢复到初始状态，附加链杆的反力 $F_{R1}(t)$ 和 $F_{R2}(t)$ 等于零。

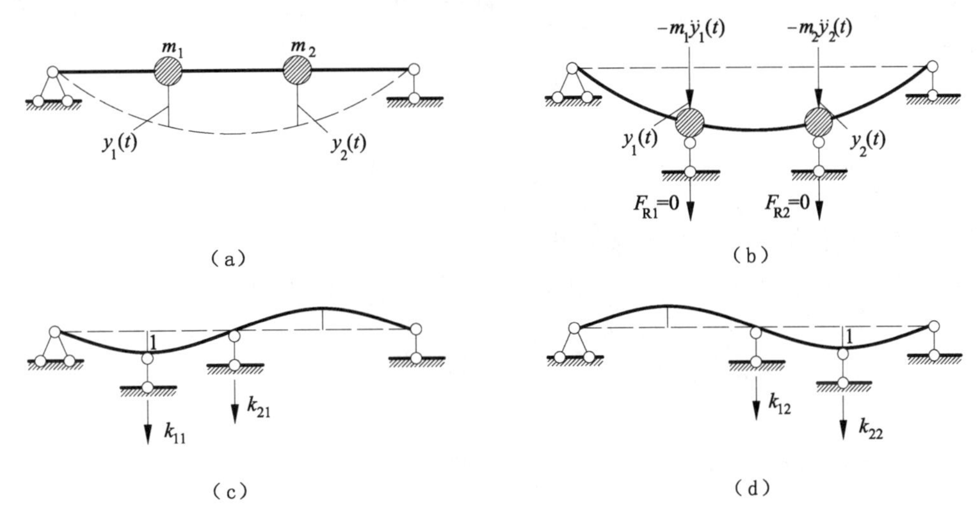

图 3-4　两个自由度系统的力学模型(刚度法)

建立两个质点的力的平衡方程：

$$\left.\begin{aligned} F_{R1}(t) &= m_1\ddot{y}_1 + k_{11}y_1(t) + k_{12}y_2(t) = 0 \\ F_{R2}(t) &= m_2\ddot{y}_1 + k_{21}y_1(t) + k_{22}y_2(t) = 0 \end{aligned}\right\} \qquad [3\text{-}16(a)]$$

或写成矩阵形式：

$$\boldsymbol{M}\ddot{\boldsymbol{Y}} + \boldsymbol{K}\boldsymbol{Y} = \boldsymbol{0} \qquad [3\text{-}16(b)]$$

式中

$\boldsymbol{M} = \begin{bmatrix} m_1 & 0 \\ 0 & m_2 \end{bmatrix}$ 为质量矩阵；$\boldsymbol{K} = \begin{bmatrix} k_{11} & k_{12} \\ k_{21} & k_{22} \end{bmatrix}$ 为刚度矩阵；

$\boldsymbol{Y} = \begin{bmatrix} y_1(t) \\ y_2(t) \end{bmatrix}$ 为位移列向量；$\ddot{\boldsymbol{Y}} = \begin{bmatrix} \ddot{y}_1(t) \\ \ddot{y}_2(t) \end{bmatrix}$ 为加速度列向量。

刚度矩阵中刚度系数的物理含义：k_{ii} 表示质点 i 发生单位位移时，在该质点 i 附加约束上产生的反力；k_{ij} 表示质点 j 发生单位位移时，在该质点 i 附加约束上产生的反力。

2. 自振频率分析

系统作自由振动仍为简谐振动，故可设平衡方程即式(3-16)的特解与柔度法的形式一样，如式[3-2(b)]所示。

将位移向量 $\boldsymbol{Y}$ 对时间进行两次微分，得

$$\ddot{\boldsymbol{Y}} = -\omega^2\boldsymbol{A}\sin(\omega t + \varphi) = -\omega^2\boldsymbol{Y} \qquad (3\text{-}17)$$

代入式[3-16(b)]，得

$$-\omega^2\boldsymbol{MA}\sin(\omega t+\varphi)+\boldsymbol{KA}\sin(\omega t+\varphi)=\boldsymbol{0} \tag{3-18}$$

该式消去 $\sin(\omega t+\varphi)$，得

$$(\boldsymbol{K}-\omega^2\boldsymbol{M})\boldsymbol{A}=\boldsymbol{0} \tag{3-19(a)}$$

其展开式即为

$$\begin{bmatrix} k_{11}-\omega^2 m_1 & k_{12} \\ k_{21} & k_{22}-\omega^2 m_2 \end{bmatrix}\begin{bmatrix} A_1 \\ A_2 \end{bmatrix}=\begin{bmatrix} 0 \\ 0 \end{bmatrix} \tag{3-19(b)}$$

式(3-19)是关于振幅向量 $\boldsymbol{A}$ 的齐次方程。

同样地，只要系统发生振动，则有 $\boldsymbol{A}\neq 0$，系数行列式必然等于零，即

$$|\boldsymbol{K}-\omega^2\boldsymbol{M}|=\begin{vmatrix} k_{11}-\omega^2 m_1 & k_{12} \\ k_{12} & k_{22}-\omega^2 m_2 \end{vmatrix}=0 \tag{3-20}$$

式(3-20)就是用来确定频率 ω 的方程。将它展开并整理得

$$m_1 m_2\omega^4-(k_{11}m_2+k_{22}m_1)\omega^2+(k_{11}k_{22}+k_{12}^2)=0 \tag{3-21}$$

该式是关于 ω^2 的二次方程，求解可得 ω 的两个正实根为

$$(\omega^2)_{1,2}=\frac{1}{2}\left(\frac{k_{11}}{m_1}+\frac{k_{22}}{m_2}\right)\pm\frac{1}{2}\sqrt{\left(\frac{k_{11}}{m_1}+\frac{k_{22}}{m_2}\right)^2-\frac{4(k_{11}k_{22}-k_{12}^2)}{m_1 m_2}} \tag{3-22}$$

其中，较小的 ω_1 称为第一频率或基频；较大的 ω_2 称为第二频率。

3. 振型分析

将 ω_1、ω_2 分别代回式(3-19)，则其系数行列式等于零自然满足，所以可求得相应的两组 A_1 和 A_2 的比值。

(1) 对应于 ω_1 有

$$\rho_1=\frac{A_2^{(1)}}{A_1^{(1)}}=\frac{\omega_1^2 m_1-k_{11}}{k_{12}} \tag{3-23}$$

此时第一频率对应的振幅向量

$$\boldsymbol{A}^{(1)}=\begin{bmatrix} A_1^{(1)} \\ A_2^{(1)} \end{bmatrix} \tag{3-24}$$

(2) 对应于 ω_2 有

$$\rho_2=\frac{A_2^{(2)}}{A_1^{(2)}}=\frac{\omega_2^2 m_1-k_{11}}{k_{12}} \tag{3-25}$$

此时第二频率对应的振幅向量

$$\boldsymbol{A}^{(2)}=\begin{bmatrix}A_1^{(2)}\\A_2^{(2)}\end{bmatrix} \tag{3-26}$$

【例 3-2】 如图 3-5(a)所示两层刚架，其横梁刚度为无限刚性，不计立柱的竖向变形。设质量集中在各层横梁上，第一层质量为 m_1，第二层质量为 m_2。层间侧移刚度均为 k。按照刚度法求解刚架水平振动时的自振频率和主振型。

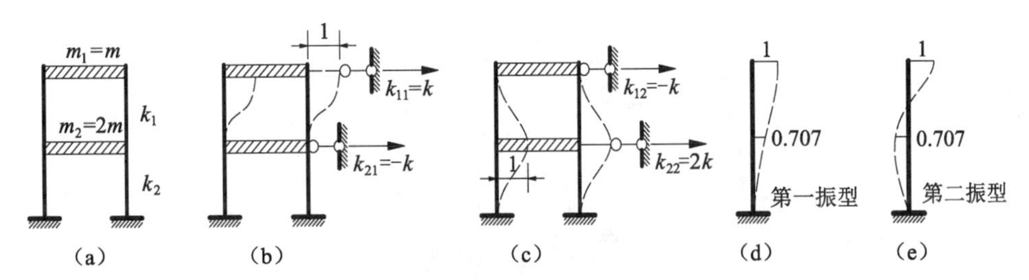

图 3-5 两个自由度系统的刚度法算例

解 (1) 首先求刚度矩阵 $\boldsymbol{K}$ 和质量矩阵 $\boldsymbol{M}$。

由于不计立柱的竖向变形，刚架振动时各横梁不做竖向移动和转动而只作水平移动，故只有两个自由度。

在各楼层处附加水平链杆，并分别使各层产生单位位移，由结构力学可得各刚度系数，其数值分别如图 3-5(b)、(c)所示。

则刚度矩阵和质量矩阵分别为

$$\boldsymbol{K}=k\begin{bmatrix}1&-1\\-1&2\end{bmatrix},\quad \boldsymbol{M}=m\begin{bmatrix}1&0\\0&2\end{bmatrix}$$

(2) 频率分析。

令 $\eta=\frac{m}{k}\omega^2$，由频率方程式(3-20)可知

$$|\boldsymbol{K}-\omega^2\boldsymbol{M}|=\begin{vmatrix}1-\eta&-1\\-1&2-2\eta\end{vmatrix}=0$$

展开该频率方程，得

$$2\eta^2-4\eta+1=0$$

解得两个根分别为

$$\eta_1=1-\frac{\sqrt{2}}{2}=0.293,\quad \eta_2=1+\frac{\sqrt{2}}{2}=1.707$$

两个自振频率分别为

$$\omega_1=\sqrt{\frac{k}{m}\eta_1}=0.541\sqrt{\frac{k}{m}},\quad \omega_2=\sqrt{\frac{k}{m}\eta_2}=1.306\sqrt{\frac{k}{m}}$$

(3) 振型分析。

由振幅方程(3-19)得

$$\begin{bmatrix}1-\eta & -1\\ -1 & 2-2\eta\end{bmatrix}\begin{bmatrix}A_1\\ A_2\end{bmatrix}=\begin{bmatrix}0\\ 0\end{bmatrix}$$

对第一频率,有

$$\rho_1=\frac{A_2^{(1)}}{A_1^{(1)}}=\frac{\omega_1^2 m_1-k_{11}}{k_{12}}=\frac{1}{2(1-\eta_1)}=0.707$$

则得

$$\boldsymbol{A}^{(1)}=\begin{bmatrix}1\\ 0.707\end{bmatrix}$$

对第二频率,有

$$\rho_2=\frac{A_2^{(2)}}{A_1^{(2)}}=\frac{\omega_2^2 m_1-k_{11}}{k_{12}}=\frac{1}{2(1-\eta_2)}=-0.707$$

则得

$$\boldsymbol{A}^{(2)}=\begin{bmatrix}1\\ -0.707\end{bmatrix}$$

两个振型的大致形状如图 3-5(d)、(e)所示。

3.3 n 个自由度的多自由度系统自由振动

从两个自由度系统的振动,推广到 n 个自由度系统的振动,结构运动方程的建立,同样可按前述的柔度法(列位移方程)和刚度法(列动力平衡方程)来建立,分别如下。

3.3.1 柔度法

1. 运动方程建立

如图 3-6 所示为 n 个自由度的多自由度系统模型。

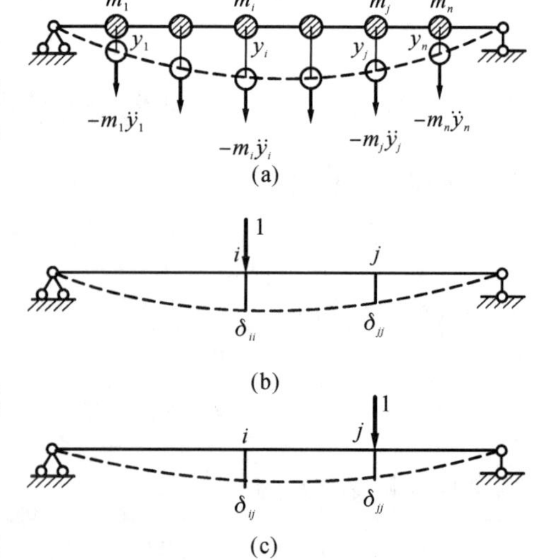

图 3-6 n 个自由度的多自由度系统模型

按柔度法来建立振动微分方程,可将各质点的惯性力看作静荷载[图 3-6(a)],在这些荷载作用下,结构上任一质点 m_i 处的位移应为

$$y_i = \delta_{i1}(-m_1\ddot{y}_1) + \delta_{i2}(-m_2\ddot{y}_2) + \cdots + \delta_{ii}(-m_i\ddot{y}_i) + \cdots + \delta_{ij}(-m_j\ddot{y}_j) + \cdots + \delta_{in}(-m_n\ddot{y}_n) \tag{3-27}$$

式中，δ_{ii}、δ_{ij} 是结构的柔度系数，其物理意义如图 3-6(b)、(c)所示，具体描述见前文。

据此，可以建立 n 个位移方程：

$$\left.\begin{aligned} y_1 + \delta_{11}m_1\ddot{y}_1 + \delta_{12}m_2\ddot{y}_2 + \cdots + \delta_{1n}m_n\ddot{y}_n = 0 \\ y_2 + \delta_{21}m_1\ddot{y}_1 + \delta_{22}m_2\ddot{y}_2 + \cdots + \delta_{2n}m_n\ddot{y}_n = 0 \\ \vdots \\ y_n + \delta_{n1}m_1\ddot{y}_1 + \delta_{n2}m_2\ddot{y}_2 + \cdots + \delta_{nn}m_n\ddot{y}_n = 0 \end{aligned}\right\} \tag{[3-28(a)]}$$

写成矩阵形式有

$$\begin{bmatrix} y_1 \\ y_2 \\ \vdots \\ y_n \end{bmatrix} + \begin{bmatrix} \delta_{11} & \delta_{12} & \cdots & \delta_{1n} \\ \delta_{21} & \delta_{22} & \cdots & \delta_{2n} \\ \vdots & \vdots & & \vdots \\ \delta_{n1} & \delta_{n2} & \cdots & \delta_{nn} \end{bmatrix} \begin{bmatrix} m_1 & & & 0 \\ & m_2 & & \\ & & \ddots & \\ 0 & & & m_n \end{bmatrix} \begin{bmatrix} \ddot{y}_1 \\ \ddot{y}_2 \\ \vdots \\ \ddot{y}_n \end{bmatrix} = \begin{bmatrix} 0 \\ 0 \\ \vdots \\ 0 \end{bmatrix} \tag{[3-28(b)]}$$

或简写为

$$\boldsymbol{Y} + \boldsymbol{\delta M\ddot{Y}} = \boldsymbol{0} \tag{[3-28(c)]}$$

式中，$\boldsymbol{\delta}$ 为结构的柔度矩阵，根据位移互等定理，它是对称矩阵。

式(3-28)就是按柔度法建立的多自由度结构的无阻尼自由振动微分方程。

若对式[3-28(c)]左乘以 $\boldsymbol{\delta}^{-1}$，则有

$$\boldsymbol{\delta}^{-1}\boldsymbol{Y} + \boldsymbol{M\ddot{Y}} = \boldsymbol{0} \tag{3-29}$$

2. 柔度法运动方程的求解

设式(3-28)的特解取如下形式：

$$y_i = A_i \sin(\omega t + \varphi) \quad (i = 1,\ 2,\ \cdots,\ n) \tag{3-30}$$

即设所有质点按同一频率、同一相位作同步简谐振动，但各质点的振幅值不相同。将式(3-30)代入式(3-28)并消去公因子 $\sin(\omega t + \varphi)$ 可得

$$\left.\begin{aligned} \left(\delta_{11}m_1 - \frac{1}{\omega^2}\right)A_1 + \delta_{12}m_2A_2 + \cdots + \delta_{1n}m_nA_n = 0 \\ \delta_{21}m_1A_1 + \left(\delta_{22}m_2 - \frac{1}{\omega^2}\right)A_2 + \cdots + \delta_{2n}m_nA_n = 0 \\ \vdots \\ \delta_{n1}m_1A_1 + \delta_{n2}m_2A_2 + \cdots + \left(\delta_{nn}m_n - \frac{1}{\omega^2}\right)A_n = 0 \end{aligned}\right\} \tag{[3-31(a)]}$$

写成矩阵形式则为

$$\left(\boldsymbol{\delta M}-\frac{1}{\omega^2}\boldsymbol{I}\right)\boldsymbol{A}=\boldsymbol{0} \tag{3-31(b)}$$

式中，$\boldsymbol{A}=[A_1 \quad A_2 \quad \cdots \quad A_n]^{\mathrm{T}}$ 为振幅列向量，$\boldsymbol{I}$ 是单位矩阵。

式(3-31)为振幅 A_1, A_2, …, A_n 的齐次方程，称为振幅方程。振幅方程从数学角度分析，可得如下性质：

(1) 当 A_1, A_2, …, A_n 全为零解时，该式自然满足，此时对应系统的静止状态。

(2) 当 A_1, A_2, …, A_n 不全为零解时，此时对应系统的振动状态，则方程组的系数行列式必然等于零，即

$$\begin{vmatrix} \left(\delta_{11}m_1-\frac{1}{\omega^2}\right) & \delta_{12}m_2 & \cdots & \delta_{1n}m_n \\ \delta_{21}m_1 & \left(\delta_{22}m_2-\frac{1}{\omega^2}\right) & \cdots & \delta_{2n}m_n \\ & \vdots & & \\ \delta_{n1}m_1 & \delta_{n2}m_2 & \cdots & \left(\delta_{nn}m_n-\frac{1}{\omega^2}\right) \end{vmatrix}=0 \tag{3-32(a)}$$

或简写为

$$\left|\boldsymbol{\delta M}-\frac{1}{\omega^2}\boldsymbol{I}\right|=0 \tag{3-32(b)}$$

将该行列式展开，可得到一个含 $1/\omega^2$ 的 n 次代数方程，由此可解出 $1/\omega^2$ 的 n 个正实根，从而得出 n 个自振频率 ω_1, ω_2, …, ω_n。将其数值按从小到大的顺序排列，则分别称为第 1 频率、第 2 频率、……、第 n 频率，并总称为结构自振的频谱。故把用以确定 ω 数值的式(3-32)称为频率方程。

将 n 个自振频率中的任意一个代入式(3-27)，即得特解为

$$y_i^{(k)}=A_i^{(k)}\sin(\omega_k t+\varphi_k)\ (i=1,\ 2,\ \cdots,\ n) \tag{3-33}$$

此时，各质点按同一频率 ω_k 作同步简谐振动，但各质点的位移相互间的比值 $y_1^{(k)}:y_2^{(k)}:\cdots:y_n^{(k)}=A_1^{(k)}:A_2^{(k)}:\cdots:A_n^{(k)}$ 却并不随时间而变化。也就是说，在任何时刻结构的振动都保持同一形状，整个结构就像一个单自由度结构一样在振动。通常，把多自由度结构按任一自振频率 ω_k 进行的简谐振动称为主振动，而其相应的特定振动形式称为主振型，或简称振型。

要确定振型则须确定各质点振幅间的比值。为此，可将 ω_k 的值代回式(3-31)，从而得到

$$\left.\begin{aligned}
&\left(\delta_{11}m_1-\frac{1}{\omega_k^2}\right)A_1^{(k)}+\delta_{12}m_2A_2^{(k)}+\cdots+\delta_{1n}m_nA_n^{(k)}=0\\
&\delta_{21}m_1A_1^{(k)}+\left(\delta_{22}m_2-\frac{1}{\omega_k^2}\right)A_2^{(k)}+\cdots+\delta_{2n}m_nA_n^{(k)}=0\\
&\qquad\vdots\\
&\delta_{n1}m_1A_1^{(k)}+\delta_{n2}m_2A_2^{(k)}+\cdots+\left(\delta_{nn}m_n-\frac{1}{\omega_k^2}\right)A_n^{(k)}=0
\end{aligned}\right\}\quad(k=1,\ 2,\ \cdots,\ n)\tag{3-34(a)}$$

或写为

$$\left(\boldsymbol{\delta M}-\frac{1}{\omega_k^2}\right)\boldsymbol{A}^{(k)}=\boldsymbol{0}\quad(k=1,\ 2,\ \cdots,\ n)\tag{3-34(b)}$$

因式(3-34)的系数行列式为零,故 n 个方程中只有 $(n-1)$ 个方程是独立的,因而不能求得 $A_1^{(k)}$, $A_2^{(k)}$, $\cdots$, $A_n^{(k)}$ 的确定值,但可确定各质点振幅间的相对比值,即确定了振型。

式(3-34)中的 $\boldsymbol{A}^{(k)}=[A_1^{(k)}\quad A_2^{(k)}\quad\cdots\quad A_n^{(k)}]^{\mathrm{T}}$ 称为振型向量。若假定其中任意一个元素的值,例如通常可假设第一个元素 $A_1^{(k)}=1$, 则可求出其余各元素的值,这样求得的振型称为规准化振型向量,通常用 $\boldsymbol{\phi}$ 表示,并简称振型。

若一个结构有 n 个自由度,便有 n 个自振频率,相应地,便有 n 个主振动和主振型,它们都是振动微分方程的特解。这 n 个主振动的线性组合就构成振动微分方程的一般解:

$$\begin{aligned}
y_i&=A_i^{(1)}\sin(\omega_1t+\varphi_1)+A_i^{(2)}\sin(\omega_2t+\varphi_2)+\cdots+A_i^{(n)}\sin(\omega_nt+\varphi_n)\\
&=\sum_{k=1}^{n}A_i^{(k)}\sin(\omega_kt+\varphi_k)\ (i=1,\ 2,\ \cdots,\ n)
\end{aligned}\tag{3-35}$$

3.3.2 刚度法

1. 运动方程建立

具有 n 个自由度的多自由度系统模型,如图 3-7 所示。无重量简支梁支承着 n 个集中质量 m_1, m_2, $\cdots$, m_n。若略去梁的轴向变形和质点转动,则为 n 个自由度的结构。

设在振动中任一时刻各质点的位移分别为 y_1, y_2, $\cdots$, y_n。按刚度法建立振动微分方程,步骤如下:

(1) 首先加入附加链杆,阻止所有质点的位移[图 3-7(b)],则在各质点的惯性力 $-m_i\ddot{y}_i(i=1,\ 2,\ \cdots,\ n)$ 作用下,各链杆的反力等于 $-m_i\ddot{y}_i$。

(2) 其次,令各链杆发生与各质点实际位置相同的位移[图 3-7(c)]。此时,各链杆上所需施加的力为 $F_{\mathrm{R}i}(i=1,\ 2,\ \cdots,\ n)$。

(3) 不考虑各质点所受的阻尼力,将上述两个情况叠加,各附加链杆上的总反力应等于零,由此可列出各质点的动力平衡方程。

以质点 m_i 为例,列出它的动力平衡方程:

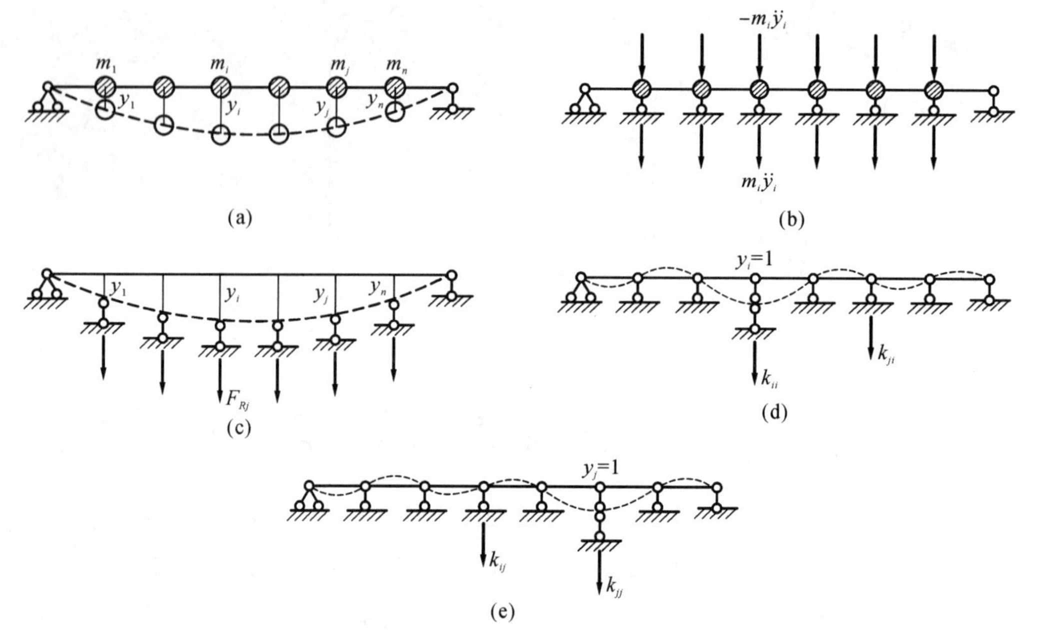

图 3-7　n 个自由度的多自由度系统模型

$$m_i\ddot{y}_i+F_{Ri}=0 \tag{3-36}$$

F_{Ri} 的大小取决于结构刚度和各质点的位移值。由叠加原理，可写为

$$\begin{aligned}F_{Ri}=&k_{i1}y_1+k_{i2}y_2+\cdots+k_{ii}y_i+\cdots+\\&k_{ij}y_j+\cdots+k_{in}y_n\end{aligned} \tag{3-37}$$

式中，k_{ii}、k_{ij} 是结构的刚度系数，其物理意义如前文所述，见图 3-7(d)、(e)。k_{ij} 表示j 点发生单位位移(其余各点位移均为零)时 i 点处附加链杆的反力。

把式(3-37)代入式(3-36)，得

$$m_i\ddot{y}_i+k_{i1}y_1+k_{i2}y_2+\cdots+k_{in}y_n=0 \tag{3-38}$$

对每个质点都列出一个动力平衡方程，于是可建立 n 个方程如下：

$$\left.\begin{aligned}m_1\ddot{y}_1+k_{11}y_1+k_{12}y_2+\cdots+k_{1n}y_n=0\\m_2\ddot{y}_2+k_{21}y_1+k_{22}y_2+\cdots+k_{2n}y_n=0\\\vdots\qquad\qquad\\m_n\ddot{y}_n+k_{n1}y_1+k_{n2}y_2+\cdots+k_{nn}y_n=0\end{aligned}\right\} \tag{3-39(a)}$$

写成矩阵形式为

$$\begin{bmatrix}m_1 & & 0\\ & \ddots & \\ 0 & & m_n\end{bmatrix}\begin{bmatrix}\ddot{y}_1\\\ddot{y}_2\\\vdots\\\ddot{y}_n\end{bmatrix}+\begin{bmatrix}k_{11} & k_{12} & \cdots & k_{1n}\\k_{21} & k_{22} & \cdots & k_{2n}\\\vdots & \vdots & & \vdots\\k_{n1} & k_{n2} & \cdots & k_{nn}\end{bmatrix}\begin{bmatrix}y_1\\y_2\\\vdots\\y_n\end{bmatrix}=\begin{bmatrix}0\\0\\\vdots\\0\end{bmatrix} \tag{3-39(b)}$$

或简写为

$$\boldsymbol{M}\ddot{\boldsymbol{Y}}+\boldsymbol{K}\boldsymbol{Y}=\boldsymbol{0} \tag{3-39(c)}$$

式中 $\boldsymbol{M}$ ——质量矩阵,在集中质点的结构中,它是对角矩阵;

$\boldsymbol{K}$ ——刚度矩阵,根据反力互等定理,它是对称矩阵;

$\ddot{\boldsymbol{Y}}$ ——加速度列向量;

$\boldsymbol{Y}$ ——位移列向量。

式(3-39)的三种表达式就是按刚度法建立的多自由度结构的无阻尼自由振动的微分方程。

式[3-39(c)]与式(3-29)对比,显然应有

$$\boldsymbol{\delta}^{-1}=\boldsymbol{K} \tag{3-40}$$

即柔度矩阵和刚度矩阵互为逆矩阵。因此,按刚度法或柔度法的建立的结构振动微分方程,本质是相同的,只是表现形式不同。当结构的柔度系数比刚度系数较易求得时,宜采用柔度法,反之则宜采用刚度法。

2. 刚度法运动方程的求解

刚度法运动方程的求解,推导过程与柔度法相似。最简洁的是利用柔度矩阵与刚度矩阵互为逆阵的关系,将求频率和振型的公式进行变换即可。为此,用 $\boldsymbol{\delta}^{-1}$ 左乘式[3-31(b)],得振幅方程:

$$\left(\boldsymbol{M}-\frac{1}{\omega^2}\boldsymbol{\delta}^{-1}\right)\boldsymbol{A}=\boldsymbol{0} \tag{3-41(a)}$$

$$(\boldsymbol{K}-\omega^2\boldsymbol{M})\boldsymbol{A}=\boldsymbol{0} \tag{3-41(b)}$$

此即按刚度法求解的振幅方程,也称特征方程。

系统发生振动,故 $\boldsymbol{A}$ 不能全为零,也就是说上式有非零解的充要条件是系数的行列式等于零,即

$$|\boldsymbol{K}-\omega^2\boldsymbol{M}|=0 \tag{3-42}$$

该方程式称为体系的频率方程,这就是结构动力学问题的广义特征值求解问题。

将其展开,可解出 n 个自振频率 $\omega_1,\omega_2,\cdots,\omega_n$,再将它们逐一代回振幅方程(3-41)得

$$(\boldsymbol{K}-\omega_k^2\boldsymbol{M})\boldsymbol{A}^{(k)}=\boldsymbol{0}\quad(k=1,2,\cdots,n) \tag{3-43}$$

由式(3-43)便可确定相应的 n 个主振型。令 $\boldsymbol{A}^{(i)}$ 表示与频率 ω_i 相应的主振型向量:

$$\boldsymbol{A}^{(i)}=(A_{1i},A_{2i},\cdots,A_{ni})^{\mathrm{T}} \tag{3-44}$$

将 ω_i 和 $\boldsymbol{A}^{(i)}$ 代入式(3-41)可得

$$(\boldsymbol{K}-\omega_i^2\boldsymbol{M})\boldsymbol{A}^{(i)}=\boldsymbol{0} \tag{3-45}$$

令 $i=1,2,\cdots,n$,可得 n 个向量方程,由此可求出 n 个主振型向量 $\boldsymbol{A}^{(1)}$,$\boldsymbol{A}^{(2)}$,$\cdots$,

$\boldsymbol{A}^{(n)}$。每一个向量方程式(3-45)都代表以 A_{1i}，A_{2i}，…，A_{ni} 为未知数的 n 个联立代数方程，这是一组齐次方程。

【例 3-3】 如图 3-8(a)所示为三层刚架，横梁的刚度视为无穷大，其变形可略去不计，忽略立柱的竖向变形。设刚架的质量都集中在各层横梁上。试确定其自振频率和主振型。

解 刚架振动时各横梁不能竖向移动和转动，只能作水平移动，故该动力系统只有三个自由度。按刚度法公式求其自振频率。结构的刚度系数见图 3-8(b)、(c)和(d)。其刚度矩阵和质量矩阵分别为

$$\boldsymbol{K}=\frac{24EI}{l^3}\begin{bmatrix}6 & -2 & 0\\ -2 & 3 & -1\\ 0 & -1 & 1\end{bmatrix},\quad \boldsymbol{M}=m\begin{bmatrix}2 & 0 & 0\\ 0 & 1.5 & 0\\ 0 & 0 & 1\end{bmatrix}$$

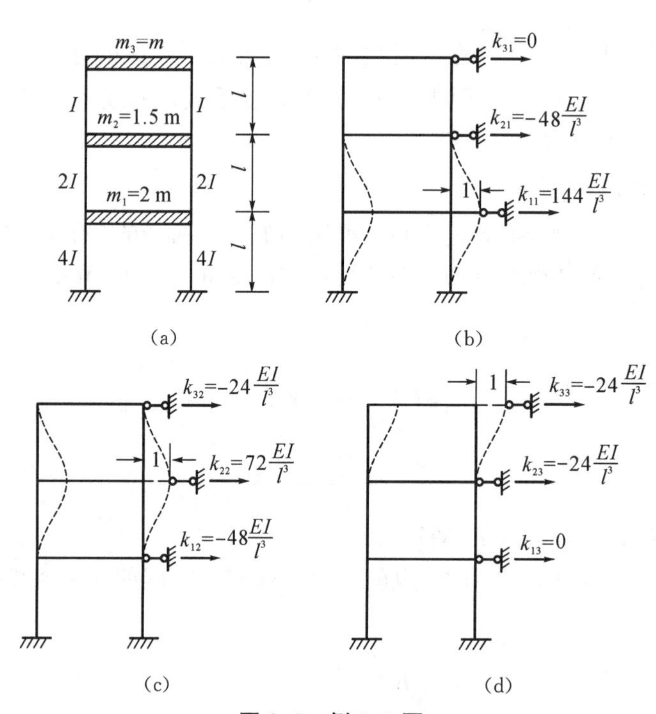

图 3-8 例 3-3 图

令 $\eta=\dfrac{ml^3}{24EI}\omega^2$，则有

$$\boldsymbol{K}-\omega^2\boldsymbol{M}=\frac{24EI}{l^3}\begin{bmatrix}6-2\eta & -2 & 0\\ -2 & 3-1.5\eta & -1\\ 0 & -1 & 1-\eta\end{bmatrix} \tag{a}$$

则频率方程为

$$\begin{vmatrix}6-2\eta & -2 & 0\\ -2 & 3-1.5\eta & -1\\ 0 & -1 & 1-\eta\end{vmatrix}=0$$

展开得

$$3\eta^3-18\eta^2+27\eta-8=0$$

由试算法可解得其三个根为

$$\eta_1=0.392, \quad \eta_2=1.774, \quad \eta_3=3.834$$

求得三个自振频率为

$$\omega_1=\sqrt{\frac{24EI}{ml^3}\eta_1}=3.067\sqrt{\frac{EI}{ml^3}}$$

$$\omega_2=\sqrt{\frac{24EI}{ml^3}\eta_2}=6.525\sqrt{\frac{EI}{ml^3}}$$

$$\omega_3=\sqrt{\frac{24EI}{ml^3}\eta_3}=9.592\sqrt{\frac{EI}{ml^3}}$$

下面来确定主振型。

将式(a)代入式(3-45)并约去公因子 $\frac{24EI}{l^3}$ 有

$$\begin{bmatrix} 6-2\eta_k & -2 & 0 \\ -2 & 3-1.5\eta_k & -1 \\ 0 & -1 & 1-\eta_k \end{bmatrix} \begin{bmatrix} A_1^{(k)} \\ A_2^{(k)} \\ A_3^{(k)} \end{bmatrix} = \begin{bmatrix} 0 \\ 0 \\ 0 \end{bmatrix} \tag{b}$$

将 $\omega_k=\omega_1$，亦即 $\eta_k=\eta_1=0.392$ 代入式(b)有

$$\begin{bmatrix} 5.216 & -2 & 0 \\ -2 & 2.412 & -1 \\ 0 & -1 & 0.608 \end{bmatrix} \begin{bmatrix} A_1^{(1)} \\ A_2^{(1)} \\ A_3^{(1)} \end{bmatrix} = \begin{bmatrix} 0 \\ 0 \\ 0 \end{bmatrix}$$

因上式的系数行列式为零，故三个方程中只有两个是独立的，从三个方程中任取两个，例如取前两个方程：

$$\left.\begin{aligned} 5.216A_1^{(1)}-2A_2^{(1)}=0 \\ -2A_1^{(1)}+2.412A_2^{(1)}-A_3^{(1)}=0 \end{aligned}\right\}$$

并假设 $A_1^{(1)}=1$，即可求得规准化的第一振型为

$$\mathbf{A}^{(1)}=\begin{bmatrix} A_1^{(1)} \\ A_2^{(1)} \\ A_3^{(1)} \end{bmatrix}=\begin{bmatrix} 1.000 \\ 2.608 \\ 4.290 \end{bmatrix}$$

同理，可求得第二振型和第三振型分别为

$$\boldsymbol{A}^{(2)}=\begin{bmatrix}A_1^{(2)}\\A_2^{(2)}\\A_3^{(2)}\end{bmatrix}=\begin{bmatrix}1.000\\1.226\\-1.584\end{bmatrix},\quad \boldsymbol{A}^{(3)}=\begin{bmatrix}A_1^{(3)}\\A_2^{(3)}\\A_3^{(3)}\end{bmatrix}=\begin{bmatrix}1.000\\-0.834\\0.294\end{bmatrix}$$

第一、第二、第三振型分别如图 3-9 中的(a)、(b)和(c)所示。

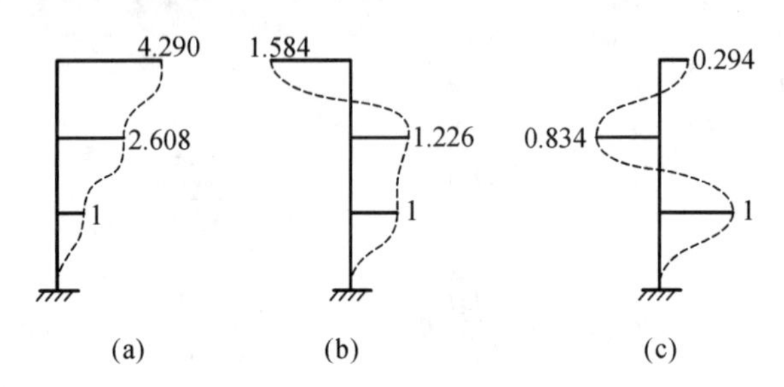

图 3-9 例 3-3 的振型图

3.4 多自由度系统的强迫振动

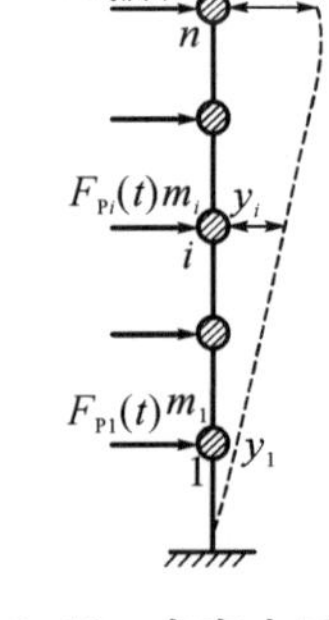

图 3-10 多自由系统的强迫振动

如图 3-10 所示无阻尼的 n 个自由度系统，其强迫振动方程为

$$\left.\begin{aligned}m_1\ddot{y}_1+k_{11}y_1+k_{12}y_2+\cdots+k_{1n}y_n&=F_{P1}(t)\\m_2\ddot{y}_2+k_{21}y_1+k_{22}y_2+\cdots+k_{2n}y_n&=F_{P2}(t)\\&\vdots\\m_n\ddot{y}_n+k_{n1}y_1+k_{n2}y_2+\cdots+k_{nn}y_n&=F_{Pn}(t)\end{aligned}\right\}\tag{3-46}$$

写成矩阵形式，则为

$$\boldsymbol{M}\ddot{\boldsymbol{y}}+\boldsymbol{K}\boldsymbol{y}=\boldsymbol{F}_{\mathrm{P}}(t)\tag{3-47}$$

若荷载是简谐荷载，即

$$\boldsymbol{F}_{\mathrm{P}}(t)=\boldsymbol{F}_{\mathrm{P}}\sin(\theta t)\tag{3-48}$$

在平稳振动阶段，各质点作简谐振动：

$$\boldsymbol{y}(t)=\boldsymbol{Y}\sin(\theta t)\tag{3-49}$$

代入振动方程，消去公因子 $\sin(\theta t)$ 后，得

$$(\boldsymbol{K}-\theta^2\boldsymbol{M})\boldsymbol{Y}=\boldsymbol{F}_{\mathrm{P}}\tag{3-50}$$

令该式系数矩阵的行列式等于 D_0，即

$$|\boldsymbol{K}-\theta^2\boldsymbol{M}|=D_0\tag{3-51}$$

如果 $D_0\neq0$，则由式(3-50)可解得振幅 $\boldsymbol{Y}$，即可求得任意时刻 t 各质点位移。

如果 $D_0=0$，由自由振动的频率方程式知，若 $\theta=\omega$，此时式(3-50)的解 $\boldsymbol{Y}$ 趋于无穷大。

因此，当荷载频率 θ 与系统的自振频率中的任一个 ω_i 相等时，就可能出现共振现象。

对于具有 n 个自由度的系统来说，在 n 种情况下（$\theta = \omega, i = 1, 2, \cdots, n$）都有可能出现共振现象。

3.5 振型分析

3.5.1 振型的基本概念

前文已提到多自由度系统振型的概念，且指出通常将规准化后的振型向量用 $\boldsymbol{\phi}$ 表示，并简称振型。

所谓振型就是结构按某一阶自振频率振动时，结构各自由度位移变化的比例关系。多自由度体系的振型和频率一样，振型和频谱是多自由度系统的固有动力特性。

根据多自由度体系的特征方程和频率方程

$$(\boldsymbol{K} - \omega^2 \boldsymbol{M})\boldsymbol{\phi} = \boldsymbol{0} \tag{3-52}$$

$$|\boldsymbol{K} - \omega^2 \boldsymbol{M}| = 0 \tag{3-53}$$

显然可知：

(1) 由特征方程和频率方程求得的频率 ω 和相应的非零解 $\boldsymbol{\phi}$，只取决于结构的刚度矩阵 $\boldsymbol{K}$ 和质量矩阵 $\boldsymbol{M}$，而刚度和质量是结构体系固有的物理特性，因而称 ω 为固有频率，相应的 $\boldsymbol{\phi}$ 称为振型模态。

(2) 自振频率描述振动反应的时域特性，即振动循环的快慢；振型描述振动发生的空间特征，即振动的空间形态。

(3) 对于频率方程而言，展开一个具有 n 个自由度体系的行列式，可得到 ω^2 的 n 个正实根，也就是说体系存在 n 个频率（$\omega_1, \omega_2, \cdots, \omega_n$），相应的也存在 n 个振型（$\boldsymbol{\phi}_1, \boldsymbol{\phi}_2, \cdots, \boldsymbol{\phi}_n$）。

(4) 将求得的圆频率按照从小到大的顺序排列，即 $\omega_1 < \omega_2 < \cdots < \omega_N$，每一个频率的下标序号称为固有频率的振型阶数，或者模态阶数。习惯上将最低自振频率称为基频，相应的振型称为基本振型；次低频率称为二阶频率，相应的振型称为二阶振型；其余依次类推。

将固有频率 ω_i^2 写成矩阵形式：

$$\boldsymbol{\omega}^2 = \begin{bmatrix} \omega_1^2 & & & \\ & \omega_2^2 & & \\ & & \ddots & \\ & & & \omega_n^2 \end{bmatrix} \tag{3-54}$$

该式称为谱矩阵。

第 j 阶的振型向量为

$$\boldsymbol{\phi}_j = [\boldsymbol{\phi}_1^j, \boldsymbol{\phi}_2^j, \cdots, \boldsymbol{\phi}_n^j]^{\mathrm{T}} \tag{3-55}$$

所有阶的振型向量可组成一个对称矩阵：

$$\boldsymbol{\phi} = \begin{bmatrix} \phi_1^{(1)} & \phi_1^{(2)} & \cdots & \phi_1^{(n)} \\ \phi_2^{(1)} & \phi_2^{(2)} & \cdots & \phi_2^{(n)} \\ \vdots & \vdots & & \vdots \\ \phi_n^{(1)} & \phi_n^{(2)} & \cdots & \phi_n^{(n)} \end{bmatrix} \tag{3-56}$$

式(3-56)称为体系的振型矩阵或模态矩阵。

3.5.2 振型正交性证明

振型的一个重要特性是它的各阶振型中，任意两个不同的振型具有正交性。振型正交性的分析是多自由度系统动力分析中的一个重要内容，用它可检验所求振型的正确性，也可采用振型分解法将多自由度系统变成单自由度系统求解。

设 ω_i 为第 i 阶频率，相应的振型为 $\boldsymbol{\phi}^{(i)}$；ω_j 为第 j 阶频率，相应的振型为 $\boldsymbol{\phi}^{(j)}$。依据振幅方程，二者满足如下方程：

$$(\boldsymbol{K} - \omega_i^2 \boldsymbol{M})\boldsymbol{\phi}^{(i)} = \boldsymbol{0} \tag{3-57}$$

$$(\boldsymbol{K} - \omega_j^2 \boldsymbol{M})\boldsymbol{\phi}^{(j)} = \boldsymbol{0} \tag{3-58}$$

现以 $\boldsymbol{\phi}^{(j)\mathrm{T}}$ 和 $\boldsymbol{\phi}^{(i)\mathrm{T}}$ 分别左乘式(3-57)和式(3-58)，得

$$\boldsymbol{\phi}^{(j)\mathrm{T}}(\boldsymbol{K} - \omega_i^2 \boldsymbol{M})\boldsymbol{\phi}^{(i)} = \boldsymbol{0} \tag{3-59}$$

$$\boldsymbol{\phi}^{(i)\mathrm{T}}(\boldsymbol{K} - \omega_j^2 \boldsymbol{M})\boldsymbol{\phi}^{(j)} = \boldsymbol{0} \tag{3-60}$$

将式(3-59)左边转置后，即有

$$\boldsymbol{\phi}^{(i)\mathrm{T}}(\boldsymbol{K}^{\mathrm{T}} - \omega_i^2 \boldsymbol{M}^{\mathrm{T}})\boldsymbol{\phi}^{(j)} = \boldsymbol{0} \tag{3-61}$$

由于 $\boldsymbol{K}$ 和 $\boldsymbol{M}$ 都是对称方阵，则有

$$\boldsymbol{K}^{\mathrm{T}} = \boldsymbol{K}, \quad \boldsymbol{M}^{\mathrm{T}} = \boldsymbol{M}$$

故式(3-61)可写为

$$\boldsymbol{\phi}^{(i)\mathrm{T}}(\boldsymbol{K} - \omega_i^2 \boldsymbol{M})\boldsymbol{\phi}^{(j)} = \boldsymbol{0} \tag{3-62}$$

式(3-62)减去式(3-60)，得

$$-(\omega_i^2 - \omega_j^2)\boldsymbol{\phi}^{(i)\mathrm{T}}\boldsymbol{M}\boldsymbol{\phi}^{(j)} = \boldsymbol{0} \tag{3-63}$$

因 $\omega_i \neq \omega_j$，故得

$$\boldsymbol{\phi}^{(i)\mathrm{T}}\boldsymbol{M}\boldsymbol{\phi}^{(j)}=\mathbf{0} \tag{3-64}$$

式(3-64)称为振型的第一正交性条件,即振型关于质量矩阵的正交条件。将式(3-64)代入式(3-60),可得

$$\boldsymbol{\phi}^{(i)\mathrm{T}}\boldsymbol{K}\boldsymbol{\phi}^{(j)}=\mathbf{0} \tag{3-65}$$

式(3-65)称为振型的第二正交性条件,即振型关于刚度矩阵的正交条件。

振型正交性的物理意义:相应于某一振型的惯性力不会在其他振型上做功,即第 i 阶振型的惯性力在第 j 阶振型位移上所做的虚功为零。从能量角度来说,某一振型作简谐振动的能量不会转移到其他振型上去。

3.5.3 主振型正交性应用

主振型正交性应用如下。

(1) 利用正交关系来判断主振型的形状特点及正确性。第一主振型的特点是各点位移都位于结构的同一侧,第二主振型的特点是各点位移位于结构的两侧,等等。这样才符合它与第一振型彼此正交的条件。

(2) 计算与振型相对应的自振频率。

(3) 将多自由度系统变为单自由度系统求解。

(4) 自由振动初值问题的确定。

(5) 位移的分解。利用正交关系来确定位移展开公式中的系数。在多自由度系统中,任意一个位移向量都可按主振型展开,写成各主振型的线性组合,即

$$y=\eta_1\boldsymbol{Y}^{(1)}+\eta_2\boldsymbol{Y}^{(2)}+\cdots+\eta_n\boldsymbol{Y}^{(n)}=\sum_{i=1}^{n}\eta_i\boldsymbol{Y}^{(i)} \tag{3-66}$$

其中,待定系数 η_i 可根据正交关系确定。

事实上,用 $\boldsymbol{Y}^{(j)\mathrm{T}}\boldsymbol{M}$ 左乘式(3-66)的两边,即得

$$\boldsymbol{Y}^{(j)\mathrm{T}}\boldsymbol{M}y=\sum_{i=1}^{n}\eta_i\boldsymbol{Y}^{(j)\mathrm{T}}\boldsymbol{M}\boldsymbol{Y}^{(i)} \tag{3-67}$$

式(3-67)的右边为 n 项之和,其中除第 j 项外,其他各项都因主振型的正交性质而等于零。因此,式(3-67)变为

$$\boldsymbol{Y}^{(j)\mathrm{T}}\boldsymbol{M}y=\eta_j\boldsymbol{Y}^{(j)\mathrm{T}}\boldsymbol{M}\boldsymbol{Y}^{(j)}=\eta_j\boldsymbol{M}_j \tag{3-68}$$

其中,

$$\boldsymbol{M}_j=\boldsymbol{Y}^{(j)\mathrm{T}}\boldsymbol{M}\boldsymbol{Y}^{(j)} \tag{3-69}$$

由此,可求出系数 η_j 为

$$\eta_j=\frac{\boldsymbol{Y}^{(j)\mathrm{T}}\boldsymbol{M}y}{\boldsymbol{Y}^{(j)\mathrm{T}}\boldsymbol{M}\boldsymbol{Y}^{(j)}}=\frac{\boldsymbol{Y}^{(j)\mathrm{T}}\boldsymbol{M}y}{\boldsymbol{M}_j} \tag{3-70}$$

式(3-66)—式(3-70)就是位移按主振型分解的展开公式。

3.5.4 振型求解与正交性应用示例

【例 3-4】 如图 3-11 所示三层框架结构，集中于各楼层的质量和层间刚度已示于图中。设给出的量值满足统一单位，建立体系的运动方程并计算体系的自振频率和振型。

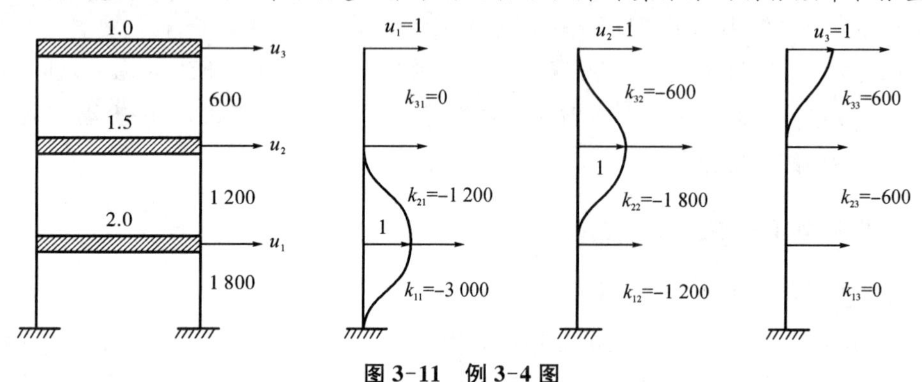

图 3-11 例 3-4 图

解 (1) 自振频率求解。

由图 3-11 中已知条件可直接得出质量矩阵和刚度矩阵：

$$\boldsymbol{M}=\begin{bmatrix} m_1 & 0 & 0 \\ 0 & m_2 & 0 \\ 0 & 0 & m_3 \end{bmatrix}=\begin{bmatrix} 2.0 & 0 & 0 \\ 0 & 1.5 & 0 \\ 0 & 0 & 1.0 \end{bmatrix}$$

$$\boldsymbol{K}=\begin{bmatrix} k_{11} & k_{12} & k_{13} \\ k_{21} & k_{22} & k_{23} \\ k_{31} & k_{32} & k_{33} \end{bmatrix}=\begin{bmatrix} 3\,000 & -1\,200 & 0 \\ -1\,200 & 1\,800 & -600 \\ 0 & -600 & 600 \end{bmatrix}$$

令 $\psi=\omega^2/600$，则由振幅方程公式可得

$$(\boldsymbol{K}-\omega^2\boldsymbol{M})\boldsymbol{\phi}=\begin{bmatrix} 3\,000-2\omega^2 & -1\,200 & 0 \\ -1\,200 & 1\,800-1.5\omega^2 & -600 \\ 0 & -600 & 600-\omega^2 \end{bmatrix}\boldsymbol{\phi}$$

$$=600\begin{bmatrix} 5-2\psi & -2 & 0 \\ -2 & 3-1.5\psi & -1 \\ 0 & -1 & 1-\psi \end{bmatrix}\boldsymbol{\phi}=\boldsymbol{0}$$

其频率方程就是令上式的系数行列式等于零，即

$$\begin{vmatrix} 5-2\psi & -2 & 0 \\ -2 & 3-1.5\psi & -1 \\ 0 & -1 & 1-\psi \end{vmatrix}=0$$

展开并整理得

$$\psi^3-5.5\psi^2+7.5\psi-2=0$$

采用试算法求得方程的 3 个根：

$$\psi_1=0.3515,\quad \psi_2=1.6066,\quad \psi_3=3.5420$$

再求得系统的 3 个自振频率：

$$\begin{bmatrix}\omega_1^2\\ \omega_2^2\\ \omega_3^2\end{bmatrix}=\begin{bmatrix}210.88\\ 963.96\\ 2125.2\end{bmatrix}\Rightarrow\begin{bmatrix}\omega_1\\ \omega_2\\ \omega_3\end{bmatrix}=\begin{bmatrix}14.52\\ 31.05\\ 46.10\end{bmatrix}\ \mathrm{rad/s}$$

(2) 体系振型求解。

设 $\phi_3^{(n)}=1$，则有

$$\boldsymbol{\phi}_n=\begin{bmatrix}\phi_1^{(n)}\\ \phi_2^{(n)}\\ \phi_3^{(n)}\end{bmatrix}=\begin{bmatrix}\phi_1^{(n)}\\ \phi_2^{(n)}\\ 1\end{bmatrix}$$

将其代入特征方程,得振型方程：

$$600\begin{bmatrix}5-2\psi_n & -2 & 0\\ -2 & 3-1.5\psi_n & -1\\ 0 & -1 & 1-\psi_n\end{bmatrix}\begin{bmatrix}\phi_1^{(n)}\\ \phi_2^{(n)}\\ 1\end{bmatrix}=\begin{bmatrix}0\\ 0\\ 0\end{bmatrix}$$

由于以上三个代数方程中仅有两个是独立的,故可以采用任意两个方程求得 $\phi_1^{(n)}$ 和 $\phi_2^{(n)}$。但该方程组较为特殊,观察后发现用第一个方程和第三个方程求解可避免求联立方程组。

分别由第一个方程和第三个方程得

$$\left.\begin{aligned}\phi_1^{(n)}&=2\phi_2^{(n)}/(5-2\psi_n)\\ \phi_2^{(n)}&=1-\psi_n\end{aligned}\right\}\tag{a}$$

第一阶振型:将 $\psi_1=0.3515$(即 $\omega_1=14.52$ rad/s) 代入式(a)得

$$\left.\begin{aligned}\phi_2^{(1)}&=1-0.3515=0.6485\\ \phi_1^{(1)}&=2\times0.6485/(5-2\times0.3515)=0.3018\end{aligned}\right\}\Rightarrow\boldsymbol{\phi}_1=\begin{bmatrix}0.3018\\ 0.6485\\ 1.0000\end{bmatrix}$$

第二阶振型:将 $\psi_2=1.6066$(即 $\omega_2=31.05$ rad/s) 代入式(a)得

$$\left.\begin{aligned}\phi_2^{(2)}&=1-1.6066=-0.6066\\ \phi_1^{(2)}&=2\times(-0.6066)/(5-2\times1.6066)=-0.6790\end{aligned}\right\}\Rightarrow\boldsymbol{\phi}_2=\begin{bmatrix}-0.6790\\ -0.6066\\ 1.0000\end{bmatrix}$$

第三阶振型:将 $\psi_3=3.5420$(即 $\omega_3=46.10$ rad/s) 代入式(a)得

$$\left.\begin{aligned}\phi_2^{(3)}&=1-3.5420=-2.5420\\ \phi_1^{(3)}&=2\times(-2.5420)/(5-2\times3.5420)=2.4395\end{aligned}\right\}\Rightarrow\boldsymbol{\phi}_3=\begin{bmatrix}2.4395\\2.5420\\1.0000\end{bmatrix}$$

按照比例，绘制三个振型图，如图 3-12 所示。

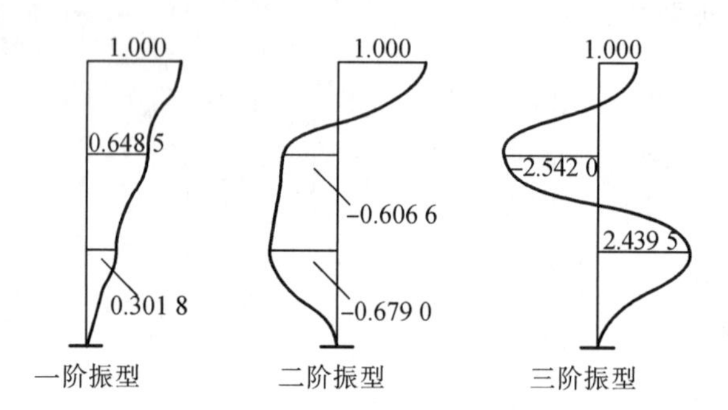

图 3-12　例 3-4 振型图

从以上给出的振型图可以看出，对于层间模型，振型特点为一阶振型不变符号，二阶振型变一次符号，三阶振型变两次符号。

(3) 振型正交性。

已知质量矩阵和刚度矩阵分别是

$$\boldsymbol{M}=\begin{bmatrix}2.0&0&0\\0&1.5&0\\0&0&1.0\end{bmatrix},\quad \boldsymbol{K}=600\begin{bmatrix}5&-2&0\\-2&3&-1\\0&-1&1\end{bmatrix}$$

振型是

$$\boldsymbol{\phi}_1=\begin{bmatrix}0.3018\\0.6485\\1.0000\end{bmatrix},\quad \boldsymbol{\phi}_2=\begin{bmatrix}-0.6790\\-0.6066\\1.0000\end{bmatrix},\quad \boldsymbol{\phi}_3=\begin{bmatrix}2.4395\\-2.5420\\1.0000\end{bmatrix}$$

则关于质量矩阵和刚度矩阵的正交性的验证如下：

$$\begin{aligned}\boldsymbol{\phi}_1^{\mathrm{T}}\boldsymbol{M}\boldsymbol{\phi}_2&=[0.3018\quad 0.6485\quad 1.0000]\begin{bmatrix}2.0&0&0\\0&1.5&0\\0&0&1.0\end{bmatrix}\begin{bmatrix}-0.6790\\-0.6066\\1\end{bmatrix}\\&=[0.6036\quad 0.9728\quad 1.0000]\begin{bmatrix}-0.6790\\-0.6066\\1\end{bmatrix}\\&=0.000055\approx 0\end{aligned}$$

$$\boldsymbol{\phi}_1^{\mathrm{T}}\boldsymbol{K}\boldsymbol{\phi}_2=[0.3018\quad 0.6485\quad 1.0000]600\begin{bmatrix}5&-2&0\\-2&3&-1\\0&-1&1\end{bmatrix}\begin{bmatrix}-0.6790\\-0.6066\\1\end{bmatrix}$$

$$=\begin{bmatrix}0.2120 & 0.3419 & 0.3015\end{bmatrix}\begin{bmatrix}-0.6790\\-0.6066\\1\end{bmatrix}\times 600$$

$$=-0.00498\times 600\approx 0$$

显然，当进行结构振型和自振频率求解时，检验振型是否满足正交性是校核计算结果是否正确的一个方法。

3.6 振型叠加法

3.6.1 振型叠加法简介

对线弹性的多自由度体系来说，在时域和频域上有以下性质：

(1) 时域内的反应过程可以通过不同频率的简谐运动叠加而得。

(2) 运动的空间状态可以通过不同频率的振型叠加而得。

因此，振型的重要作用就是提供了一种结构动力反应分析方法——振型叠加法的基础。振型叠加法也称为振型分解法，或者模态叠加法。该方法是以每一个振型作为一个坐标基，所有振型坐标基组成一个坐标变换矩阵，通过坐标变换，将多自由度系统问题分解成一系列单自由度系统问题进行求解，极大地简化了动力分析过程，提高了计算效率。

3.6.2 几何坐标和正则坐标

各质点的几何位移 y_1，y_2，…，y_n 被称为几何坐标，组成位移向量：

$$\boldsymbol{y}=\begin{bmatrix}y_1 & y_2 & \cdots & y_n\end{bmatrix}^{\mathrm{T}} \tag{3-71}$$

为了解除方程组的耦联，通过坐标变换，将位移表示成振型坐标的线性组合。将结构已规准化的 n 个主振型向量表示为

$$\boldsymbol{\phi}^{(1)},\ \boldsymbol{\phi}^{(2)},\ \cdots,\ \boldsymbol{\phi}^{(n)} \tag{3-72}$$

把几何坐标 $\boldsymbol{y}$ 表示为主振型向量的线性组合，即

$$\boldsymbol{y}=q_1\boldsymbol{\phi}_1+q_2\boldsymbol{\phi}_2+\cdots+q_n\boldsymbol{\phi}_n \tag{3-73}$$

式(3-73)就是将位移向量按各主振型进行分解的表达式。式(3-73)的展开形式为

$$\begin{bmatrix}y_1\\y_2\\\vdots\\y_n\end{bmatrix}=q_1\begin{bmatrix}\phi_1^{(1)}\\\phi_2^{(1)}\\\vdots\\\phi_n^{(1)}\end{bmatrix}+q_2\begin{bmatrix}\phi_1^{(2)}\\\phi_2^{(2)}\\\vdots\\\phi_n^{(2)}\end{bmatrix}+\cdots+q_n\begin{bmatrix}\phi_1^{(n)}\\\phi_2^{(n)}\\\vdots\\\phi_n^{(n)}\end{bmatrix}=\begin{bmatrix}\phi_1^{(1)} & \phi_1^{(2)} & \cdots & \phi_1^{(n)}\\\phi_2^{(1)} & \phi_2^{(2)} & \cdots & \phi_2^{(n)}\\\vdots & \vdots & & \vdots\\\phi_n^{(1)} & \phi_n^{(2)} & \cdots & \phi_n^{(n)}\end{bmatrix}\begin{bmatrix}q_1\\q_2\\\vdots\\q_n\end{bmatrix} \tag{3-74}$$

可简写为

$$y = \phi q \tag{3-75}$$

这样，就把几何坐标变换成数目相同的另一组新坐标：

$$q = [q_1 \quad q_2 \quad \cdots \quad q_n]^T \tag{3-76}$$

式(3-75)中，y 是各个质点的几何位移；$[q_1 \quad q_2 \cdots q_j \cdots q_n]^T$ 通常称为振型坐标，或称模态坐标，属于广义坐标，所有振型坐标组成 q，即振型坐标向量。ϕ 就是式(3-56)所示的主振型矩阵，也是坐标转换矩阵，主振型矩阵是几何坐标和正则坐标之间的转换矩阵。

只要坐标选择合适，就可能得到一组非耦联的多自由度体系的运动方程，这样的坐标称为正则坐标。显然，振型坐标就属于一组正则坐标。振型矩阵起着将正则坐标转换成空间几何坐标的作用，是一种坐标映射，这种映射通常称为正则坐标映射(或正则坐标变换)。

由于各振型向量是线性独立的，故 ϕ 的逆矩阵存在，则有

$$q = \phi^{-1} y \tag{3-77}$$

对于任意一个位移向量 y，当用振型展开时，可以用振型的正交性来获得振型坐标的值。

对式(3-73)，两端同时左乘 $\phi_n{}^T M$，得到

$$\phi_n^T M y = \phi_n^T M \phi_1 q_1 + \phi_n^T M \phi_2 q_2 + \cdots + \phi_n^T M \phi_N q_N \tag{3-78}$$

根据振型的正交性，上式右端总共 N 项中，只有第 n 项不等于零，则

$$\phi_n^T M y = \phi_n^T M \phi_n q_n \tag{3-79}$$

变换即得

$$q_n = \frac{\phi_n^T M y}{\phi_n^T M \phi_n} = \frac{\phi_n^T M y}{M_n} \tag{3-80}$$

依据式(3-80)，从 1 取值到 N，则可得到 N 个振型坐标 $q_n (n = 1, 2, \cdots, N)$ 的值，利用该公式就可得到相应于各振型的振型坐标。

【例 3-5】 结合【例 3-4】所示的三层刚架结构及所求的结果，假设三层框架的楼层发生以下两种真实的运动状态。

(1) 第一种运动状态：三层框架同时向一侧运动，设几何位移向量为 $u = [u_1, u_2, u_3] = [1.0, 1.0, 1.0]$。

(2) 第二种运动状态：三层框架的第一层和第二层楼板同向运动，第三层楼板未来得及发生运动，设几何位移向量为 $u = [u_1, u_2, u_3] = [0, 0.5, 1.0]$。

试求该体系在这两种运动状态下的振型坐标，并验证其正确性。

解 根据【例 3-4】的求解，已知质量矩阵和振型向量为

$$\boldsymbol{M}=\begin{bmatrix}2.0&0&0\\0&1.5&0\\0&0&1.0\end{bmatrix},$$

$$\boldsymbol{\phi}_1=\begin{bmatrix}0.3018\\0.6485\\1.0000\end{bmatrix},\quad \boldsymbol{\phi}_2=\begin{bmatrix}-0.6790\\-0.6066\\1.0000\end{bmatrix},\quad \boldsymbol{\phi}_3=\begin{bmatrix}2.4395\\-2.5420\\1.0000\end{bmatrix}。$$

(1) 第一种运动状态。

依据式(3-79),依次求振型坐标:

$$q_1=\frac{\begin{bmatrix}0.3018&0.6485&1.0000\end{bmatrix}\begin{bmatrix}2.0&0&0\\0&1.5&0\\0&0&1.0\end{bmatrix}\begin{bmatrix}1.0\\1.0\\1.0\end{bmatrix}}{\begin{bmatrix}0.3018&0.6485&1.0000\end{bmatrix}\begin{bmatrix}2.0&0&0\\0&1.5&0\\0&0&1.0\end{bmatrix}\begin{bmatrix}0.3018\\0.6485\\1.0000\end{bmatrix}}=\frac{2.576}{1.813}=1.4211$$

$$q_2=\frac{\begin{bmatrix}-0.6790&-0.6066&1.0000\end{bmatrix}\begin{bmatrix}2.0&0&0\\0&1.5&0\\0&0&1.0\end{bmatrix}\begin{bmatrix}1.0\\1.0\\1.0\end{bmatrix}}{\begin{bmatrix}-0.6790&-0.6066&1.0000\end{bmatrix}\begin{bmatrix}2.0&0&0\\0&1.5&0\\0&0&1.0\end{bmatrix}\begin{bmatrix}-0.6790\\-0.6066\\1.0000\end{bmatrix}}=\frac{-1.268}{2.474}=-0.5125$$

$$q_3=\frac{\begin{bmatrix}2.4395&-2.5420&1.0000\end{bmatrix}\begin{bmatrix}2.0&0&0\\0&1.5&0\\0&0&1.0\end{bmatrix}\begin{bmatrix}1.0\\1.0\\1.0\end{bmatrix}}{\begin{bmatrix}2.4395&-2.5420&1.0000\end{bmatrix}\begin{bmatrix}2.0&0&0\\0&1.5&0\\0&0&1.0\end{bmatrix}\begin{bmatrix}2.4395\\-2.5420\\1.0000\end{bmatrix}}=\frac{2.066}{22.595}=0.0914$$

即求得正则坐标为

$$\boldsymbol{q}=[q_1,\ q_2,\ q_3]^{\mathrm{T}}=[1.4211,\ -0.5125,\ 0.0914]^{\mathrm{T}}$$

将求得的正则坐标代入公式 $\boldsymbol{y}=\boldsymbol{\phi q}$,验证其正确性:

$$\boldsymbol{\phi q}=\sum_{n=1}^{3}\boldsymbol{\phi}_n q_n=\begin{bmatrix}0.3018\\0.6485\\1.0000\end{bmatrix}\times1.4211+\begin{bmatrix}-0.6790\\-0.6066\\1.0000\end{bmatrix}\times(-0.5125)+$$

$$\begin{bmatrix}2.4395\\-2.5420\\1.0000\end{bmatrix}\times0.0914=\begin{bmatrix}0.9998\\1.0001\\1.0000\end{bmatrix}\approx\begin{bmatrix}1.0\\1.0\\1.0\end{bmatrix}$$

故该正则坐标的计算是正确的。

(2) 第二种运动状态，依次求振型坐标：

$$q_1=\frac{\begin{bmatrix}0.3018 & 0.6485 & 1.0000\end{bmatrix}\begin{bmatrix}2.0 & 0 & 0\\0 & 1.5 & 0\\0 & 0 & 1.0\end{bmatrix}\begin{bmatrix}0\\0.5\\1.0\end{bmatrix}}{\begin{bmatrix}0.3018 & 0.6485 & 1.0000\end{bmatrix}\begin{bmatrix}2.0 & 0 & 0\\0 & 1.5 & 0\\0 & 0 & 1.0\end{bmatrix}\begin{bmatrix}0.3018\\0.6485\\1.0000\end{bmatrix}}=\frac{1.4863}{1.813}=0.8198$$

$$q_2=\frac{\begin{bmatrix}-0.6790 & -0.6066 & 1.0000\end{bmatrix}\begin{bmatrix}2.0 & 0 & 0\\0 & 1.5 & 0\\0 & 0 & 1.0\end{bmatrix}\begin{bmatrix}0\\0.5\\1.0\end{bmatrix}}{\begin{bmatrix}-0.6790 & -0.6066 & 1.0000\end{bmatrix}\begin{bmatrix}2.0 & 0 & 0\\0 & 1.5 & 0\\0 & 0 & 1.0\end{bmatrix}\begin{bmatrix}-0.6790\\-0.6066\\1.0000\end{bmatrix}}=\frac{0.5451}{2.474}=0.2203$$

$$q_3=\frac{\begin{bmatrix}2.4395 & -2.5420 & 1.0000\end{bmatrix}\begin{bmatrix}2.0 & 0 & 0\\0 & 1.5 & 0\\0 & 0 & 1.0\end{bmatrix}\begin{bmatrix}0\\0.5\\1.0\end{bmatrix}}{\begin{bmatrix}2.4395 & -2.5420 & 1.0000\end{bmatrix}\begin{bmatrix}2.0 & 0 & 0\\0 & 1.5 & 0\\0 & 0 & 1.0\end{bmatrix}\begin{bmatrix}2.4395\\-2.5420\\1.0000\end{bmatrix}}=\frac{-0.9065}{22.595}=-0.0401$$

即求得正则坐标为

$$\boldsymbol{q}=[q_1,\ q_2,\ q_3]^{\mathrm{T}}=[0.8198,\ 0.2203,\ -0.0401]^{\mathrm{T}}$$

仍将求得的正则坐标代入公式 $\boldsymbol{y}=\boldsymbol{\phi q}$，验证其正确性：

$$\boldsymbol{\phi q}=\sum_{n=1}^{3}\boldsymbol{\phi}_n q_n=\begin{bmatrix}0.3018\\0.6485\\1.0000\end{bmatrix}\times 0.8198+\begin{bmatrix}-0.6790\\-0.6066\\1.0000\end{bmatrix}\times 0.2203+$$

$$\begin{bmatrix}2.4395\\-2.5420\\1.0000\end{bmatrix}\times(-0.0401)=\begin{bmatrix}0.0000\\0.4999\\1.0000\end{bmatrix}\approx\begin{bmatrix}0\\0.5\\1.0\end{bmatrix}$$

故该正则坐标的计算是正确的。

3.6.3 无阻尼系统动力响应的振型叠加法

无阻尼多自由度系统强迫振动的运动方程为

$$\boldsymbol{M\ddot{y}}+\boldsymbol{Ky}=\boldsymbol{P} \tag{3-81}$$

一般而言，$\boldsymbol{M}$ 和 $\boldsymbol{K}$ 并不都是对角矩阵，所以该方程组是耦合的。当 n 较大时，求解联立方程组的计算量非常大。为简化计算，通常采用坐标变换的方法使方程组解耦，如主振型叠加法，具体做法如下：

首先，进行正则坐标变换，将位移 $\boldsymbol{y}$ 按振型展开，见式(3-75)。

将式(3-75)代入式(3-81)有

$$\boldsymbol{M\phi\ddot{q}}+\boldsymbol{K\phi q}=\boldsymbol{P} \tag{3-82}$$

左乘 $\boldsymbol{\phi}^{\mathrm{T}}$ 变为

$$\boldsymbol{\phi}^{\mathrm{T}}\boldsymbol{M\phi\ddot{q}}+\boldsymbol{\phi}^{\mathrm{T}}\boldsymbol{K\phi q}=\boldsymbol{\phi}^{\mathrm{T}}\boldsymbol{P} \tag{3-83}$$

在式(3-83)中，由振型的正交性可知，只有当 $i=j$ 时，$\boldsymbol{\phi}^{\mathrm{T}}\boldsymbol{M\phi}$ 和 $\boldsymbol{\phi}^{\mathrm{T}}\boldsymbol{K\phi}$ 不等于零，对任意第 n 个质点，$\boldsymbol{\phi}^{\mathrm{T}}\boldsymbol{M\phi}$ 和 $\boldsymbol{\phi}^{\mathrm{T}}\boldsymbol{K\phi}$ 是对角矩阵，运算结果是一个数值，令

$$\boldsymbol{\phi}_n^{\mathrm{T}}\boldsymbol{M\phi}_n=\boldsymbol{M}_n \tag{3-84}$$

$$\boldsymbol{\phi}_n^{\mathrm{T}}\boldsymbol{K\phi}_n=\boldsymbol{K}_n \tag{3-85}$$

再记

$$\boldsymbol{P}_n=\boldsymbol{\phi}_n^{\mathrm{T}}\boldsymbol{P} \tag{3-86}$$

定义 $\boldsymbol{M}_n$、$\boldsymbol{K}_n$、$\boldsymbol{P}_n$ 分别为广义质量、广义刚度和广义荷载。于是有

$$\boldsymbol{M}_n\ddot{q}_n+\boldsymbol{K}_n q_n=\boldsymbol{P}_n(n=1,\ 2,\ \cdots,\ N) \tag{3-87}$$

式(3-87)是关于正则坐标 $q_i(t)$ 的运动方程，与单自由度系统的振动方程完全相似。这样，通过正则坐标的变换，原来彼此耦合的 n 个自由度的运动方程组即式(3-81)转化为彼此独立的 n 个一元方程组合的运动方程组即式(3-87)，方程组得以解耦，方程组中的每个方程可以独立求解。

这种通过正则坐标变换，把几何位移 $u_i(t)$ 按主振型进行分解，使彼此耦合的方程组，解耦为彼此独立的关于正则坐标 $q_i(t)$ 的 n 个一元方程的方法，通常称为正则坐标分析法，或振型分解法，或振型叠加法。

用正则坐标表示的运动方程即式(3-87)两边同时除以 M_n 得

$$\ddot{q}_n(t)+\omega_n^2 q_n(t)=\frac{1}{M_n}P_n(t)\quad(n=1,\ 2,\ \cdots,\ N) \tag{3-88}$$

式(3-88)是 n 个非耦联的单自由度系统的强迫运动方程，可以采用单自由度系统受任意荷载时的分析方法求解，例如杜阿梅尔积分、傅里叶变换等。

例如，采用杜阿梅尔积分求解，可得

$$q_n(t)=\frac{1}{M_n\omega_n}\int_0^t P_n(\tau)\sin[\omega_n(t-\tau)]\mathrm{d}\tau\quad(n=1,\ 2,\ \cdots,\ N) \tag{3-89}$$

求得 $q_n(t)$ 后，利用式

$$\boldsymbol{y}(t)=\sum_{n=1}^{N}\boldsymbol{\phi}_n q_n(t) \tag{3-90}$$

可将 n 个振型的反应叠加，于是就得到多自由度系统在任一时刻的位移 $\boldsymbol{y}(t)$。

式(3-90)的物理意义是：将各个主振型分量进行叠加，从而得到质点的总位移。振型叠加法(又称振型分解法)的名称由此而来。

用杜阿梅尔积分得到的解是满足零初始条件的特解。当有非零初始条件时，需计算初始条件引起的通解，即系统的自由振动。此时，把初始条件也用振型展开，即直接利用式(3-90)得到用振型坐标表示的初位移和初速度条件：

$$\left.\begin{aligned}\boldsymbol{y}(0)&=\sum_{n=1}^{N}\boldsymbol{\phi}_n q_n(0)\\ \dot{\boldsymbol{y}}(0)&=\sum_{n=1}^{N}\boldsymbol{\phi}_n \dot{q}_n(0)\end{aligned}\right\} \tag{3-91}$$

将以上两式左乘 $\boldsymbol{\phi}_n^{\mathrm{T}}\boldsymbol{M}$ $(n=1,2,\cdots,N)$，并利用振型的正交性，可得

$$\left.\begin{aligned}q_n(0)&=\frac{\boldsymbol{\phi}_n^{\mathrm{T}}\boldsymbol{M}\boldsymbol{y}(0)}{M_n}\\ \dot{q}_n(0)&=\frac{\boldsymbol{\phi}_n^{\mathrm{T}}\boldsymbol{M}\dot{\boldsymbol{y}}(0)}{M_n}\end{aligned}\right\} \tag{3-92}$$

在得到以振型坐标表示的初始条件之后，可直接根据单自由度系统自由振动的解，得到由初始条件引起的各广义坐标的自由振动 $q_n^0(t)$，即为

$$q_n^0(t)=q_n(0)\cos(\omega_n t)+\frac{\dot{q}_n(0)}{\omega_n}\sin(\omega_n t) \tag{3-93}$$

由初始条件引起的系统的自由振动 $\boldsymbol{y}^0(t)$ 为

$$\boldsymbol{y}^0(t)=\sum_{n=1}^{N}\boldsymbol{\phi}_n q_n^0(t) \tag{3-94}$$

然后，把强迫振动引起的振动和初始条件引起的振动进行叠加，便能得到结构动力反应的完整解，即

$$\boldsymbol{y}(t)=\boldsymbol{y}^0(t)+\boldsymbol{y}(t)=\sum_{n=1}^{N}\boldsymbol{\phi}_n[\boldsymbol{q}_n^0(t)+\boldsymbol{q}_n(t)] \tag{3-95}$$

式(3-95)是无阻尼系统动力响应振型叠加法的完整解答。

【例 3-6】 求图 3-13(a)所示结构体系在突加荷载 $F_{\mathrm{P1}}(t)$ 作用下的位移和弯矩。其突加荷载数学描述为

$$F_{\mathrm{P1}}(t)=\begin{cases}F_{\mathrm{P1}}, & t>0\\ 0, & t<0\end{cases}。$$

解　(1) 确定自振频率和主振型。

由【例 3-1】得知,结构的两个自振频率为

$$\omega_1=\sqrt{\frac{486EI}{15ml^3}}=5.69\sqrt{\frac{EI}{ml^3}},$$

$$\omega_2=\sqrt{\frac{486EI}{ml^3}}=22.05\sqrt{\frac{EI}{ml^3}}$$

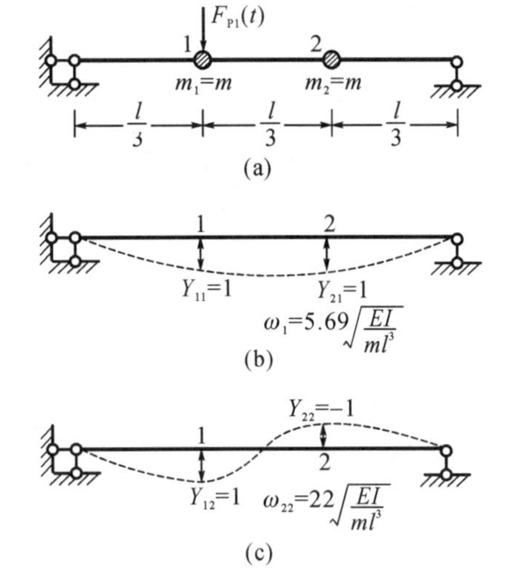

图 3-13　例 3-6 图

两个主振型的形状如图 3-13(b)、(c)所示,即

$$\boldsymbol{Y}^{(1)}=\begin{bmatrix}1\\1\end{bmatrix},\quad \boldsymbol{Y}^{(2)}=\begin{bmatrix}1\\-1\end{bmatrix}$$

则主振型矩阵为

$$\boldsymbol{\phi}=\begin{bmatrix}1 & 1\\1 & -1\end{bmatrix}$$

(2) 坐标变换。

正则坐标变换式为

$$\begin{bmatrix}y_1\\y_2\end{bmatrix}=\begin{bmatrix}1 & 1\\1 & -1\end{bmatrix}\begin{bmatrix}\eta_1\\\eta_2\end{bmatrix}$$

(3) 求广义质量。

$$M_1=\boldsymbol{Y}^{(1)\mathrm{T}}\boldsymbol{M}\boldsymbol{Y}^{(1)}=[1\quad 1]\begin{bmatrix}1 & 0\\0 & 1\end{bmatrix}\begin{bmatrix}1\\1\end{bmatrix}m=2m$$

$$M_2=\boldsymbol{Y}^{(2)\mathrm{T}}\boldsymbol{M}\boldsymbol{Y}^{(2)}=[1\quad -1]\begin{bmatrix}1 & 0\\0 & 1\end{bmatrix}\begin{bmatrix}1\\-1\end{bmatrix}m=2m$$

(4) 求广义荷载。

$$F_1(t)=\boldsymbol{Y}^{(1)\mathrm{T}}\boldsymbol{F}_{\mathrm{P}}(t)=[1\quad 1]\begin{bmatrix}F_{\mathrm{P1}}(t)\\0\end{bmatrix}=F_{\mathrm{P1}}(t)$$

$$F_2(t)=\boldsymbol{Y}^{(2)\mathrm{T}}\boldsymbol{F}_{\mathrm{P}}(t)=[1\quad -1]\begin{bmatrix}F_{\mathrm{P1}}(t)\\0\end{bmatrix}=F_{\mathrm{P1}}(t)$$

(5) 求正则坐标。

$$\eta_1(t)=\frac{1}{M_1\omega_1}\int_0^t F_{\mathrm{P1}}(\tau)\sin[\omega_1(t-\tau)]\mathrm{d}\tau=\frac{1}{2m\omega_1}\int_0^t F_{\mathrm{P1}}(\tau)\sin[\omega_1(t-\tau)]\mathrm{d}\tau$$

$$=\frac{F_{\mathrm{P1}}}{2m\omega_1^2}[1-\cos(\omega_1 t)]$$

$$\eta_2(t)=\frac{1}{M_2\omega_2}\int_0^t F_{\mathrm{P1}}(\tau)\sin[\omega_2(t-\tau)]\mathrm{d}\tau=\frac{F_{\mathrm{P1}}}{2m\omega_2^2}[1-\cos(\omega_2 t)]$$

(6) 求质点位移。

$$y_1(t)=\eta_1(t)+\eta_2(t)=\frac{F_{P1}}{2m\omega_1^2}\left\{[1-\cos(\omega_1 t)]+\left(\frac{\omega_1}{\omega_2}\right)^2[1-\cos(\omega_2 t)]\right\}$$

$$=\frac{F_{P1}}{2m\omega_1^2}\{[1-\cos(\omega_1 t)]+0.067[1-\cos(\omega_2 t)]\}$$

$$y_2(t)=\eta_1(t)-\eta_2(t)=\frac{F_{P1}}{2m\omega_1^2}\{[1-\cos(\omega_1 t)]-0.067[1-\cos(\omega_2 t)]\}$$

(7) 求弯矩。

用 $F_1(t)$ 表示质点 i 在任意时刻 t 所受的荷载和惯性力的和，则有

$$F_1(t)=F_{P1}(t)-m\ddot{y}_1(t)=F_{P1}-\frac{F_{P1}}{2}[\cos(\omega_1 t)+\cos(\omega_2 t)]$$

$$F_2(t)=F_{P2}(t)-m\ddot{y}_2(t)=0-\frac{F_{P1}}{2}[\cos(\omega_1 t)-\cos(\omega_2 t)]$$

由图 3-14 可求得截面 1 和截面 2 的弯矩如下：

$$M_1(t)=\frac{2F_1(t)+F_2(t)}{3}\cdot\frac{l}{3}=\frac{F_{P1}l}{6}\left\{[1-\cos(\omega_1 t)]+\frac{1}{3}[1-\cos(\omega_2 t)]\right\}$$

$$M_2(t)=\frac{F_1(t)+2F_2(t)}{3}\cdot\frac{l}{3}=\frac{F_{P1}l}{6}\left\{[1-\cos(\omega_1 t)]-\frac{1}{3}[1-\cos(\omega_2 t)]\right\}$$

根据求得的位移和弯矩动力反应表达式，绘制截面 1 的位移 $y_1(t)$ 和弯矩 $M_1(t)$ 随时间的变化曲线，如图 3-15 和图 3-16 所示。其中，虚线表示第一主振型对应的分量，实线表示动力总响应。

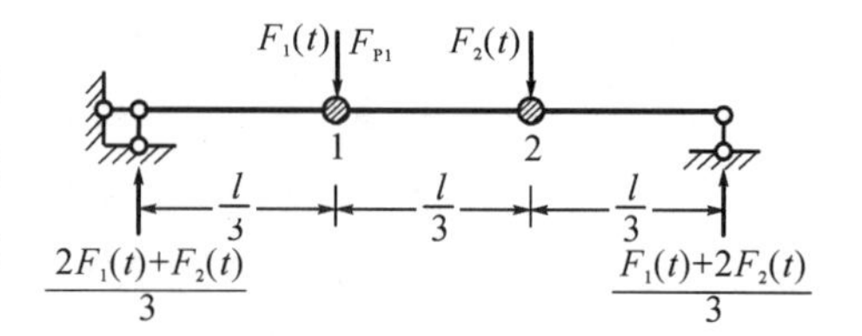

图 3-14　例 3-6 最大支座反力

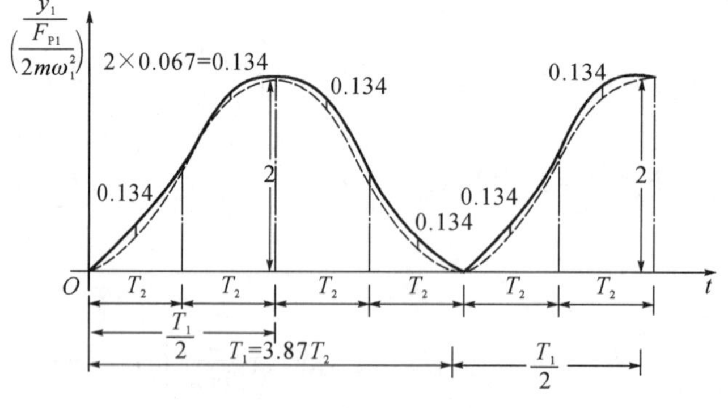

图 3-15　例 3-6 动位移响应

关于【例 3-6】的讨论如下：

(1) 从图 3-15 和图 3-16 可以看出，第一主振型的响应分量在总响应中占比很大，也就

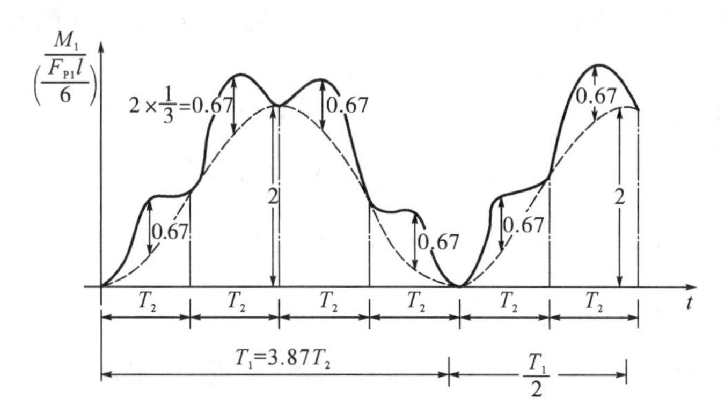

图 3-16　例 3-6 动弯矩响应

是说第一主振型对振动响应的贡献最大。对位移来说,第一主振型和第二主振型分量的最大值分别为 2 和 0.134;对弯矩来说,第一主振型和第二主振型分量的最大值分别为 2 和 0.67。

(2) 当 n 很大时,阶次愈高的振型分量的影响愈小,通常只需要计算前 2～3 个低阶振型的影响,即可得到满意的结果。

(3) 第一主振型和第二主振型的分量并不是同时达到最大值,因此,当求位移或者弯矩的最大值时,不能简单地把两分量的最大值相加。与单自由度系统相比,通常情况下,多自由度系统的位移和内力的动力放大系数不相同。

3.6.4　有阻尼系统动力响应的振型叠加法

有阻尼多自由度系统的强迫振动的运动方程为

$$\boldsymbol{M}\ddot{\boldsymbol{y}}+\boldsymbol{C}\dot{\boldsymbol{y}}+\boldsymbol{K}\boldsymbol{y}=\boldsymbol{P} \tag{3-96}$$

设 $\boldsymbol{\phi}$ 为有阻尼自由振动的振型矩阵,进行坐标变换 $\boldsymbol{y}=\boldsymbol{\phi}\boldsymbol{q}$,将其代入式(3-96)有

$$\boldsymbol{M}\boldsymbol{\phi}\ddot{\boldsymbol{q}}+\boldsymbol{C}\boldsymbol{\phi}\dot{\boldsymbol{q}}+\boldsymbol{K}\boldsymbol{\phi}\boldsymbol{q}=\boldsymbol{P} \tag{3-97}$$

式(3-97)左乘 $\boldsymbol{\phi}^{\mathrm{T}}$ 得

$$\boldsymbol{\phi}^{\mathrm{T}}\boldsymbol{M}\boldsymbol{\phi}\ddot{\boldsymbol{q}}+\boldsymbol{\phi}^{\mathrm{T}}\boldsymbol{C}\boldsymbol{\phi}\dot{\boldsymbol{q}}+\boldsymbol{\phi}^{\mathrm{T}}\boldsymbol{K}\boldsymbol{\phi}\boldsymbol{q}=\boldsymbol{\phi}^{\mathrm{T}}\boldsymbol{P} \tag{3-98}$$

式(3-98)中,$\boldsymbol{\phi}^{\mathrm{T}}\boldsymbol{M}\boldsymbol{\phi}$ 和 $\boldsymbol{\phi}^{\mathrm{T}}\boldsymbol{K}\boldsymbol{\phi}$ 是对角矩阵,但是与阻尼矩阵 $\boldsymbol{C}$ 有关的 $\boldsymbol{\phi}^{\mathrm{T}}\boldsymbol{C}\boldsymbol{\phi}$ 通常不是对角矩阵。因此,式(3-98)虽无质量和刚度的耦联,却存在阻尼(速度)的耦联,方程组各式依然是彼此耦合的。

为了分析方便,通常假设忽略式(3-98)中的速度耦联项,近似地把 $\boldsymbol{\phi}^{\mathrm{T}}\boldsymbol{C}\boldsymbol{\phi}$ 看作是对角矩阵:

$$\boldsymbol{\phi}^{\mathrm{T}}\boldsymbol{C}\boldsymbol{\phi}\approx\begin{bmatrix} C_1 & & & \boldsymbol{0} \\ & C_2 & & \\ & & \ddots & \\ \boldsymbol{0} & & & C_n \end{bmatrix} \tag{3-99}$$

这种关于忽略阻尼耦联项，仅考虑质点主阻尼的假定，称为阻尼解耦假定，并称式(3-99)为广义阻尼矩阵，即传统的经典阻尼。

根据经典阻尼的假定，式(3-99)中的主对角元素为

$$C_n = \boldsymbol{\phi}_n^{\mathrm{T}} \boldsymbol{C} \boldsymbol{\phi}_n \quad (n=1,\ 2,\ \cdots,\ N) \tag{3-100}$$

于是，由式(3-84)、式(3-85)、式(3-86)和式(3-100)可得

$$M_n \ddot{q}_n + C_n \dot{q}_n + K_n q_n = P_n \quad (n=1,\ 2,\ \cdots,\ N) \tag{3-101}$$

C_n 称为正则阻尼系数。令 ξ_n 为相应于第 n 阶振型的阻尼比，则有

$$C_n = 2\xi_n \omega_n M_n \tag{3-102}$$

式(3-101)两端同除以 M_n，并代入式(3-102)，得

$$\ddot{q}_n + 2\xi_n \omega_n \dot{q}_n + \omega_n^2 q_n = \frac{1}{M_n} P_n \quad (n=1,\ 2,\ \cdots,\ N) \tag{3-103}$$

为获得具有正交性的阻尼矩阵，通常采用瑞利(Rayleigh)阻尼：

$$\boldsymbol{C} = a_0 \boldsymbol{M} + a_1 \boldsymbol{K} \tag{3-104}$$

式中，a_0、a_1 为由试验测定的任意两阶振型阻尼比确定的经验系数。

式(3-103)的形式与有阻尼单自由度系统在任意外荷载作用下的运动方程相似，可采用单自由度系统动力反应分析的有关方法进行求解。

若采用杜阿梅尔积分法求解(时域法求解)，分析过程如下。

由于系统的固有频率为 $\omega_{\mathrm{d}n} = \omega_n \sqrt{1-\xi_n^2}$，则单位脉冲反应函数为

$$h_n(t-\tau) = \frac{1}{M_n \omega_{\mathrm{d}n}} \mathrm{e}^{-\xi_n \omega_n (t-\tau)} \sin\left[\omega_{\mathrm{d}n}(t-\tau)\right] \tag{3-105}$$

则由杜阿梅尔积分，式(3-103)的特解可表示为

$$\begin{aligned} q_n(t) &= \int_0^t P_n(\tau) h_n(t-\tau)\mathrm{d}\tau \\ &= \frac{1}{M_n \omega_{\mathrm{d}n}} \int_0^t P_n(\tau) \mathrm{e}^{-\xi_n \omega_n (t-\tau)} \sin\left[\omega_{\mathrm{d}n}(t-\tau)\right]\mathrm{d}\tau \end{aligned} \tag{3-106}$$

对于非零的初始条件 $\boldsymbol{y}(0)$ 和 $\dot{\boldsymbol{y}}(0)$，由式(3-92)可确定 $q_n(0)$ 和 $\dot{q}_n(0)$。则由非零初始条件引起的自由振动的通解为(以振型坐标表示)：

$$q_n^0(t) = \mathrm{e}^{-\xi_n \omega_n t}\left[q_n(0)\cos(\omega_{\mathrm{d}n} t) + \frac{\dot{q}_n(0) + \xi_n \omega_n q_n(0)}{\omega_{\mathrm{d}n}} \sin(\omega_{\mathrm{d}n} t)\right] \tag{3-107}$$

因此，微分方程式(3-103)的完全解可表示为通解即式(3-107)和特解即式(3-106)的叠加，形式见式(3-95)。

式(3-109)就是在非零初始条件下，一般动荷载作用下有阻尼多自由度系统强迫振动

的位移时域解。

如果外荷载向量 $\boldsymbol{P}(t)$ 为简谐荷载，例如 $\boldsymbol{P}(t)=\boldsymbol{P}_0\sin(\omega t)$，其中 $\boldsymbol{P}_0$ 为常向量，即简谐外力的幅值向量，则可采用单自由度系统在简谐荷载作用下的分析方法，得到振型坐标运动方程为

$$\ddot{q}_n(t)+2\xi_n\omega_n\dot{q}_n(t)+\omega_n^2 q_n(t)=\frac{P_{0n}}{M_n}\sin(\omega t) \tag{3-108}$$

$$P_{0n}=\boldsymbol{\phi}_0^{\mathrm{T}}\boldsymbol{P}_0 \tag{3-109}$$

则振型反应表达式为

$$q_n=u_{0n}\sin(\omega t-\phi_n) \tag{3-110}$$

其中，

$$u_{0n}=\frac{P_{0n}}{K_n}R_{\mathrm{d}n},\quad \phi_n=\arctan\frac{2\xi_n(\omega/\omega_n)}{1-(\omega/\omega_n)^2} \tag{3-111}$$

定义：

$$R_{\mathrm{d}n}=1/\sqrt{[1-(\omega/\omega_n)^2]^2+[2\xi_n(\omega/\omega_n)]^2} \tag{3-112}$$

$R_{\mathrm{d}n}$ 为相应于第 n 阶自振频率的动力放大系数，称为振型反应动力放大系数。

若采用傅里叶变换求解(频域法求解)，当振型的阻尼比 $\xi_n<1$ 时，直接由外荷载引起的特解为

$$q_n(t)=\frac{1}{2\pi}\int_{-\infty}^{\infty}H_n(\mathrm{i}\omega)P_n(\omega)\mathrm{e}^{\mathrm{i}\omega t}\mathrm{d}\omega \tag{3-113}$$

其中，振型荷载的傅里叶谱和复频反应函数分别为

$$P_n(\omega)=\int_{-\infty}^{\infty}P_n(t)\mathrm{e}^{-\mathrm{i}\omega t}\mathrm{d}t \tag{3-114}$$

$$H_n(\mathrm{i}\omega)=\frac{1}{K_n}\frac{1}{[1-(\omega/\omega_n)^2]+\mathrm{i}[2\xi_n(\omega/\omega_n)]} \tag{3-115}$$

式中，K_n 称为振型刚度，$K_n=\omega_n{}^2M_n$。

具体可参阅相关文献。

3.7 静力凝聚问题

大型工程结构或者动力系统的自由度是有成千上万个的。为了简化计算，可以忽略某些惯性效应不是很大的方向的动力效应，只考虑惯性效应的那部分自由度的动力效应。这种减少体系自由度的方法称为多自由度的静力凝聚问题。

静力凝聚问题的本质是自由度识别问题，即能产生惯性力和不产生惯性力的自由度识别问题。为此，结构动力系统的自由度被划分为两类：

(1) 无质量参与，不产生惯性力的自由度。

(2) 有质量参与，产生惯性力的自由度。

静力凝聚造成结构体系静、动力自由度数目的不相等。从运动方程的角度来看，质量矩阵成了半正定矩阵，即

$$\begin{bmatrix} \boldsymbol{M}_a & \\ & 0 \end{bmatrix} \begin{bmatrix} \ddot{\boldsymbol{u}}_a \\ \ddot{\boldsymbol{u}}_b \end{bmatrix} + \begin{bmatrix} \boldsymbol{K}_{aa} & \boldsymbol{K}_{ab} \\ \boldsymbol{K}_{ba} & \boldsymbol{K}_{bb} \end{bmatrix} \begin{bmatrix} \boldsymbol{u}_a \\ \boldsymbol{u}_b \end{bmatrix} = \begin{bmatrix} \boldsymbol{P}_a \\ \boldsymbol{0} \end{bmatrix} \tag{3-116}$$

式中 $\boldsymbol{M}_a$ ——考虑惯性效应的质点组成的半正定矩阵；

$\boldsymbol{K}_{aa}$ ——考虑惯性效应质点对应的刚度矩阵；

$\boldsymbol{K}_{bb}$ ——忽略惯性效应质点对应的刚度矩阵；

$\boldsymbol{K}_{ab}$、$\boldsymbol{K}_{ba}$ ——两部分自由度的耦合刚度矩阵；

$\boldsymbol{P}_a$ ——作用在有效质点上的外力；

a ——下标，表示考虑惯性效应的那部分自由度；

b ——下标，表示忽略惯性效应的那部分自由度。

展开式(3-116)，得

$$\boldsymbol{M}_a\ddot{\boldsymbol{u}}_a + \boldsymbol{K}_{aa}\boldsymbol{u}_a + \boldsymbol{K}_{ab}\boldsymbol{u}_b = \boldsymbol{P}_a \tag{3-117}$$

$$\boldsymbol{K}_{ba}\boldsymbol{u}_a + \boldsymbol{K}_{bb}\boldsymbol{u}_b = \boldsymbol{0} \tag{3-118}$$

由式(3-118)得

$$\boldsymbol{u}_b = -\boldsymbol{K}_{bb}^{-1}\boldsymbol{K}_{ba}\boldsymbol{u}_a \tag{3-119}$$

将式(3-119)代入式(3-117)得到只考虑惯性效应的那部分自由度的运动方程：

$$\boldsymbol{M}_a\ddot{\boldsymbol{u}}_a + (\boldsymbol{K}_{aa} - \boldsymbol{K}_{ab}\boldsymbol{K}_{bb}^{-1}\boldsymbol{K}_{ba})\boldsymbol{u}_a = \boldsymbol{P}_a \tag{3-120}$$

令

$$\bar{\boldsymbol{K}} = \boldsymbol{K}_{aa} - \boldsymbol{K}_{ab}\boldsymbol{K}_{bb}^{-1}\boldsymbol{K}_{ba} \tag{3-121}$$

称 $\bar{\boldsymbol{K}}$ 为缩减后的静力凝聚刚度矩阵，则静力凝聚后的体系的运动方程为

$$\boldsymbol{M}_a\ddot{\boldsymbol{u}}_a + \bar{\boldsymbol{K}}\boldsymbol{u}_a = \boldsymbol{P}_a \tag{3-122}$$

显然，静力凝聚法是提高大型工程结构和系统的动力分析效率的有效方法。

3.8 阻尼理论和阻尼矩阵的构造简介

阻尼对结构的动力反应影响较大，对动力响应的计算方法也会产生较大影响。因而，

结构的阻尼是结构动力学的一个重要研究内容。但阻尼很难用理论方法确定，一般先通过实测，再通过统计分析得到不同类型结构的阻尼值。由实测得到的阻尼值一般都是振型阻尼比。

记对应于 n 阶振型反应的阻尼比（简称振型阻尼比）为 ξ_n。用振型阻尼比来描述结构线弹性反应中的阻尼性质，具有较好的精度。

试验已验证结构阻尼比的大小并不是固定值，而是与结构振动的幅值有关。瑞利阻尼理论简单、方便，因而在结构动力分析中得到了广泛应用，是目前经常采用的经典方法之一。

瑞利阻尼假设结构的阻尼矩阵是质量矩阵和刚度矩阵的组合，即

$$\boldsymbol{C}=a_0\boldsymbol{M}+a_1\boldsymbol{K} \tag{3-123}$$

其中，a_0 和 a_1 是两个比例系数，分别具有 s^{-1} 和 s 的量纲。

因结构的振型关于质量矩阵和刚度矩阵正交，故质量矩阵和刚度矩阵的线性组合必定满足正交条件，所以瑞利阻尼矩阵是一个正交阻尼矩阵。通常称这种满足振型正交条件的阻尼为经典阻尼。

式(3-123)中，a_0 和 a_1 是两个待定常数，可用实际测量得到的结构阻尼比来确定。一般通过给定的两个振型阻尼比的值来确定，具体分析如下。

将式(3-123)分别左乘振型的转置 $\boldsymbol{\phi}_n^{\mathrm{T}}$ 和右乘振型 $\boldsymbol{\phi}_n$ 得

$$C_n=a_0M_n+a_1K_n \tag{3-124}$$

式中，C_n、M_n、K_n 分别是第 n 阶振型的阻尼系数、振型质量和刚度，其表达式为

$$\left.\begin{aligned}C_n&=\boldsymbol{\phi}_n^{\mathrm{T}}\boldsymbol{C}\boldsymbol{\phi}_n\\M_n&=\boldsymbol{\phi}_n^{\mathrm{T}}\boldsymbol{M}\boldsymbol{\phi}_n\\K_n&=\boldsymbol{\phi}_n^{\mathrm{T}}\boldsymbol{K}\boldsymbol{\phi}_n\end{aligned}\right] \tag{3-125}$$

用正交条件来确定系数 a_0 和 a_1。将公式 $C_n=2\xi_n\omega_nM_n$ 和 $\omega_n^2=K_n/M_n$ 代入式(3-124)得

$$\xi_n=\frac{a_0}{2\omega_n}+\frac{a_1\omega_n}{2} \tag{3-126}$$

若已知任意两个振型阻尼比 ξ（自振频率已知，假设 ξ_i 和 ξ_j 给定），分别代入式(3-126)，即可得到关于系数 a_0 和 a_1 的两个线性代数方程组成的方程组，即

$$\frac{1}{2}\begin{bmatrix}1/\omega_i & \omega_i\\1/\omega_j & \omega_j\end{bmatrix}\begin{bmatrix}a_0\\a_1\end{bmatrix}=\begin{bmatrix}\xi_i\\\xi_j\end{bmatrix} \tag{3-127}$$

解二元一次方程组即式(3-127)，得其解析表达式：

$$\begin{bmatrix}a_0\\a_1\end{bmatrix}=\frac{2\omega_i\omega_j}{\omega_j^2-\omega_i^2}\begin{bmatrix}1/\omega_i & \omega_i\\1/\omega_j & \omega_j\end{bmatrix}\begin{bmatrix}\xi_i\\\xi_j\end{bmatrix} \tag{3-128}$$

得 a_0 和 a_1，从而确定瑞利阻尼。

当振型阻尼比 $\xi_i=\xi_j=\xi$ 时，式(3-128)简化为

$$\begin{bmatrix}a_0\\a_1\end{bmatrix}=\frac{2\xi}{\omega_i+\omega_j}\begin{bmatrix}\omega_i\omega_j\\1\end{bmatrix} \tag{3-129}$$

依据上述推导，可得到进行结构动力反应计算所需的具有正交性的阻尼矩阵。

实践证明，在确定瑞利阻尼的常数 a_0 和 a_1 时须遵循一定原则，方可保证所构造的阻尼矩阵符合实际，否则可能导致计算结果的严重失真。

将瑞利阻尼分为两部分：一部分与质量相关，另一部分与刚度相关，即

$$\boldsymbol{C}=\boldsymbol{C}_{\mathrm{M}}+\boldsymbol{C}_{\mathrm{K}} \tag{3-130}$$

其中，$\boldsymbol{C}_{\mathrm{M}}=a_0\boldsymbol{M}$，$\boldsymbol{C}_{\mathrm{K}}=a_1\boldsymbol{K}$。

同理，阻尼比也分为两部分：一个是与质量相关的项 ξ_{M}，另一个是与刚度相关的项 ξ_{K}，即

$$\xi_n=\xi_{\mathrm{M}}+\xi_{\mathrm{K}} \tag{3-131}$$

其中，

$$\xi_{\mathrm{M}}=\frac{a_0}{2\omega_n};\quad \xi_{\mathrm{K}}=\frac{a_1\omega_n}{2} \tag{3-132}$$

在常数 a_0 和 a_1 确定之后，ξ_{M} 和 ξ_{K} 仅与 ω_n 有关，如图 3-17 所示，给出了阻尼比 ξ_n 随频率 ω_n 的变化规律曲线。

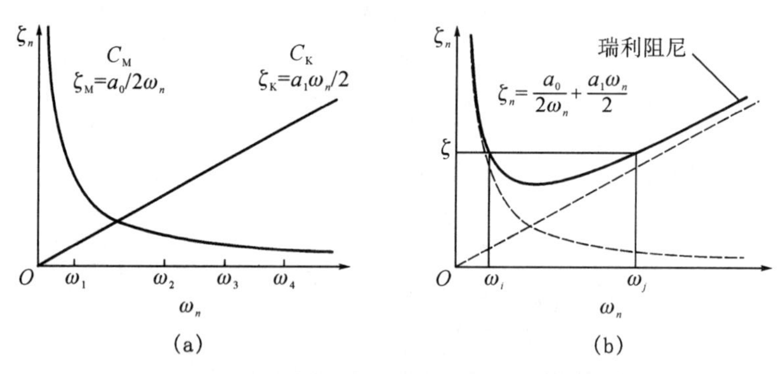

图 3-17　振型阻尼比与频率的关系

由图 3-17 可知，瑞利阻尼的特性和规律如下：

(1) 对于与质量成正比的部分，当频率趋于零时，变得无穷大，随着频率增加而迅速变小；对于与刚度成正比的部分，则随频率的增加而线性增加。

(2) 瑞利阻尼比 ξ_n 在两个自振频率 ω_i 和 ω_j 处等于给定的阻尼比 ξ_i 和 ξ_j。如果用来确定阻尼常数 a_0 和 a_1 所用的阻尼比与 ξ_i 和 ξ_j 相等(工程中一般各振型阻尼比取相同数值)，则当振动频率 ω 在 $[\omega_i，\omega_j]$ 区间内(称该区间的频率为频段)时，阻尼比将小于或等于给定

的阻尼比；当振动频率 ω 在这一区间外时，阻尼比均大于给定的阻尼比，且距离越远，阻尼比越大。

(3) 在频段 $[\omega_i,\ \omega_j]$ 内，阻尼比略小于给定的阻尼比 ξ（在 i，j 点处有 $\xi=\xi_i=\xi_j$），故结构反应的计算值将略大于实际值，但这样的计算结果对工程设计而言是偏安全的。

(4) 在频段 $[\omega_i,\ \omega_j]$ 外，阻尼比将迅速增大，结构反应的计算值将远小于实际值，如果存在对结构设计有重要影响的频率分量，则可能导致严重的不安全。

因此，确定瑞利阻尼的原则是：选择的两个用于确定常数 a_0 和 a_1 的频率点 ω_i 和 ω_j，要覆盖结构分析中所关注的频段（频率区间）。这个频段的确定要根据作用于结构上的外荷载的频率成分和结构自振特性综合考虑。

习题

3-1 柔度法与刚度法所建立的自由振动微分方程的特点及二者的区别是什么？

3-2 简述振型的定义，它与哪些参数有关？对称系统的振型是否对称？

3-3 振型正交性的物理意义是什么？振型正交性有何应用？满足对质量矩阵、刚度矩阵正交的向量组一定是振型吗？

3-4 求自振频率与主振型和坐标选取有关吗？求自振频率与主振型能否利用对称性？频率相等的两个主振型互相正交吗？

3-5 简述广义坐标的定义。

3-6 简述振型分解法的定义和求解步骤。

3-7 试用刚度法求下列图示(a)～(d)集中质量系统的自振频率和主振型。

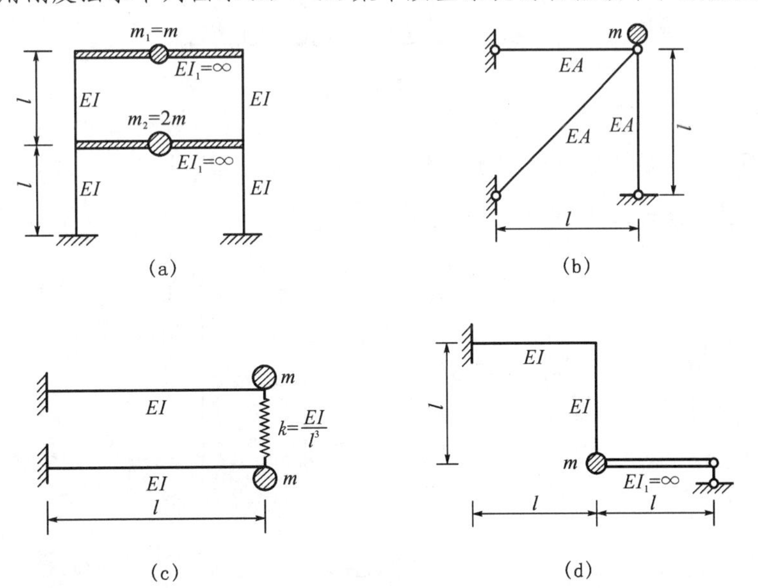

习题 3-7 图

3-8 试用柔度法求下图(a)～(c)集中质量系统的自振频率和主振型。

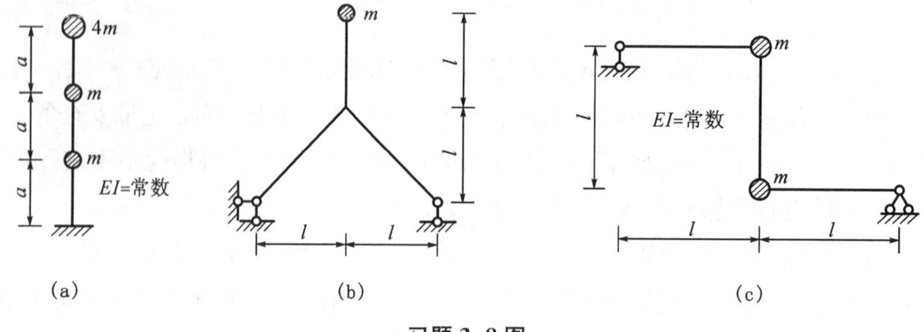

习题 3-8 图

3-9 用刚度法求图示结构(a)和(b)的频率与振型，已知 $EI=$常数，$\bar{m}=\dfrac{m}{2l}$。

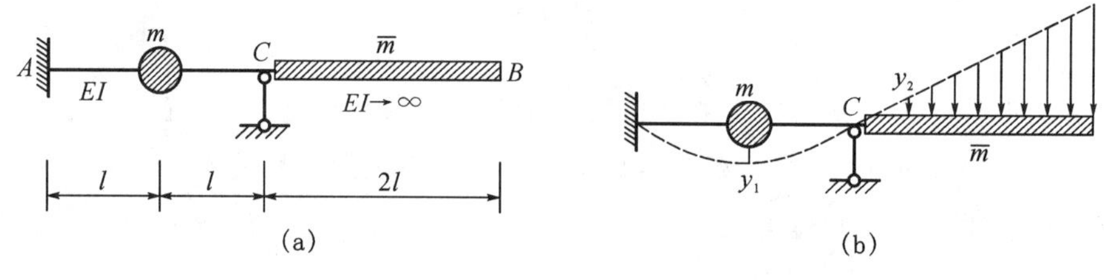

习题 3-9 图

3-10 试求图示三跨梁的自振频率和主振型。已知 $l=100$ cm，$W=1\ 000$ N，$I=68.82\ \text{cm}^2$，$E=2\times10^5$ MPa。

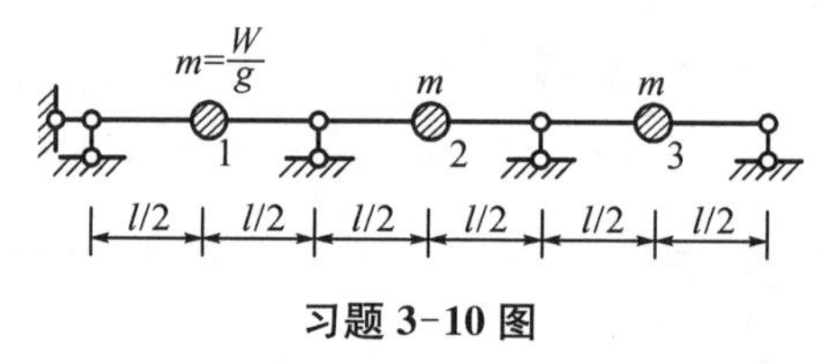

习题 3-10 图

3-11 图示刚架的横梁上作用水平简谐荷载 $F_P(t)=F_0\sin(\theta t)$，求 C、B 处的最大水平位移并绘制最大动力弯矩，已知 $\theta=3\sqrt{EI/ml^3}$。

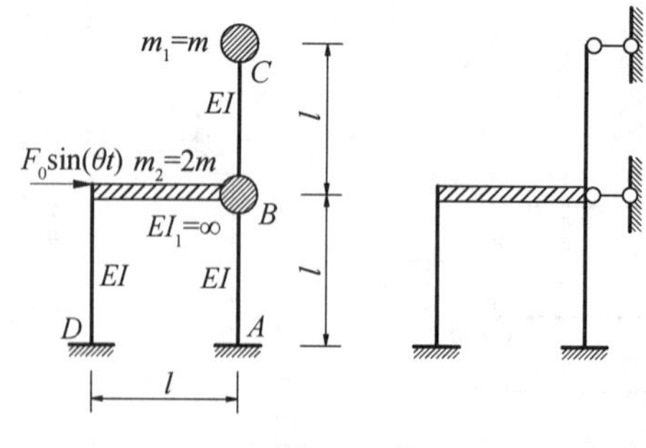

习题 3-11 图

3-12 图示框架结构 $m_1=m$，$m_2=2m$，$EI_1=EI_2=EI_3/16$，假设横梁刚性为无限大并受动荷载 $F_P(t)$ 作用，层间剪切刚度为 $k_1=2\times\frac{12EI_1}{l^3}=\frac{24EI_1}{l^3}=k$，$k_2=\frac{24EI_1}{l^3}=k$，$k_3=\frac{12EI_1}{(2l)^3}=\frac{24EI_1}{l^3}=k$

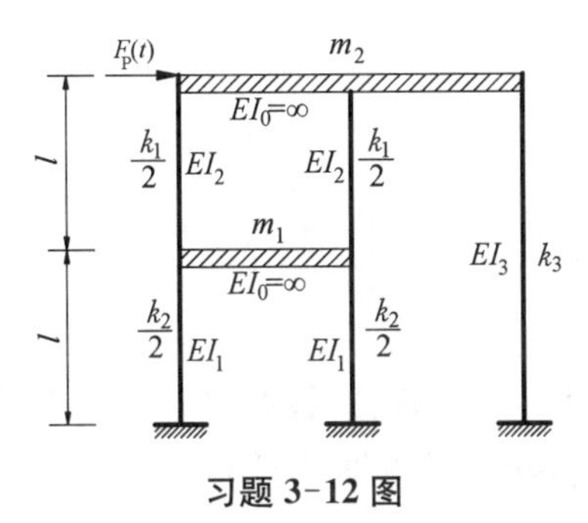

习题 3-12 图

求：(1) $F_P(t)=F$ 突加荷载作用下结构的位移。

(2) $F_P(t)=F_0\sin(\theta t)$ 简谐荷载，已知 $\theta=3\sqrt{EI/ml^3}$，阻尼比 $\xi_1=\xi_2=0.05$，用振型分解法求考虑阻尼影响的最大位移响应。

3-13 图示系统，当使质量 m_1 处的振幅为零时，确定干扰力频率 θ。

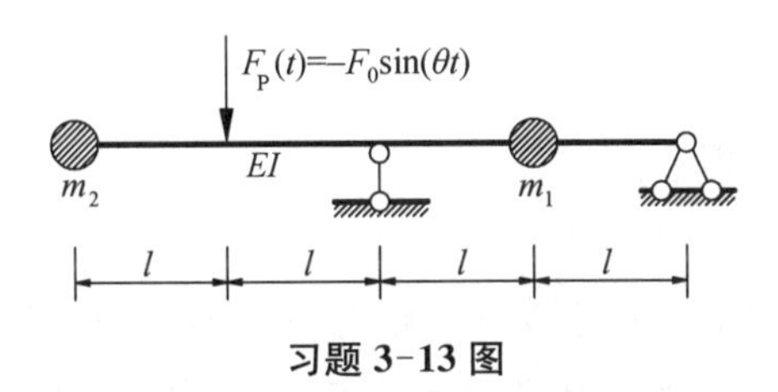

习题 3-13 图

3-14 如下图所示，求下列内容：

(1) 按振型分解法计算图示刚架，假定 $\xi_1=\xi_2=0.05$，$F_P=2\sin(\theta t)$MN，$n=250$ r/min。

(2) 将干扰力改为突加荷载 $F_P(t)=30$ kN，试求各楼层的位移及底层柱端剪力（忽略阻尼）。

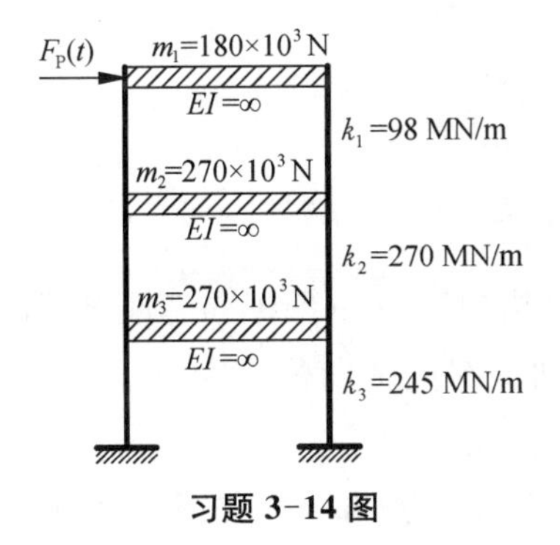

习题 3-14 图

4 分布参数系统

4.1 分布参数系统概述

弹性体均可视为由无限个连续质点组成的物体，因此要描述弹性体每一质点的位置，就需要无限多个数量的坐标，也就是说弹性体具有无限多个自由度，通常称之为分布参数系统，或连续系统，或无限自由度系统。其自由振动包含无限多个主振型，其数学模型由偏微分方程描述。

常见的一些典型弹性体结构振动问题，包括弦、杆、直梁、曲梁、拱及板壳等结构。振动形式有横向振动、纵向振动和组合振动。研究这些基本构件的振动，既是实际问题的需要，又是研究复杂结构振动的基础。本章主要讨论杆、直梁和曲梁的振动问题。

4.2 梁的横向弯曲自由振动

在静力学中，只考虑横向弯曲变形而忽略剪切变形的细长杆，被称为欧拉梁。在动力学中，当梁发生横向振动时，只考虑弯曲振动引起的变形而忽略转动惯量和剪切变形引起的影响，称为欧拉梁的横向弯曲振动。

欧拉梁的基本假定如下：

(1) 中性轴长度不变。

(2) 满足平截面假定，即变形前后横截面与中性轴垂直。

(3) 材料是线弹性的，沿梁长是各向同性的。

(4) 忽略剪切变形影响。

(5) 忽略转动惯量影响。

4.2.1 运动微分方程的建立

如图 4-1 所示无限自由度横向振动系统中，抗弯刚度 $EI(x)$ 和单位长度的质量 $m(x)$ 随位置 x 而变。假定梁的弯曲引起的横向位移为 $y(x, t)$，在其本身对称平面内做弯曲振动。

取出微段 $\mathrm{d}x$ 进行研究分析，其变形和受力如图 4-2 所示，其中微段 $\mathrm{d}x$ 上的惯性力为

$$f_{\mathrm{I}}\mathrm{d}x = m(x)\mathrm{d}x\,\frac{\partial^2 y(x,t)}{\partial t^2} \tag{4-1}$$

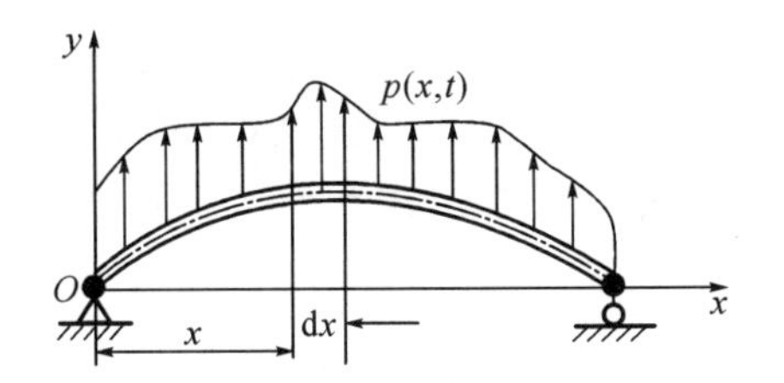

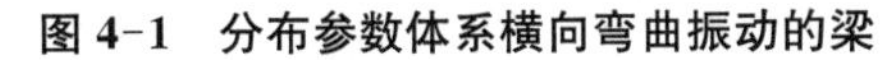
图 4-1　分布参数体系横向弯曲振动的梁

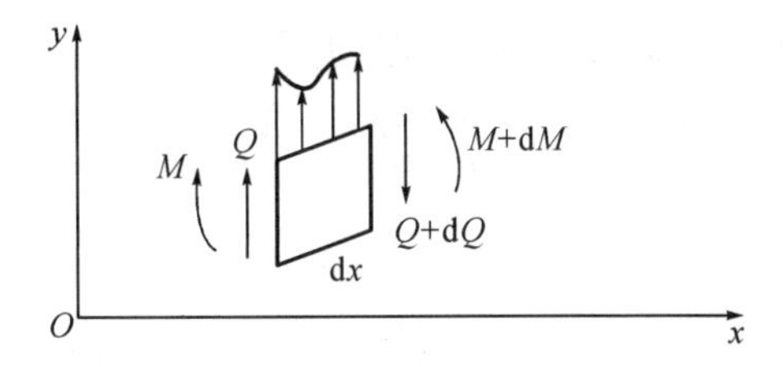

图 4-2　分布参数系统的梁段变形和受力示意

根据微段上的竖向力平衡条件 $\sum Y = 0$，得第一个平衡方程：

$$Q - \left(Q + \frac{\partial Q}{\partial x}\mathrm{d}x\right) - f_{\mathrm{I}}\mathrm{d}x = 0 \tag{4-2}$$

将式(4-1)代入式(4-2)，经整理后得

$$\frac{\partial Q}{\partial x} = m(x)\,\frac{\partial^2 y(x,\ t)}{\partial t^2} \tag{4-3}$$

对微段右截面和 x 轴的交点处取矩，由 $\sum M = 0$，得

$$M + Q\mathrm{d}x - \left(M + \frac{\partial M}{\partial x}\mathrm{d}x\right) - f_{\mathrm{I}}\mathrm{d}x \cdot \frac{\mathrm{d}x}{2} = 0 \tag{4-4(a)}$$

忽略惯性力引起的横向分布力矩的二阶微量，得

$$M + Q\mathrm{d}x - \left(M + \frac{\partial M}{\partial x}\mathrm{d}x\right) = 0 \tag{4-4(b)}$$

上式整理可得

$$\frac{\partial M}{\partial x} = Q \tag{4-5}$$

将式(4-5)对 x 求导，代入式(4-3)中，并利用材料力学公式

$$M = EI(x)\,\frac{\partial^2 y}{\partial x^2} \tag{4-6}$$

可得梁横向弯曲振动方程

$$\frac{\partial^2}{\partial x^2}\left[EI(x)\,\frac{\partial^2 y(x,\ t)}{\partial x^2}\right] + m(x)\,\frac{\partial^2 y(x,\ t)}{\partial t^2} = 0 \tag{4-7}$$

若 $EI(x)$ 和 $m(x)$ 沿 x 方向是常数，则式(4-7)变为

$$EI\frac{\partial^4 y(x,t)}{\partial x^4}+m\frac{\partial^2 y(x,t)}{\partial t^2}=0 \tag{4-8}$$

4.2.2 运动微分方程的解

记 $y^{(4)}=\frac{\partial^4 y(x,t)}{\partial x^4}$，$\ddot{y}=\frac{\partial^2 y(x,t)}{\partial t^2}$，式(4-8)两端除以 EI 得

$$y^{(4)}+\frac{m}{EI}\ddot{y}=0 \tag{4-9}$$

该方程可用分离变量法来求解。假定解具有如下形式

$$y(x,t)=Y(x)T(t) \tag{4-10}$$

将式(4-10)代入式(4-9)中，得

$$Y^{(4)}(x)T(t)+\frac{m}{EI}Y(x)\ddot{T}(t)=0 \tag{4-11}$$

用 $Y(x)T(t)$ 除上式，使变量分离，得

$$\frac{Y^{(4)}(x)}{Y(x)}+\frac{m}{EI}\cdot\frac{\ddot{T}(t)}{T(t)}=0 \tag{4-12}$$

式(4-12)的第一项仅是 x 的函数，第二项仅是 t 的函数。对于任意 x 和 t，只有当每一项等于同一个常数时，方程才能满足。令

$$\frac{Y^{(4)}}{Y(x)}=-\frac{m}{EI}\cdot\frac{\ddot{T}(t)}{T(t)}=\lambda^4 \tag{4-13}$$

于是，可得到两个常微分方程，每个方程仅含有一个变量，即

$$Y^{(4)}(x)-\lambda^4 Y(x)=0 \tag{4-14}$$

$$\ddot{T}(t)+\omega^2 T(t)=0 \tag{4-15}$$

式中，$\omega^2=\frac{\lambda^4 EI}{m}$ 或 $\frac{\omega^2 m}{EI}=\lambda^4$。

式(4-15)就是熟知的无阻尼单自由度系统的振动方程，它的解为

$$T(t)=A\sin(\omega t)+B\cos(\omega t) \tag{4-16}$$

其中，待定常数 A 和 B 依赖于初位移 $T(0)$ 和初速度 $\dot{T}(0)$ 的初始条件。参照单自由度系统的解，则 $T(t)$ 为

$$T(t)=\frac{\dot{T}(0)}{\omega}\sin(\omega t)+T(0)\cos(\omega t) \tag{4-17}$$

对于式(4-14),假定解的形式为

$$Y(x)=Ce^{\alpha x} \tag{4-18}$$

式(4-18)代入式(4-14),整理得

$$(\alpha^4-\lambda^4)Ce^{\alpha x}=0 \tag{4-19}$$

由于 $Ce^{\alpha x}\neq 0$,则由 $\alpha^4-\lambda^4=0$ 可得

$$\alpha=\pm\lambda,\ \pm i\lambda \tag{4-20}$$

把 α 的这 4 个根代入式(4-14),得

$$Y(x)=D_1e^{i\lambda x}+D_2e^{-i\lambda x}+D_3e^{\lambda x}+D_4e^{-\lambda x} \tag{4-21}$$

这是用指数函数表示的解。

容易验证,$\sin(kx)$, $\cos(kx)$, $\sinh(kx)$ 及 $\cosh(kx)$ 都是方程式(4-18)的特解,也可用三角函数和双曲函数表示它的解

$$Y(x)=C_1\sin(\lambda x)+C_2\cos(\lambda x)+C_3\sinh(\lambda x)+C_4\cosh(\lambda x) \tag{4-22}$$

则方程的通解为

$$\begin{aligned} y(x,\ t)&=Y(x)\cdot T(t)\\ &=[C_1\sin(\lambda x)+C_2\cos(\lambda x)+C_3\sinh(\lambda x)+C_4\cosh(\lambda x)]\cdot\\ &\quad [A\sin(\omega t)+B\cos(\omega t)] \end{aligned} \tag{4-23}$$

由式(4-23)可以看出,欧拉梁的横向弯曲振动是以 ω 为频率的简谐运动,$Y(x)$ 是其振幅曲线。如果将式(4-14)改写成

$$EIY^{(4)}(x)=m\omega^2Y(x) \tag{4-24}$$

该式说明 $Y(x)$ 是荷载 $m\omega^2Y(x)$ 作用下的静力弹性曲线,与荷载分布曲线成正比。满足式(4-23)的函数 $Y(x)$ 称为固有函数,在动力问题中称为主振型。

由式(4-22)可进行自振频率和主振型的计算。

根据边界条件可以写出含待定常数 C_1、C_2、C_3、C_4 的 4 个齐次方程组成的方程组。欧拉梁常见边界条件的数值表达式如下。

(1) 对于梁的铰支端,在 $x=0$, $x=l$ 两端的挠度和弯矩都为零,即

$$Y_{x=0,\ l}=0;\quad \left(\frac{d^2Y}{dx^2}\right)_{x=0,\ l}=0 \tag{4-25}$$

(2) 对于梁的固支端,在 $x=0$, $x=l$ 两端的挠度和曲线斜率都为零,即

$$Y_{x=0,\ l}=0;\quad \left(\frac{dY}{dx}\right)_{x=0,\ l}=0 \tag{4-26}$$

(3) 对于梁的自由端,在 $x=0$, $x=l$ 两端的弯矩和剪力都为零,即

$$\left(\frac{d^2Y}{dx^2}\right)_{x=0,\ l}=0;\quad \left(\frac{d^3Y}{dx^3}\right)_{x=0,\ l}=0 \tag{4-27}$$

一根平面静定的欧拉梁通常有 4 个支撑端条件，它们一般是式(4-25)—式(4-27)的某种组合。根据这四个边界条件，可以列出待定常数 C_1、C_2、C_3、C_4 的 4 个齐次方程组，方程组有非零解的必要条件是系数的行列式等于零，从而得到确定的特征方程和频率方程。特征值 λ 确定后，即可求得自振频率 ω。

对于无限自由度系统，特征方程有无限多个根，因而就有无限多个频率 $\omega_n(n=1,\ 2,\ 3,\ \cdots)$。在已知自振频率之后，可对每一个频率求出相应的 $C_1\sim C_4$ 的一组比值，于是由式(4-22)便能得到相应的主振型。

因此，式(4-9)的全解为各特解的线性组合，可表示为

$$y(x,\ t)=\sum_{n=1}^{\infty}a_nY_n\sin(\omega_nt+\varphi_n) \tag{4-28}$$

其中，待定常数 a_n 和 φ_n 由初始条件确定。

4.2.3 典型边界条件下欧拉梁自由振动的通解

1. 两端铰支的简支梁

为解题方便，待定系数可自由表达，能将式(4-22)改写为如下形式。

$$\begin{aligned}Y(x)=&C_1[\cos(\lambda x)+\cosh(\lambda x)]+C_2[\cos(\lambda x)-\cosh(\lambda x)]+\\&C_3[\sin(\lambda x)+\sinh(\lambda x)]+C_4[\sin(\lambda x)-\sinh(\lambda x)]\end{aligned} \tag{4-29}$$

对于两端铰支的简支梁，边界条件的数学描述是① $(X)_{x=0}=0$；② $\left(\frac{d^2X}{dx^2}\right)_{x=0}=0$；③ $(X)_{x=l}=0$；④ $\left(\frac{d^2X}{dx^2}\right)_{x=l}=0$。

由条件①和②得 $C_1=C_2=0$，由条件③和④得 $C_3=C_4$，代入式(4-29)得

$$\sin(\lambda l)=0 \tag{4-30}$$

式(4-30)就是简支梁振动的频率方程(或特征方程)，其解为

$$\lambda l=\pi,\ 2\pi,\ 3\pi,\ \cdots \tag{4-31}$$

式(4-31)称为频率方程的特征根。

由特征根得主振型的圆频率是

$$\omega_1=\alpha k_1^2=\frac{\alpha\pi^2}{l^2};\quad \omega_2=\frac{4\alpha\pi^2}{l^2};\quad \omega_3=\frac{9\alpha\pi^2}{l^2};\quad \cdots \tag{4-32}$$

任一主振型的频率为

$$f_n=\frac{\omega_n}{2\pi}=\frac{n^2\pi}{2l^2}\sqrt{\frac{EI}{A\rho}} \tag{4-33}$$

由式(4-33)可知：振动周期与杆长的平方 (l^2) 成正比，与截面积的回转半径 ($\sqrt{I/A}$) 成反比，几何相似的细长杆，振动周期与杆长成正比。

两端铰支的简支梁，其振型函数为

$$Y(x)=D\sin(kx) \tag{4-34}$$

对于各个 k 值，有

$$Y_1=D_1\sin\left(\frac{\pi x}{l}\right);\quad Y_2=D_2\sin\left(\frac{2\pi x}{l}\right);\quad Y_3=D_3\sin\left(\frac{3\pi x}{l}\right);\ \cdots \tag{4-35}$$

由此可见，简支梁的主振动是一系列正弦曲线。各种振型下，全杆长上的半波形数目是 1，2，3，…，把这些正弦形式的振动曲线叠加起来，可得任何起始条件所引起的自由振动的通解，即

$$y(x,t)=\sum_{i=1}^{\infty}\sin\left(\frac{i\pi x}{l}\right)\left[A_i\sin(\omega_i t)+B_i\cos(\omega_i t)\right] \tag{4-36}$$

式中，A_i 和 B_i 由具体的初始条件决定。

【例 4-1】 试求图 4-3(a)所示等截面简支梁的自振频率和主振型。

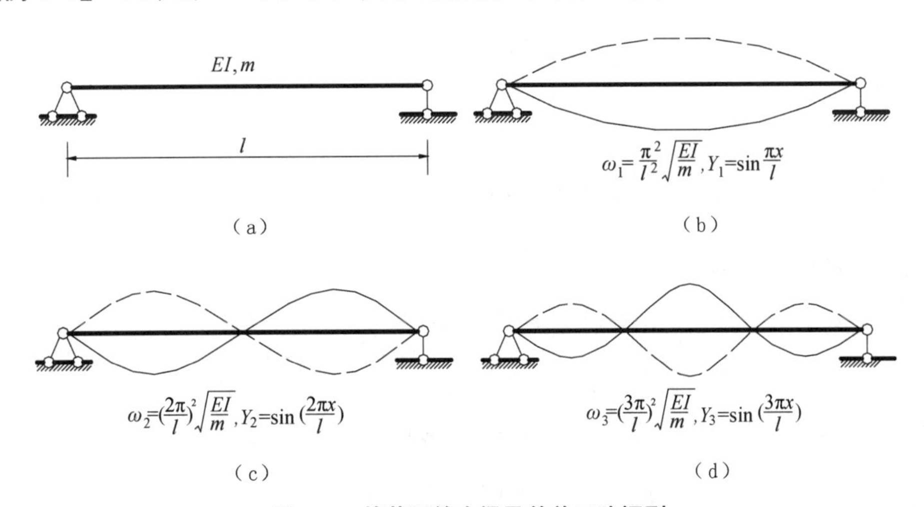

图 4-3 等截面简支梁及其前三阶振型

解 由 $x=0$ 处边界条件有

$$Y(0)=0\Rightarrow C_2+C_4=0$$
$$Y''(0)=0\Rightarrow \lambda^2C_2-\lambda^2C_4=0$$

解得 $C_2=C_4=0$，振幅曲线简化为

$$Y(x)=C_1\sin(\lambda x)+C_3\sinh(\lambda x) \tag{a}$$

由 $x=l$ 处边界条件有

$$Y(l)=0\Rightarrow C_1\sin(\lambda x)+C_3\sinh(\lambda x)=0$$
$$Y''(l)=0\Rightarrow -\lambda^2C_1\sin(\lambda x)+\lambda^2C_3\sinh(\lambda x)=0$$

写成矩阵形式为

$$\begin{bmatrix}\sin(\lambda l) & \sinh(\lambda l)\\ -\lambda^2\sin(\lambda l) & \lambda^2\sinh(\lambda l)\end{bmatrix}\begin{bmatrix}C_1\\ C_3\end{bmatrix}=\begin{bmatrix}0\\ 0\end{bmatrix} \tag{b}$$

为使系数 C_1、C_3 不同时为零，则式(b)的系数行列式等于零，即

$$\begin{vmatrix}\sin(\lambda l) & \sinh(\lambda l)\\ -\lambda^2\sin(\lambda l) & \lambda^2\sinh(\lambda l)\end{vmatrix}=0 \tag{c}$$

展开后得

$$2\lambda^2\sin(\lambda l)\cdot\sinh(\lambda l)=0$$

因特征根 λ 和双曲线都不能等于零，故只有

$$\sin(\lambda l)=0 \tag{d}$$

由此得

$$\lambda l=n\pi\quad(n=1,\ 2,\ 3,\ \cdots)$$

或

$$\lambda_n=\frac{n\pi}{l}\quad(n=1,\ 2,\ 3,\ \cdots)$$

可得自振频率 ω_n 为

$$\omega_n=\lambda_n^2\sqrt{\frac{EI}{m}}=\frac{n^2\pi^2}{l^2}\sqrt{\frac{EI}{m}}\quad(n=1,\ 2,\ 3,\ \cdots) \tag{e}$$

将式(e)代入式(b)中任一式，可得 $C_3=0$，由式(a)可得主振型

$$Y_n(x)=C_1\sin\left(\frac{n\pi x}{l}\right)\quad(n=1,\ 2,\ 3,\ \cdots)$$

前三个振型如图 4-3(b)、(c)、(d)所示。

2. 两端自由的欧拉梁

对于两端自由的欧拉梁，边界条件的数学描述是① $\left(\frac{d^2Y}{dx^2}\right)_{x=0}=0$；② $\left(\frac{d^3Y}{dx^3}\right)_{x=0}=0$；③ $\left(\frac{d^2Y}{dx^2}\right)_{x=l}=0$；④ $\left(\frac{d^3Y}{dx^3}\right)_{x=l}=0$。

由条件①和②得 $C_2=C_4=0$。

则式(4-29)简化为

$$Y(x)=C_1[\cos(kx)+\cosh(kx)]+C_3[\sin(kx)-\sinh(kx)] \tag{4-37}$$

由条件③和④得方程组：

$$\left.\begin{aligned}C_1[-\cos(kl)+\cosh(kl)+C_3[-\sin(kl)+\sinh(kl)]=0\\C_1[\sin(kl)+\sinh(kl)-C_3[-\cos(kl)+\cosh(kl)]=0\end{aligned}\right\} \tag{4-38}$$

C_1 和 C_3 为非零解的必要条件是方程组的系数行列式为零，由此得频率方程为

$$[-\cos(kl)+\cosh(kl)]^2-[\sinh^2(kl)-\sin^2(kl)]=0 \tag{4-39}$$

已知 $\cosh^2(kl)-\sinh^2(kl)=1$，$\cos^2(kl)+\sin^2(kl)=1$，代入频率方程式(4-39)经简化得特征方程：

$$\cos(kl)\cosh(kl)=1 \tag{4-40}$$

可求得该方程的前 6 个根分别是

$$k_1l=0,\quad k_2l=4.730,\quad k_3l=7.853,$$
$$k_4l=10.996,\quad k_5l=14.137,\quad k_6l=17.279。$$

对应的各阶频率为

$$f_1=0,\quad f_2=\frac{\omega_2}{2\pi}=\frac{k_2^2\alpha}{2\pi},\quad f_3=\frac{k_3^2\alpha}{2\pi},\ \cdots$$

其中，f_1 对应的是刚体位移的频率。将 $\omega_1=0$ 代入方程式(4-14)得

$$\frac{d^4Y}{dx^4}=0 \tag{4-41}$$

对其积分，并考虑边界条件①～④，得

$$Y(x)=a+bx \tag{4-42}$$

式(4-42)表示的是平动与转动的组合运动，即刚体位移。刚体位移可叠加到自由振动中，例如研究火箭飞行时的自由振动。

f_2，f_3，f_4，… 为各阶频率对应着自由振动的频率。将每一阶频率代入式(4-38)，求得对应的系数 C_1、C_3，由式(4-37)即可得振型函数。

3. 两端固定的欧拉梁

对于两端固定的欧拉梁，边界条件的数学描述是① $(Y)_{x=0}=0$；② $\left(\frac{dY}{dx}\right)_{x=0}=0$；③ $(Y)_{x=l}=0$；④ $\left(\frac{dY}{dx}\right)_{x=l}=0$。

由条件①和②得 $C_1=C_3=0$，由条件③和④得关于系数的方程组：

$$\left.\begin{aligned}C_2[\cos(kl)-\cosh(kl)]+C_4[\sin(kl)-\cosh(kl)]=0\\C_2[\sin(kl)-\sinh(kl)]+C_4[-\cos(kl)+\cosh(kl)]=0\end{aligned}\right\}\tag{4-43}$$

同样地，由系数行列式为零的条件，展开整理，发现求得的频率方程与式(4-40)相同。这自然就会求得相同的结果，也就是说两端固定与两端自由的欧拉梁具有完全相同的频率。区别在于，根据边界条件，在两端固定的情况下，没有相当于 $k_1l=0$ 的刚体运动。

4. 一端固定一端自由的欧拉梁

对于一端固定一端自由的欧拉梁，边界条件的数学描述为① $(Y)_{x=0}=0$；② $\left(\frac{\mathrm{d}Y}{\mathrm{d}x}\right)_{x=0}=0$；③ $\left(\frac{\mathrm{d}^2Y}{\mathrm{d}x^2}\right)_{x=l}=0$；④ $\left(\frac{\mathrm{d}^3Y}{\mathrm{d}x^3}\right)_{x=l}=0$。

由条件①和②得 $C_1=C_3=0$，由条件③和④可得频率方程：

$$\cos(kl)\cosh(kl)=-1\tag{4-44}$$

该方程的前 6 个根分别为 $k_1l=1.975$，$k_2l=4.694$，$k_3l=7.855$，$k_4l=10.996$，$k_5l=14.137$，$k_6l=17.279$。

与两端自由的欧拉梁振动相比较，频率越高，二者的根越接近。

其任一振型的频率为

$$f_i=\frac{\omega_i}{2\pi}=\frac{k_i^2\alpha}{2\pi}\tag{4-45}$$

其中，基频为 $f_1=\frac{\alpha}{2\pi}\left(\frac{1.875}{l}\right)^2$，对应的振动周期：

$$T_1=\frac{1}{f_1}=\frac{2\pi}{3.515}\sqrt{\frac{A\rho l^4}{EI}}\tag{4-46}$$

5. 一端固定一端铰支的欧拉梁

对于一端固定一端铰支的欧拉梁，边界条件的数学描述为① $(Y)_{x=0}=0$；② $\left(\frac{\mathrm{d}Y}{\mathrm{d}x}\right)_{x=0}$；③ $(Y)_{x=l}=0$；④ $\left(\frac{\mathrm{d}^2Y}{\mathrm{d}x^2}\right)_{x=l}=0$。

由条件①和②得 $C_1=C_3=0$，由条件③和④得

$$\left.\begin{aligned}C_2[\cos(kl)-\cosh(kl)]+C_4[\sin(kl)-\cosh(kl)]=0\\C_2[-\cos(kl)-\cosh(kl)]+C_4[-\sin(kl)-\sinh(kl)]=0\end{aligned}\right\}\tag{4-47}$$

由系数行列式为零得

$$[\cos(kl)-\cosh(kl)][\sin(kl)+\sinh(kl)]-$$

$$[\sin(kl)-\sinh(kl)][\cos(kl)+\cosh(kl)]=0 \tag{4-48}$$

整理化简，得频率方程为

$$\tan(kl)=\tanh(kl) \tag{4-49}$$

可求得式(4-49)的根分别是 $k_1l=3.927$，$k_2l=7.069$，$k_3l=10.210$，$k_4l=13.352$，$k_5l=16.493$，……。
这些根也可由式(4-50)求得

$$k_il=\left(i+\frac{1}{4}\right)\pi \tag{4-50}$$

现将以上 5 种典型边界条件下欧拉梁前三阶自振的频率方程的根的平方 $(k_il)^2$ 列于表 4-1 中，以便分析和使用。

表 4-1 典型端条件下的 $(k_il)^2$ 的值

约束形式	1(基本振型)	2(第二振型)	3(第三振型)
铰支-铰支	9.87	39.5	88.9
固定-自由	3.52	22.4	61.7
自由-自由	22.4	61.7	121.0
固定-固定	22.4	61.7	121.0
固定-铰支	15.4	50.0	104.0
铰支-自由	0	15.4	50.0

注：一端铰支一端自由的情况上文没有单列出来分析，表 4-1 中收录的目的是便于分析和使用。

4.2.4 考虑轴力影响时梁的弯曲振动

如图 4-4(a)所示，欧拉梁弯曲振动时还承受了平行于 x 轴的轴力 N 的作用，假定轴力 N 是常量，即它不随时间和位置的变化而变化。

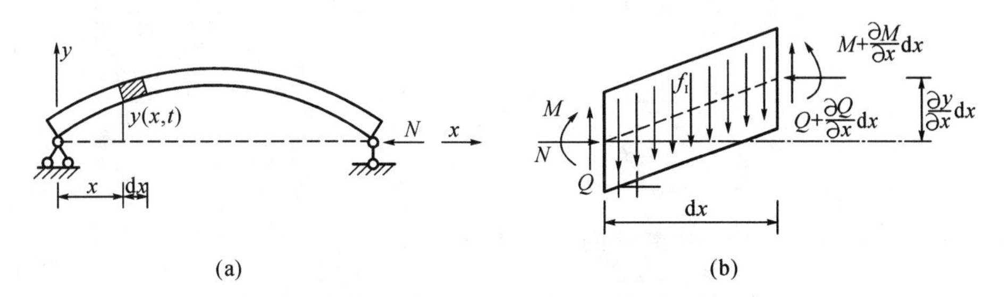

图 4-4 承受轴力时梁的弯曲振动和微段受力分析

从图 4-4(b)可以看出，因为轴力的方向不随梁的弯曲而变化，所以对横向平衡无影响，故式(4-3)仍成立。但轴力的作用点随梁的弯曲而改变，从而产生了附加力矩，故力矩平衡式中需增加附加项，力矩平衡方程变为

$$M+Q\mathrm{d}x-N\frac{\partial y}{\partial x}\mathrm{d}x-\left(M+\frac{\partial M}{\partial x}\mathrm{d}x\right)=0 \tag{4-51}$$

由此得到横向剪力：

$$Q=N\frac{\partial y}{\partial x}+\frac{\partial M}{\partial x} \tag{4-52}$$

将式(4-52)代入式(4-3)，并利用式(4-4)的关系，可以得到考虑轴力影响的自由振动方程

$$\frac{\partial^2}{\partial x^2}\left[EI(x)\frac{\partial^2 y(x,t)}{\partial x^2}\right]+N\frac{\partial^2 y(x,t)}{\partial x^2}+m(x)\frac{\partial^2 y(x,t)}{\partial t^2}=0 \tag{4-53}$$

将式(4-53)和式(4-7)相比较可知，轴力和曲率的乘积形成了作用在梁上的附加弯矩，但剪力 Q 始终是竖向作用的，不与弹性曲线垂直。

当杆件为等截面时，式(4-53)可改写为

$$EI\frac{\partial^4 y(x,t)}{\partial x^4}+N\frac{\partial^2 y(x,t)}{\partial x^2}+m(x)\frac{\partial^2 y(x,t)}{\partial t^2}=0 \tag{4-54}$$

用分离变量法求解上式，可得如下两个独立方程

$$\left.\begin{aligned}&Y^{(4)}(x)+\frac{N}{EI}Y''(x)-\frac{m\omega^2}{EI}Y(x)=0\\&\ddot{T}(t)+\omega^2 T(t)=0\end{aligned}\right\} \tag{4-55}$$

式(4-55)中的第二个独立方程与式(4-15)形式相同，说明常量轴力不影响自由振动的简谐性质。

下面由式(4-55)中的第一个独立方程推导轴力影响下的梁自由振动频率和振型表达式：

$$Y^{(4)}(x)+\beta^2 Y''(x)-\lambda^4 Y(x)=0 \tag{4-56}$$

式中

$$\beta^2=\frac{N}{EI},\quad \lambda^4=\frac{m\omega^2}{EI} \tag{4-57}$$

仍用式 $Y(x)=Ce^{ax}$ 作为上式解的形式，代入后得

$$(\alpha^2+\beta^2\alpha^2-\lambda^4)De^{ax}=0 \tag{4-58}$$

特征方程为

$$\alpha^2+\beta^2\alpha^2-\lambda^4=0 \tag{4-59}$$

解得特征方程的根为 $\alpha=\pm ib\pm c$，其中

$$b=\sqrt{\left(\lambda^4+\frac{\beta^4}{4}\right)^{\frac{1}{2}}+\frac{\beta^2}{2}},\quad c=\sqrt{\left(\lambda^4+\frac{\beta^4}{4}\right)^{\frac{1}{2}}-\frac{\beta^2}{2}} \tag{4-60}$$

最后可推导出形状函数的表达式如式(4-22)所示。

式(4-22)中的待定系数 $C_1 \sim C_4$ 可通过边界条件得到,并可进一步计算得到自振频率和主振型。

显然,作用在梁轴线上的轴力对梁的振动特性有显著影响,既影响频率也影响振型。当考虑轴向力时,简支梁的自振频率为

$$\omega_n=n^2\pi^2\sqrt{1-\frac{Nl^2}{n^2\pi^2EI}}\sqrt{\frac{EI}{ml^4}} \tag{4-61}$$

或令 $\alpha^2=EI/m$,则有

$$\omega_n=\frac{\alpha(n\pi)^2}{l^2}\sqrt{1-\frac{Nl^2}{(n\pi)^2EI}} \tag{4-62}$$

所以,振型函数为

$$Y_n(x)=C_1\sin\left(\frac{n\pi x}{l}\right)\quad(n=1,\ 2,\ 3,\ \cdots) \tag{4-63}$$

由以上分析可得如下结论:

(1) 当轴力为正时,梁承受压力,其自振频率会减小,相当于降低了梁的刚度,且压力越大,频率降低得越多,当压力增加到 $N=\pi^2EI/l^2$ 时,即达到简支梁的稳定临界荷载,梁的一阶自振频率等于零,结构发生失稳。

(2) 当轴力为负时,梁承受拉力,其自振频率会增大,相当于提高了梁的刚度。一般,当轴力远小于临界荷载时,对梁自振频率的影响很小,可以忽略不计。

(3) 如果梁很柔,且受拉力很大,例如一根吊杆、钢弦,则式(4-62)中根号内的第二项远远大于1(此时拉力 N 为负值),可近似地取 $\sqrt{1-\frac{Nl^2}{(n\pi)^2EI}}\approx\sqrt{\frac{Nl^2}{(n\pi)^2EI}}$,则有:

$$\omega_n\approx\frac{\alpha(n\pi)^2}{l^2}\sqrt{\frac{Nl^2}{(n\pi)^2EI}}=\frac{\alpha n\pi}{l}\sqrt{\frac{N}{EI}} \tag{4-64}$$

由 $\omega_n=2\pi f_n$,$\alpha^2=EI/m$,代入式(4-64)可得:

$$N=4ml^2f_n^2 \tag{4-65}$$

工程中常用式(4-65)这个原理测试索的拉力,或制作应力计。

4.2.5 考虑剪切变形和转动惯量影响时梁的弯曲振动

对于大多数细长杆件来说,可忽略剪切变形和梁截面转动的影响。但对于高跨比较大

的梁(也称深梁)而言,应考虑剪切变形和梁截面转动的影响。当梁的振动考虑剪切变形与转动惯量的影响时,称为铁摩辛柯梁(Timoshenko Beam)振动问题。

图 4-5 给出了铁摩辛柯梁每一项影响所产生的变形。转动惯性引起梁截面的转动,转动了 α 角。剪切变形引起横截面的剪切转角为 β。

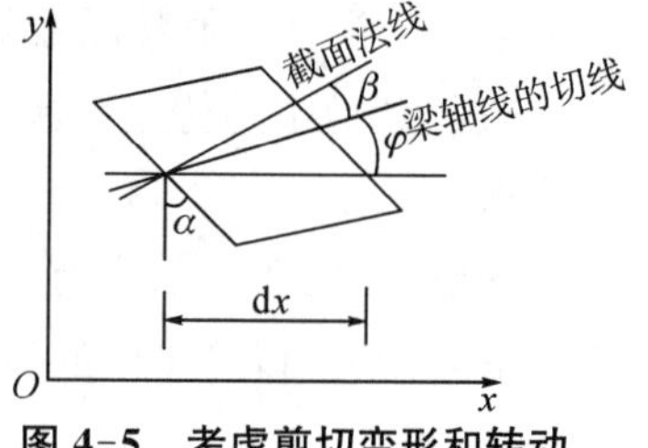

图 4-5 考虑剪切变形和转动影响时梁横截面变形

若没有剪切变形,横截面的法线与梁轴线的切线重合,α 角等于弹性轴线的斜率。在考虑了剪切变形之后,位移 y 由弯曲和剪切变形两部分组成,此时梁的转角为

$$\varphi=\frac{\partial y}{\partial x} \tag{4-66}$$

仍假定横截面为平面,用 β 表示剪切变形的转角,可以得到

$$\beta=\alpha-\varphi=\alpha-\frac{\partial y}{\partial x} \tag{4-67(a)}$$

$$\alpha=\beta+\varphi \tag{4-67(b)}$$

此时梁有两个弹性方程,即

$$\frac{\mu Q}{GA}=-\beta=-\left(\alpha-\frac{\partial y}{\partial x}\right) \tag{4-68}$$

$$\frac{\partial\alpha}{\partial x}=\frac{M}{EI} \tag{4-69}$$

式中 A ——梁的横截面积;

I ——梁的横截面惯性矩;

G ——剪切弹性模量;

μ ——截面形状系数。

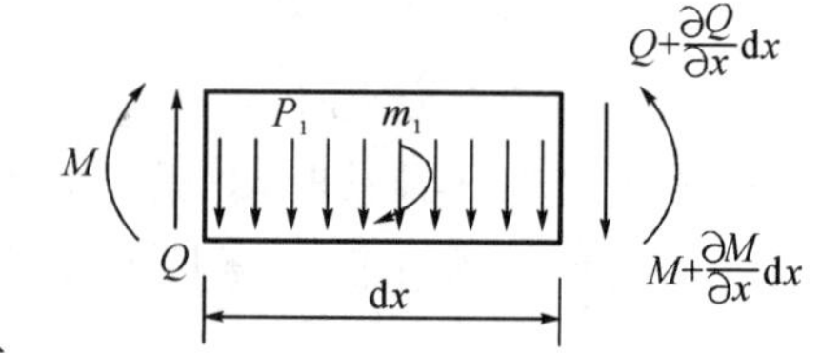

图 4-6 考虑剪切变形和转动影响时梁的微段受力示意

考虑图 4-6 所示微段上转动惯性力矩 m_1 作用下的力矩平衡关系,有

$$M+Q\mathrm{d}x+m_1\mathrm{d}x-\left(M+\frac{\partial M}{\partial x}\mathrm{d}x\right)-f_1\mathrm{d}x\cdot\frac{\mathrm{d}x}{2}=0 \tag{4-70(a)}$$

忽略惯性力 $f_{\rm I}$ 对应的高阶微量力矩 $f_{\rm I}\mathrm{d}x\cdot\frac{\mathrm{d}x}{2}$,得

$$M+Q\mathrm{d}x+m_1\mathrm{d}x-\left(M+\frac{\partial M}{\partial x}\mathrm{d}x\right)=0 \tag{4-70(b)}$$

单位长度的转动惯性力矩由截面质量惯性矩与角加速度相乘而得:

$$m_1=\rho I\,\frac{\partial^2\alpha}{\partial t^2} \tag{4-71}$$

式中，ρ 为单位体积的质量，$\rho=m/A$，于是

$$m_1=\rho I\frac{\partial^2\alpha}{\partial t^2}=\frac{mI}{A}\frac{\partial^2\alpha}{\partial t^2}=mr^2\frac{\partial^2\alpha}{\partial t^2} \tag{4-72}$$

式中，r 是截面的回转半径，$r^2=I/A$。

将式(4-72)代入式[4-70(b)]，整理后得

$$\frac{\partial M}{\partial x}=Q+mr^2\left(\frac{\partial^2\alpha}{\partial t^2}\right) \tag{4-73}$$

将式(4-68)对 x 求导，并代入式(4-3)，得

$$-\frac{\partial}{\partial x}\left[\frac{GA}{\mu}\left(\frac{\partial y}{\partial x}-\alpha\right)\right]=-m\frac{\partial^2 y}{\partial t^2} \tag{4-74}$$

将式(4-69)对 x 求导，并连同式(4-68)代入式(4-73)，得

$$\frac{\partial}{\partial x}\left(EI\frac{\partial\alpha}{\partial x}\right)=-\frac{GA}{\mu}\left(\frac{\partial y}{\partial x}-\alpha\right)+mr^2\frac{\partial^2\alpha}{\partial t^2} \tag{4-75}$$

由式(4-74)解得

$$\frac{\partial\alpha}{\partial x}=\frac{\partial^2 y}{\partial x^2}-\frac{\mu}{GA}m\frac{\partial^2 y}{\partial t^2} \tag{4-76}$$

将式(4-75)对 x 求导后，再把式(4-76)代入，就得到考虑剪切变形和转动惯量影响的等截面梁的弯曲自由振动运动微分方程：

$$EI\frac{\partial^4 y}{\partial x^4}+m\frac{\partial^2 y}{\partial t^2}-mr^2\frac{\partial^4 y}{\partial x^2\partial t^2}-\frac{EI\mu}{GA}m\frac{\partial^4 y}{\partial x^2\partial t^2}+\frac{m^2r^2\mu}{GA}\frac{\partial^4 y}{\partial t^4}=0 \tag{4-77}$$

式(4-77)中，$EI\frac{\partial^4 y}{\partial x^4}+m\frac{\partial^2 y}{\partial t^2}$ 反映的是梁的横向弯曲振动；$mr^2\frac{\partial^4 y}{\partial x^2\partial t^2}$ 反映的是梁段的转动振动；$\frac{m^2r^2\mu}{GA}\frac{\partial^4 y}{\partial t^4}$ 反映的是剪切振动；$\frac{EI\mu}{GA}m\frac{\partial^4 y}{\partial x^2\partial t^2}$ 反映的是梁段剪切和转动的耦合振动。

假定位移 $y(x,t)=Y(x)\sin(\omega t)$，代入式(4-77)且方程两边同时除以 $\sin(\omega t)$ 后，得

$$EIY^{(4)}(x)-m\omega^2Y(x)+mr^2\omega^2Y''(x)+\frac{\mu m\omega^2}{GA}[mr^2\omega^2Y(x)+EIY''(x)]=0 \tag{4-78}$$

令 $\lambda^4=m\omega^2/EI$，则式(4-78)写为

$$Y^{(4)}(x)-\lambda^4Y(x)+\lambda^4r^2Y''(x)+\frac{\mu m\omega^2}{GA}[\lambda^4r^2Y(x)+Y''(x)]=0 \tag{4-79}$$

对于任意边界条件，求解式(4-79)的解析表达式较为困难，但对于简支梁，则容易求解。剪切变形和转动惯量对等截面简支梁的振动形式没有影响，故对第 n 阶振型仍采用

$$Y_n(x)=C_1\sin\left(\frac{n\pi x}{l}\right) \tag{4-80}$$

将式(4-80)代入式(4-79)并经整理后得

$$\left(\frac{n\pi}{l}\right)^4-\lambda^4-\lambda^4r^2\left(\frac{n\pi}{l}\right)^2\left(1+\frac{E\mu}{G}\right)+\lambda^4r^2\left(\lambda^4r^2\frac{E\mu}{G}\right)=0 \tag{4-81}$$

若略去上式最后一项，则可解得

$$\lambda^4=\left(\frac{n\pi}{l}\right)^4\bigg/\left[1+r^2\left(\frac{n\pi}{l}\right)^2\left(1+\frac{E\mu}{G}\right)\right] \tag{4-82}$$

式中，方括号内的项是考虑了剪切变形和转动惯量后，对欧拉梁结果的修正。显然，当 n 较大或长细比 l/r 增大时，修正值也随之增大。

4.3 杆的剪切、纵向和扭转振动

在工程结构或机械振动中，很多细长杆的动力学模型可简化为剪切振动、轴向振动和扭转振动的力学模型，例如框架结构的横向振动、水塔的竖向振动和机械传动轴的扭转振动等。

4.3.1 杆的剪切振动

杆的剪切振动只考虑剪切变形这一项，参照图 4-6，微段的剪力平衡方程是

$$\frac{\partial Q}{\partial x}\mathrm{d}x-f_1\mathrm{d}x=0\quad 或\quad \frac{\partial Q}{\partial x}-m\frac{\partial^2y}{\partial t^2}=0 \tag{4-83}$$

设以 γ 表示微段轴线的平均剪切角，由于杆件各截面无转角(仅考虑剪切变形)，故 γ 实际上与梁轴倾角 $\frac{\partial y}{\partial x}$ 相等，则有

$$\gamma=\frac{\partial y(x,t)}{\partial x}=\frac{\mu Q}{GA};\quad Q=\frac{GA}{\mu}\frac{\partial y}{\partial x} \tag{4-84}$$

将式(4-84)代入式(4-83)得

$$\frac{GA}{\mu}\frac{\partial^2y}{\partial x^2}-m\frac{\partial^2y}{\partial t^2}=0 \tag{4-85}$$

$$\frac{\partial^2y}{\partial x^2}-\frac{\mu m}{GA}\frac{\partial^2y}{\partial t^2}=0 \tag{4-86}$$

设 $y(x, t)$ 解的形式为 $y(x, t)=Y(x)\sin(\omega t+\varphi)$，并令 $\lambda^2=\mu m\omega^2/GA$，代入式(4-85)和式(4-86)，经整理得

$$Y(x)+\lambda^2 Y(x)=0 \tag{4-87}$$

$$\omega=\lambda\sqrt{\frac{GA}{\mu m}}=\lambda\sqrt{\frac{G}{\mu\rho}} \tag{4-88}$$

式中，ρ 代表杆件单位体积的质量。

则特征方程 $Y(x)$ 的通解可表示为

$$Y(x)=C_1\sin(\lambda x)+C_2\cos(\lambda x) \tag{4-89}$$

待定常数 C_1、C_2 由边界条件确定。然后可由式(4-87)和式(4-88)求出自振频率和振型。

【例 4-2】 如图 4-7(a)所示，试求等截面悬臂杆件的剪切振动的自振频率和主振型。

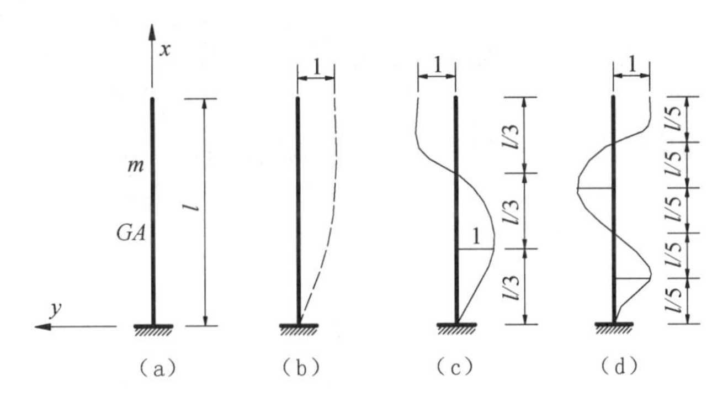

图 4-7 剪切杆的振动形式

解 由边界条件得：

在 $x=0$ 端，$Y(0)=0$，故 $C_2=0$；

在 $x=l$ 端，$Q(l)=0$，故 $Q=GAY'$，即 $Q(l)=GAY'(l)=0$，得 $Y'(l)=0$。

将边界条件结果代入式(4-89)得：

$$C_1\lambda\cos(\lambda l)=0$$

上式中，若 C_1 为零，则 C_1 和 C_2 全为零时，表示结构不发生振动，故 $C_1\neq 0$；而 λ 也不能为零，否则 ω 也为零，因此只有

$$\cos(\lambda l)=0$$

上式即为该系统的频率方程，解得

$$\lambda_n l=(2n-1)\frac{\pi}{2} \quad (n=1, 2, 3, \cdots)$$

将其代入式(4-88)得

$$\omega_n = \lambda_n \sqrt{\frac{GA}{\mu m}} = \frac{(2n-1)\pi}{2l}\sqrt{\frac{GA}{\mu m}}$$

相应的主振型为

$$Y(x) = C_1 \sin\left[\frac{(2n-1)\pi}{2l}x\right] \quad (n=1,\ 2,\ 3,\ \cdots)$$

绘制前三个振型如图 4-7(b)、(c)、(d)所示，前三阶频率之比为 $\omega_1 : \omega_2 : \omega_3 = 1:3:5$。

4.3.2 杆的纵向振动

假设杆是细长匀质杆。由于轴向力的作用，沿杆将产生位移 u，该位移是位置 x 和时间 t 二者的函数。取长度为 $\mathrm{d}x$ 的微段进行研究，如图 4-8 所示。

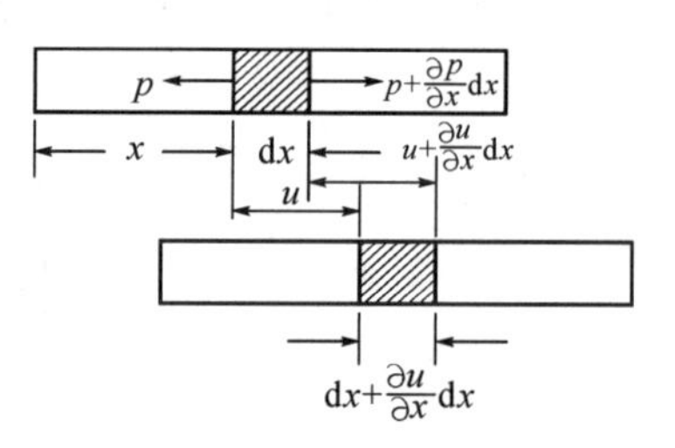

图 4-8　杆的微段的变形示意

设 x 处的位移为 u，则 $x+\mathrm{d}x$ 处的位移为 $u+\frac{\partial u}{\partial x}\mathrm{d}x$。于是，单元 $\mathrm{d}x$ 在新的位置上将有数量为 $\frac{\partial u}{\partial x}\mathrm{d}x$ 的长度变动，因而单位形变为 $\frac{\partial u}{\partial x}$。根据胡克定律

$$\frac{\partial u}{\partial x} = \frac{P}{AE} \tag{4-90}$$

式中　A ——横截面积；

　　　E ——弹性模量。

对 x 再求一次偏导可得

$$AE\frac{\partial^2 u}{\partial x^2} = \frac{\partial P}{\partial x} \tag{4-91}$$

对单元 $\mathrm{d}x$ 运用达朗贝尔原理：

$$\rho A \mathrm{d}x \frac{\partial^2 u}{\partial t^2} = P + \frac{\partial P}{\partial x}\mathrm{d}x - P \tag{4-92}$$

$$\rho A \frac{\partial^2 u}{\partial x^2} = \frac{\partial P}{\partial x} \tag{4-93}$$

式中，ρ 是单位体积的质量密度。

将式(4-91)代入式(4-93)得：

$$\frac{\partial^2 u}{\partial t^2} = \left(\frac{E}{\rho}\right)\frac{\partial^2 u}{\partial x^2} \tag{4-94}$$

令 $c^2=E/\rho$，得

$$\frac{\partial^2 u}{\partial t^2}=c^2\frac{\partial^2 u}{\partial x^2} \tag{4-95}$$

设式(4-95)解的形式为

$$u(x,\ t)=U(x)G(t) \tag{4-96}$$

采用分离变量法，得出两个常微分方程：

$$U(x)=A\sin\left(\frac{\omega}{c}x\right)+B\cos\left(\frac{\omega}{c}x\right) \tag{4-97}$$

$$G(t)=C\sin(\omega t)+D\cos(\omega t) \tag{4-98}$$

与剪切振动同理，可以求得问题的解，此处不再赘述。

4.3.3 杆的扭转振动

令 x 是沿杆的长度方向的坐标，则在杆的任一长度 $\mathrm{d}x$ 上，由扭矩 T 引起的转角为

$$\mathrm{d}\theta=\frac{T}{I_{\mathrm{P}}G}\mathrm{d}x \tag{4-99}$$

式中 $I_{\mathrm{P}}G$ ——抗扭刚度；
I_{P} ——横截面的极惯性矩；
G ——剪切模量。

作用于单元两个端面上的扭矩分别为 T 和 $T+\frac{\partial T}{\partial x}\mathrm{d}x$，如图 4-9 所示。

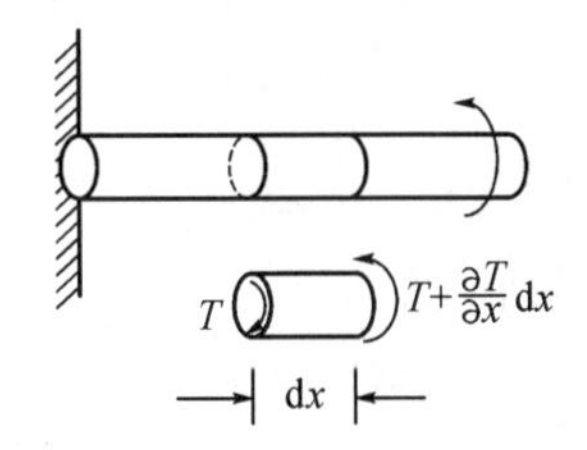

图 4-9 作用于单元体 dx 上的扭矩

该单元体的惯性矩为 $\rho I_{\mathrm{P}}\mathrm{d}x$，角加速度为$\frac{\partial^2\theta}{\partial t^2}$，合力矩为$\frac{\partial T}{\partial x}\mathrm{d}x$，由式(4-99)可得

$$\frac{\partial T}{\partial x}=I_{\mathrm{P}}G\frac{\partial^2\theta}{\partial x^2} \tag{4-100}$$

由动量矩定理得

$$\rho I_{\mathrm{P}}\mathrm{d}x\cdot\frac{\partial^2\theta}{\partial t^2}=I_{\mathrm{P}}G\frac{\partial^2\theta}{\partial x^2}\mathrm{d}x \tag{4-101}$$

整理得

$$\frac{\partial^2\theta}{\partial t^2}=\left(\frac{G}{\rho}\right)\frac{\partial^2\theta}{\partial x^2} \tag{4-102}$$

式(4-102)与杆的纵向振动方程具有相同的形式,其一般解可直接给出:

$$\theta(x,\ t)=\left[A\sin\left(\omega\sqrt{\frac{\rho}{G}}x\right)+B\cos\left(\omega\sqrt{\frac{\rho}{G}}x\right)\right]\cdot[C\sin(\omega t)+D\cos(\omega t)] \tag{4-103}$$

同样地,可由边界条件确定频率和振型,由初始条件确定常数 C 和 D。

通过以上分析可知:剪切、纵向及扭转振动与杆件的截面尺寸无关,而只与材料的性质有关(剪切振动还与截面形状系数 μ 有关)。

4.4 弹性地基梁的振动

弹性地基梁是工程结构中常见的力学模型。弹性地基梁假定梁的两端简支,其余位置上由连续弹性的基础所支撑,基础刚度用基础弹性模量 k 表示。k 的含义是使基础产生单位变形所加在单位梁长上的荷载。

假设振动时基础的质量可以略去不计,如图 4-10 所示。

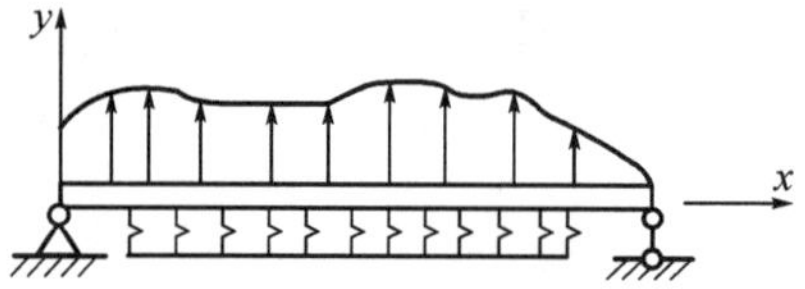

图 4-10 弹性基础上的梁

其静力变位的微分方程是

$$EI\frac{\mathrm{d}^4y}{\mathrm{d}x^4}=p(x)-Ky \tag{4-104}$$

如果 $p(x)$ 是惯性力,则得到横向振动微分方程:

$$EI\frac{\mathrm{d}^4y}{\mathrm{d}x^4}+Ky=-\rho A\frac{\partial^2y}{\partial t^2} \tag{4-105}$$

振动形式可设为

$$y=Y[A\sin(\omega t)+B\cos(\omega t)] \tag{4-106}$$

将式(4-106)代入式(4-105)得

$$EI\frac{\mathrm{d}^4Y}{\mathrm{d}x^4}+KY=-\rho A\omega^2Y \tag{4-107}$$

以两端简支的弹性地基梁为例,则

$$Y_i=\sin\left(\frac{i\pi x}{l}\right) \tag{4-108}$$

这是满足该弹性地基梁边界条件的解,代入式(4-107)得

$$EI\left(\frac{i\pi}{l}\right)^4+K=\rho A\omega^2 \tag{4-109}$$

$$\omega^2=\alpha^2\left(\frac{i\pi}{l}\right)^4+\frac{1}{\rho A}K=\frac{\alpha^2\pi^4}{l^4}(i^4+\beta) \tag{4-110}$$

式中，$\alpha^2=\dfrac{EI}{\rho A}$，$\beta=\dfrac{Kl^4}{EI\pi^4}$。

弹性基础梁的自由振动一般表达式为

$$y=\sum_{i=1}^{\infty}Y_i[A_i\sin(\omega_i t)+B_i\cos(\omega_i t)] \tag{4-111}$$

当初位移和初速度给定后，可求出 A_i 和 B_i。

从式(4-110)可以看出，弹性地基梁的振动频率不但取决于梁的刚度，而且取决于基础的刚度 K。

4.5 曲梁和拱的自由振动

曲梁和拱是工程结构中常见的结构形式。当在线弹性范围内研究曲梁或拱的振动时，作如下基本假定：

(1) 曲梁为等截面的匀质梁，且曲率半径为常数；

(2) 横截面具有竖直的对称轴；

(3) 曲梁形心与剪切中心重合；

(4) 曲率半径远大于横截面的长和宽，故曲率的影响可忽略不计。

曲梁的坐标系按照右手螺旋法则规定为 x 指向曲线梁圆心，y 铅垂向下，z 沿轴线切线方向，如图 4-11 所示。

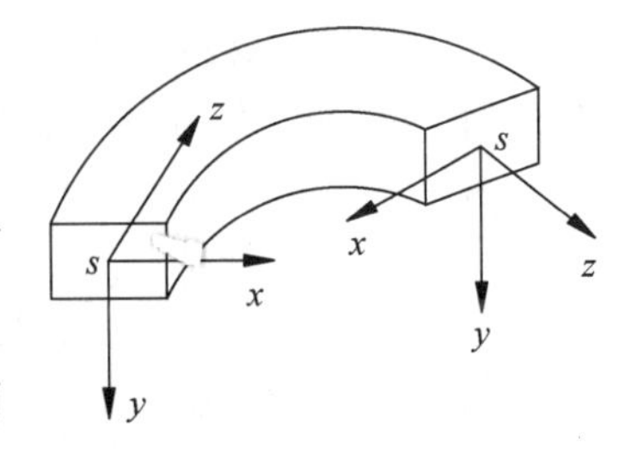

图 4-11 曲梁(拱)的坐标系

4.5.1 曲梁振动微分方程推导

取振动状态下的曲线梁微段为研究对象。设振动状态下的曲线梁不受外力作用(即自由振动)，即 $q_y=0$，微段圆弧所对的圆心角为 $d\alpha$，微段的振动内力如图 4-12 所示。

忽略高阶微量，列出曲梁微段的 4 个受力方向(弯矩、周轴力、剪力和扭矩)上的动力平衡方程：

$$\frac{\partial N}{\partial z}+\frac{1}{R}\frac{\partial M_y}{\partial z}=m\frac{\partial^2 u}{\partial t^2} \tag{4-112}$$

$$\frac{N}{R}-\frac{\partial^2 M_y}{\partial z^2}=m\frac{\partial^2 v}{\partial t^2} \tag{4-113}$$

$$\frac{\partial^2 M_x}{\partial z^2}+\frac{1}{R^2}\frac{\partial T}{\partial z}=m\frac{\partial^2 w}{\partial t^2} \tag{4-114}$$

$$\frac{\partial T}{\partial z}-\frac{M_x}{R}=\rho I_{\mathrm{d}}\frac{\partial^2\varphi}{\partial t^2} \tag{4-115}$$

式中　N ——截面上沿 x 轴的法向力；

M_y ——截面上绕 y 轴的横向弯矩；

M_x ——截面上绕 x 轴的竖向弯矩；

T ——截面上绕 z 轴的横向弯矩；

u ——切(纵)向位移；

v ——径(横)向位移；

w ——竖向位移；

φ ——扭转角；

m ——单位长度质量；

ρ ——材料的质量密度；

I_{d} ——截面扭转常数。

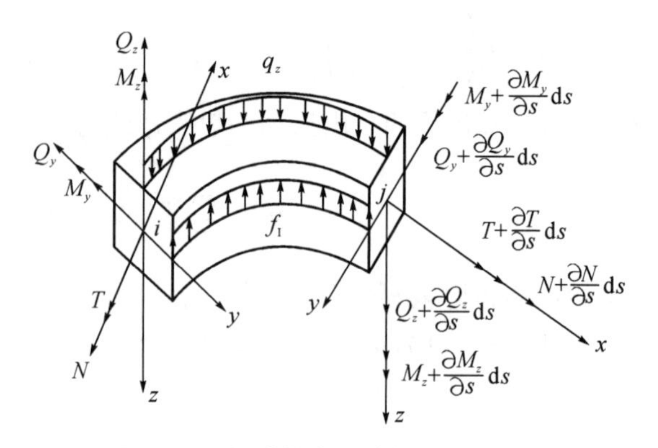

图 4-12　振动状态下的曲梁微段内力

由式(4-112)和式(4-113)得

$$\frac{\partial^3 M_y}{\partial z^3}+\frac{l}{R^2}\frac{\partial M_y}{\partial z}=\frac{m}{R}\frac{\partial^2 u}{\partial t^2}-m\frac{\partial^3 v}{\partial z\partial t^2} \tag{4-116}$$

式(4-116)仅包含了位移变量 u 和 v，故反映的是曲梁的面内振动，即纵向(切向)振动和横向(径向)振动，显然二者相互耦合。

由式(4-114)和式(4-115)得

$$\frac{\partial^2 M_x}{\partial z^2}+\frac{M_x}{R^2}=m\frac{\partial^2 w}{\partial t^2}-\frac{\rho I_{\mathrm{d}}}{R}\frac{\partial^2\varphi}{\partial t^2} \tag{4-117}$$

式(4-117)仅包含了位移变量 w 和 φ，反映的是曲梁面外振动，即竖向弯曲振动和扭转振动，显然二者相互耦合。

曲梁微段变形的几何方程为(其推导过程较为复杂，详见附录)：

$$\varepsilon_x=\frac{\mathrm{d}u}{\mathrm{d}x}-\frac{v}{R}\quad(\text{面内的轴向应变}) \tag{4-118}$$

$$\kappa_z=\frac{\mathrm{d}^2 v}{\mathrm{d}x^2}+\frac{v}{R^2}\quad(\text{面内绕 } z \text{ 轴的曲率增量}) \tag{4-119}$$

$$\kappa_y=\frac{\mathrm{d}^2 w}{\mathrm{d}x^2}-\frac{\varphi}{R}\quad(\text{面外绕 } y \text{ 轴的曲率增量}) \tag{4-120}$$

$$\kappa_x=\frac{\mathrm{d}\varphi}{\mathrm{d}x}+\frac{1}{R}\frac{\mathrm{d}w}{\mathrm{d}x}\quad(\text{面外绕 } x \text{ 轴的扭转曲率}) \tag{4-121}$$

把式(4-118)—式(4-121)代入弹性物理方程，可得曲梁的振动位移与内力关系表达式：

$$N_z = EA\varepsilon_z = EA\left(\frac{\mathrm{d}u}{\mathrm{d}z} - \frac{v}{R}\right) \tag{4-122}$$

$$M_x = -EI_x\kappa_x = -EI_x\left(\frac{\mathrm{d}^2 w}{\mathrm{d}z^2} - \frac{\varphi}{R}\right) \tag{4-123}$$

$$M_y = EI_y\kappa_y = EI_y\left(\frac{\mathrm{d}^2 v}{\mathrm{d}z^2} + \frac{v}{R^2}\right) \tag{4-124}$$

$$\begin{aligned} T &= -EI_\omega\beta'' + GI_\mathrm{d}\kappa_z \\ &= -EI_\omega\left(\frac{\mathrm{d}^3\varphi}{\mathrm{d}z^3} + \frac{1}{R}\frac{\mathrm{d}^3 w}{\mathrm{d}z^3}\right) + GI_\mathrm{d}\left(\frac{\mathrm{d}\varphi}{\mathrm{d}z} + \frac{1}{R}\frac{\mathrm{d}w}{\mathrm{d}z}\right) \end{aligned} \tag{4-125}$$

式中 ε_z ——轴向应变；

κ_x、κ_y ——绕 x 轴和 y 轴的弯曲曲率；

κ_z ——绕 z 轴的扭曲率；

β ——翘曲线函数；

I_x、I_y ——绕 x 轴和 y 轴的截面惯性矩；

I_ω ——截面扇形惯性矩(扭转翘曲常数)；

I_d ——截面扭转常数；

$EI_\omega\beta''$ ——约束扭转双力矩；

$GI_\mathrm{d}\kappa_z$ ——圣维南扭矩。

把式(4-122)—式(4-125)代入式(4-112)—式(4-117)并整理，得曲梁的振动微分方程：

$$EA\frac{\partial^2 u}{\partial z^2} + \frac{EI_y}{R}\frac{\partial^3 v}{\partial z^3} + \left(\frac{EI_y}{R^3} - \frac{EA}{R}\right)\frac{\partial v}{\partial z} = m\frac{\partial^2 u}{\partial t^2} \tag{4-126}$$

$$\frac{EA}{R}\frac{\partial u}{\partial z} - EI_y\left(\frac{\partial^4 v}{\partial z^4} + \frac{1}{R}\frac{\partial^2 v}{\partial z^2}\right) - \frac{EA}{R}v = m\frac{\partial^2 v}{\partial t^2} \tag{4-127}$$

$$\left(EI_x + \frac{EI_\omega}{R^2}\right)\frac{\partial^4 w}{\partial z^4} - \frac{GI_\mathrm{d}}{R^2}\frac{\partial^2 w}{\partial z^2} + \frac{EI_\omega}{R}\frac{\partial^4\varphi}{\partial z^4} - \frac{EI_x + GI_\mathrm{d}}{R}\frac{\partial^2\varphi}{\partial z^2} + m\frac{\partial^2 w}{\partial t^2} = 0 \tag{4-128}$$

$$EI_\omega\frac{\partial^4\varphi}{\partial z^4} + \frac{EI_\omega}{R}\frac{\partial^4 w}{\partial z^4} - \frac{EI_x + GI_\mathrm{d}}{R}\frac{\partial^2 w}{\partial z^2} - GI_\mathrm{d}\frac{\partial^2\varphi}{\partial z^2} + \frac{EI_x}{R^2}\varphi + \rho I_\mathrm{d}\frac{\partial^2\varphi}{\partial t^2} = 0 \tag{4-129}$$

将式(4-126)和式(4-127)合并，得

$$EI_y\left(\frac{\partial^5 v}{\partial z^5} + \frac{2}{R^2}\frac{\partial^3 v}{\partial z^3}\right) + \frac{EI_y}{R^4}\frac{\partial v}{\partial z} = m\left(\frac{1}{R}\frac{\partial^2 u}{\partial t^2} - \frac{\partial v}{\partial z}\frac{\partial^2 v}{\partial t^2}\right) \tag{4-130}$$

式(4-128)、式(4-129)和式(4-130)与曲梁静力分析的符拉索夫(V. Z. Vlasov)微分方程相似,不妨也称为曲梁符拉索夫(V. Z. Vlasov)运动微分方程。

式(4-128)、式(4-129)和式(4-130)进一步整理可以得到曲梁振动的偏微分方程:

$$\frac{\partial^5 v}{\partial z^5}+\frac{2}{R^2}\frac{\partial^4 v}{\partial z^4}+\frac{1}{R^4}\frac{\partial v}{\partial z}v'+\frac{m}{EI_y}\frac{\partial v}{\partial z}\frac{\partial^2 v}{\partial t^2}=\frac{1}{R}\frac{m}{EI_y}\frac{\partial^2 u}{\partial t^2} \tag{4-131}$$

$$\frac{\partial^4 w}{\partial z^4}+\frac{1}{R^2}\frac{\partial^2 w}{\partial z^2}+\frac{m}{EI_x}\frac{\partial^2 w}{\partial t^2}\ddot{w}=\frac{1}{R}\left(\frac{\partial^2 \varphi}{\partial z^2}+\frac{\varphi}{R^2}+\frac{\rho I_d}{EI_x}\frac{\partial^2 \varphi}{\partial t^2}\right) \tag{4-132}$$

4.5.2 曲梁自由振动特性分析

(1) 式(4-131)反映的是曲梁的面内振动(水平面内的纵向振动和横向振动)。曲梁面内的振动与拱的竖向振动是同一力学模型。

(2) 式(4-132)反映的是曲梁的面外振动(水平面外的竖向弯曲振动和扭转振动)。曲梁面外的振动与拱的侧向振动是同一力学模型。

(3) 位移自由度 u、v 仅独立出现在式(4-131)中,而位移自由度 w、φ 仅独立出现在式(4-132)中,二者不同时交叉出现。从数学角度而言,曲梁的面内振动与面外振动互不耦合,这与曲梁静力分析中面内与面外的内力和变形互不耦合现象是一致的。

(4) 从式(4-131)可以看出,曲梁面内的纵向振动和横向振动相互耦合。等号左边是关于横向位移 v 的振动项,等号右边是关于纵向位移 u 的振动项,二者之间存在一个比例常数,即半径 R。

(5) 从式(4-132)可以看出,曲梁面外的竖向弯曲振动和扭转振动相互耦合。等号左边是关于竖向位移 w 的振动项,等号右边是关于扭转角 φ 的振动项,二者之间也存在一个比例常数,即半径 R。

(6) 面内的纵向振动和横向振动相互耦合,面外的竖向弯曲振动和扭转振动相互耦合,这是曲梁振动的一个特殊的固有特性,它与曲梁的截面特性和半径有关,但与边界条件和外荷载无关。

(7) 当曲线梁半径 $R\to\infty$ 时,式(4-126)—式(4-129)退化为

$$EA\frac{\partial^2 u}{\partial z^2}-m\frac{\partial^2 u}{\partial t^2}=0 \tag{4-133}$$

$$EI_x\frac{\partial^4 w}{\partial z^4}+m\frac{\partial^2 w}{\partial t^2}=0 \tag{4-134}$$

$$EI_\omega\frac{\partial^4 \varphi}{\partial z^4}-GI_d\frac{\partial^2 \varphi}{\partial z^2}+\rho I_d\frac{\partial^2 \varphi}{\partial t^2}=0 \tag{4-135}$$

$$EI_y\frac{\partial^4 v}{\partial z^4}+m\frac{\partial^2 v}{\partial t^2}=0 \tag{4-136}$$

显然，式(4-133)、式(4-134)和式(4-136)分别是等截面直线梁的轴向振动、竖向弯曲振动和横向弯曲振动的微分方程。

式(4-135)为一般等截面直杆的扭转振动微分方程，当截面为圆形截面时，该方程可退化为圆轴的扭转振动方程

$$GI_{\mathrm{d}}\frac{\partial^2\varphi}{\partial z^2}-\rho I_{\mathrm{d}}\frac{\partial^2\varphi}{\partial t^2}=0 \tag{4-137}$$

曲梁的振动微分方程可退化为直梁的振动微分方程，因此，可以说直梁的振动是曲梁振动的一种特殊形式。

4.5.3 曲梁振动微分方程的求解

为方便求解，对曲梁的运动微分方程组的书写作以下简化：

(1) 记“′”为对坐标 x 的一阶偏导；记“″”为对坐标 x 的二阶偏导；记“‴”为对坐标 x 的三阶偏导；记“⁗”为对坐标 x 的四阶偏导；记上标“(Ⅴ)”为对坐标 x 的五阶偏导；记上标“(Ⅵ)”为对坐标 x 的六阶偏导。

(2) 记“·”为对时间 t 的一阶偏导；记“··”为对时间 t 的二阶偏导。

曲梁的振动微分方程组式(4-128)—式(4-132)可简写为

$$EI_z\left(v^{(\mathrm{V})}+\frac{2}{R^2}v'''+\frac{1}{R^4}v'\right)=\frac{m}{R}\ddot{u}-m\ddot{v}' \tag{4-138}$$

$$\left(EI_y+\frac{EI_\omega}{R^2}\right)w''''-\frac{GI_{\mathrm{d}}}{R^2}w''+\frac{EI_\omega}{R}\varphi''''-\frac{EI_y+GI_{\mathrm{d}}}{R}\varphi''+m\ddot{w}=0 \tag{4-139}$$

$$\frac{EI_\omega}{R}w''''-\frac{EI_y+GI_{\mathrm{d}}}{R}w''+EI_\omega\varphi''''-GI_{\mathrm{d}}\varphi''+\frac{EI_y}{R^2}\varphi+\rho I_{\mathrm{d}}\ddot{\varphi}=0 \tag{4-140}$$

$$\left(v^{(\mathrm{V})}+\frac{2}{R^2}v''''+\frac{1}{R^4}v'\right)+\frac{m}{EI_z}\dot{v}'=\frac{1}{R}\frac{m}{EI_z}\ddot{v}\quad\text{(面内振动)} \tag{4-141}$$

$$w''''+\frac{1}{R^2}w''+\frac{m}{EI_y}\ddot{w}=\frac{1}{R}\left(\varphi''+\frac{\varphi}{R^2}+\frac{\rho I_{\mathrm{d}}}{EI_y}\ddot{\varphi}\right)\quad\text{(面外振动)} \tag{4-142}$$

1. 曲梁面内振动微分方程求解思路

1) 思路一

曲梁的面内振动，轴向变形较小，因此忽略轴向变形，则有

$$\varepsilon_x=\frac{\mathrm{d}u}{\mathrm{d}x}-\frac{v}{R}=0 \tag{4-143}$$

由此得到：

$$\frac{v}{R}=\frac{\mathrm{d}u}{\mathrm{d}x}\Rightarrow\frac{1}{R}\frac{\mathrm{d}v}{\mathrm{d}t}=\frac{\mathrm{d}u}{\mathrm{d}x}\frac{\mathrm{d}u}{\mathrm{d}t}\Rightarrow\frac{1}{R}\frac{\mathrm{d}^2v}{\mathrm{d}t^2}=\frac{\mathrm{d}u}{\mathrm{d}x}\frac{\mathrm{d}^2u}{\mathrm{d}t^2} \tag{4-144}$$

式(4-138)对 x 在求一次偏导后，得

$$EI_z\left(v^{(\mathrm{VI})}+\frac{2}{R^2}v''''+\frac{1}{R^4}v''\right)=m\left(\frac{1}{R}\ddot{u}'-\ddot{v}''\right) \tag{4-145}$$

将式(4-144)代入式(4-145)后，可得到一个常系数高阶偏微分方程：

$$v^{(\mathrm{VI})}+\frac{2}{R^2}v''''+\frac{1}{R^4}v''=\frac{m}{EI_z}\left(\frac{1}{R^2}-v''\right)\ddot{v} \tag{4-146}$$

在小变形假设下，$\frac{\mathrm{d}v^2}{\mathrm{d}x^2}$ 表示横向弯曲的曲率。若不计弯曲曲率与时间振动的耦合项，则式(4-146)简化为

$$v^{(\mathrm{VI})}+\frac{2}{R^2}v''''+\frac{1}{R^4}v''=\frac{1}{R^2}\frac{m}{EI_z}\ddot{v} \tag{4-147}$$

该方程为高阶常系数偏微分方程，采用分离变量法，可得到一个关于位移 x 的六阶常系数齐次微分方程，一个关于时间 t 的二阶常系数齐次微分方程，求解较为方便，推导过程与前述类似，此处不再赘述，可参阅相关文献。

2) 思路二

讨论曲梁面内振动式(4-138)，即 $EI_z\left(v^{(\mathrm{V})}+\frac{2}{R^2}v'''+\frac{1}{R^4}v'\right)=\frac{m}{R}\ddot{u}-m\ddot{v}'$

该式中包含两个振动位移变量 u 和 v，且二者没有交叉项 $u\cdot v$ 或 $u\cdot v^{-1}$，也就是说，位移变量 u 和 v 二者不耦合。假定式(4-138)中位移 u 为某一振型函数，代入式(4-138)后，方程转化为单变量的非齐次常系数偏微分方程，则求解容易实现。

依据弹性杆纵向振动特点，可选择正弦曲线的形函数作为曲梁纵向振动的振型。

假定悬臂曲梁的纵向振型位移函数 u 为

$$u(x,\ t)=\sin\left[\frac{(2n-1)}{2}\frac{\pi}{L}x\right]U_0\cos(\omega t) \tag{4-148}$$

假定简支曲梁和固端曲梁的振型位移函数 u 为

$$u(x,\ t)=\sin\left(\frac{n\pi}{L}x\right)U_0\cos(\omega t) \tag{4-149}$$

式中 U_0——振幅极值，且为常数，由初始条件确定；

L——曲梁的等效长度；

ω——振动圆频率。

2. 曲梁面外振动微分方程求解思路

曲梁的面外振动微分方程组经过一系列数学运算后，可简化为有规律的微分方程式：

$$EI_\omega\varphi^{(\mathrm{VI})}+\left(\frac{2EI_\omega}{R^2}-GI_\mathrm{d}\right)\varphi''''+\frac{1}{R^2}\left(\frac{EI_\omega}{R}-2GI_\mathrm{d}\right)\varphi''-\frac{GI_\mathrm{d}}{R^4}\varphi-$$

$$\frac{\rho GI_{\mathrm{d}}^{2}}{R^{2}EI_{y}}\left(1-\frac{EI_{\omega}+R^{2}EI_{y}}{GI_{\mathrm{d}}}\varphi''\right)\ddot{\varphi}+\frac{m(EI_{y}+GI_{\mathrm{d}})}{REI_{y}}(1-EI_{\omega}w'')\ddot{w}=0 \tag{4-150}$$

显然,当曲梁半径 $R\to\infty$ 时,微分方程式(4-150)可退化为直杆的扭转振动微分方程:

$$\left.\begin{aligned}&EI_{\omega}\varphi^{(\mathrm{VI})}-GI_{\mathrm{d}}\varphi''''+\rho I_{\mathrm{d}}\varphi''\ddot{\varphi}=0\\&EI_{\omega}\varphi''''-GI_{\mathrm{d}}\varphi''+\rho I_{\mathrm{d}}\ddot{\varphi}=0\end{aligned}\right\} \tag{4-151}$$

当截面为圆形截面或轴对称截面时,微分方程式(4-151)可进一步退化为圆轴的扭转振动方程:

$$GI_{\mathrm{d}}\frac{\partial^{2}\varphi}{\partial x^{2}}-\rho I_{\mathrm{d}}\frac{\partial^{2}\varphi}{\partial t^{2}}=0 \tag{4-152}$$

对于式(4-150),可忽略竖向弯曲曲率和扭转率与时间相关的振动耦合项,即括号内可以略去 $\frac{EI_{\omega}+R^{2}EI_{y}}{GI_{\mathrm{d}}}\varphi''$ 和 $EI_{\omega}w''$。

则微分方程进一步简化为

$$EI_{\omega}\varphi^{(\mathrm{VI})}+\left(\frac{2EI_{\omega}}{R^{2}}-GI_{\mathrm{d}}\right)\varphi''''+\frac{1}{R^{2}}\left(\frac{EI_{\omega}}{R}-2GI_{\mathrm{d}}\right)\varphi''-\frac{GI_{\mathrm{d}}}{R^{4}}\varphi$$
$$=\frac{\rho GI_{\mathrm{d}}^{2}}{R^{2}EI_{y}}\ddot{\varphi}-\frac{m(EI_{y}+GI_{\mathrm{d}})}{REI_{y}}\ddot{w} \tag{4-153}$$

微分方程式(4-153)包含了两个振动位移变量 φ 和 w。同样地,右端横向弯曲位移变量 w,仅包含一项 $-\frac{m(EI_{y}+GI_{\mathrm{d}})}{REI_{y}}\ddot{w}$,不包含扭转位移振动变量 φ。因此,曲梁面外的横向弯曲振动和扭转振动相互耦合也是由结构自身特性决定的,即曲率半径 R,但两个振动变量本身并不耦合。因此,也可假定曲梁面外横向弯曲振动的位移 w 的振型函数,对微分方程式(4-153)进行简化。

假定悬臂曲梁的纵向振型位移函数 w 为

$$w(x,t)=\sin\left[\frac{(2n-1)}{2}\frac{\pi}{L}x\right]A_{0}\cos(\omega t) \tag{4-154}$$

假定简支曲梁和固端曲梁的振型位移函数 w 为

$$w(x,t)=\sin\left(\frac{n\pi}{L}x\right)A_{0}\cos(\omega t) \tag{4-155}$$

式中 A_0——振幅极值,且为常数,由初始条件确定;

L——曲梁的等效长度;

ω——振动圆频率。

依据上述分析，采用分离变量法可以对曲梁的面外振动微分方程进行求解。具体求解过程较为复杂，此处不展开细说，可参阅相关文献。

4.6 分布参数系统的振型正交性

同多自由度系统一样，分布参数体系也具有振型正交性的性质，但是以积分形式表达的。

以梁的横向弯曲振动为例，令 $Y_i(x)$ 和 $Y_j(x)$ 分别代表第 i 阶和第 j 阶固有频率 ω_i 和 ω_j 对应的两个不同阶的主振型函数，如图 4-13 所示。

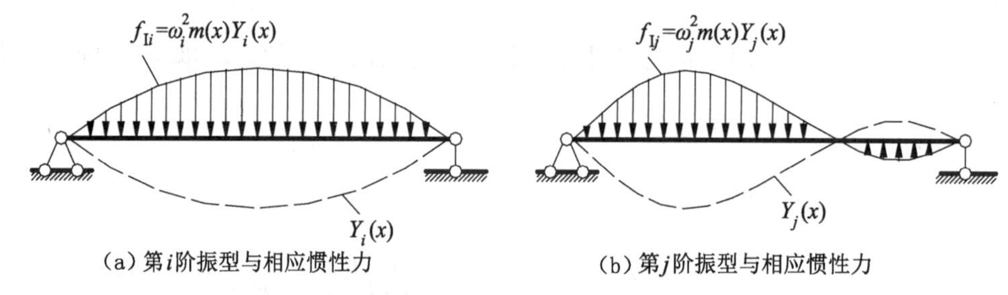

(a) 第i阶振型与相应惯性力　　(b) 第j阶振型与相应惯性力

图 4-13　横向弯曲振动的梁的第 i 阶和第 j 阶振型

图 4-13 中同时绘出了相应的惯性力，分别为 $\omega_i^2 m(x)Y_i(x)$ 和 $\omega_j^2 m(x)Y_j(x)$。根据功的互等定理，即第 i 阶振型的惯性力在第 j 阶振型的变位上所做的功等于第 j 阶振型的惯性力在第 i 阶振型的变位上所做的功。其积分表达式为

$$\int_0^l \omega_i^2 m(x)Y_i(x)Y_j(x)\mathrm{d}x=\int_0^l \omega_j^2 m(x)Y_j(x)Y_i(x)\mathrm{d}x \tag{4-156}$$

整理得

$$(\omega_i^2-\omega_j^2)\int_0^l m(x)Y_i(x)Y_j(x)\mathrm{d}x=0 \tag{4-157}$$

当 $\omega_i\neq\omega_j$ 时，有

$$\int_0^l m(x)Y_i(x)Y_j(x)\mathrm{d}x=0\quad(i\neq j) \tag{4-158}$$

这就是分布参数体系振动的主振型关于质量 $m(x)$ 的正交关系式。

对于等截面梁，式(4-158)简化为

$$\int_0^l Y_i(x)Y_j(x)\mathrm{d}x=0\quad(i\neq j) \tag{4-159}$$

对于变截面梁，其自由振动方程为

$$\frac{\partial^2}{\partial x^2}\left[EI(x)\frac{\partial^2 y(x,t)}{\partial x^2}\right]+m(x)\frac{\partial^2 y(x,t)}{\partial t^2}=0 \tag{4-160}$$

或

$$[EI(x)y'']''+m(x)\ddot{y}=0 \tag{4-161}$$

令任意一 t 时刻，按频率 ω_i 振动时的响应为 $y(x,t)=Y_i(x)\sin(\omega_i t+\varphi_i)$，代入振动方程，并消去 $\sin(\omega_i t+\varphi_i)$，得

$$[EI(x)Y_i''(x)]''=\omega_i^2 m(x)Y_i(x) \tag{4-162}$$

从式(4-162)可以看出，惯性力项 $m(x)Y_i(x)$ 可等价地用含弯曲刚度的横向荷载表示，即

$$m(x)Y_i(x)=\frac{1}{\omega_i^2}[EI(x)Y_i''(x)]'' \tag{4-163}$$

将式(4-163)代入式(4-158)，得到关于 $EI(x)$ 的正交关系式为

$$\int_0^l Y_j(x)[EI(x)Y_i''(x)]''\mathrm{d}x=0 \quad (i\neq j) \tag{4-164}$$

对式(4-164)进行分部积分，可得：

$$\begin{aligned}&\int_0^l Y_j(x)[EI(x)Y_i''(x)]''\mathrm{d}x\\&=\{Y_j(x)[EI(x)Y_i''(x)]'\}\Big|_0^l-\int_0^l Y_j'(x)[EI(x)Y_i''(x)]'\mathrm{d}x\\&=\{Y_j(x)[EI(x)Y_i''(x)]'\}\Big|_0^l-\{Y_j'(x)EI(x)Y_i''(x)\}\Big|_0^l+\\&\int_0^l EI(x)Y_i''(x)Y_j''\mathrm{d}x \quad (i\neq j)\end{aligned} \tag{4-165}$$

式(4-165)中，前两项由不同的边界条件确定。对于铰支端、固定端和自由端的边界条件，根据式(4-25)、式(4-26)和式(4-27)可知，这两项皆为零，则式(4-165)变为

$$\int_0^l EI(x)Y_i''(x)Y_j''(x)\mathrm{d}x=0 \quad (i\neq j) \tag{4-166}$$

这就是分布参数体系振动的主振型关于刚度 $EI(x)$ 的正交关系式。

对于等截面梁，式(4-166)可简化为

$$\int_0^l Y_i''(x)Y_j''(x)\mathrm{d}x=0 \quad (i\neq j) \tag{4-167}$$

采用与梁的横向弯曲振动一样的推导方法，可得出轴向振动、剪切振动和扭转振动的正交关系式。对于轴向振动，只需将弯曲刚度 $EI(x)$ 换成轴向刚度 $EA(x)$；对于剪切振动，只需将弯曲刚度 $EI(x)$ 换成剪切刚度 $GA(x)$ 即可。

习 题

4-1 多自由度系统与分布参数系统的运动微分方程有什么不同？

4-2 轴向力对欧拉梁的频率主要有什么影响？如何应用到实际工程中去？

4-3 当考虑转动惯量和剪切变形的影响时，梁的频率如何变化？它们对低阶频率的影响大还是对高阶频率的影响大？

4-4 求下图所示两种不同的具有分布质量的等截面梁的前两阶自振频率和振型。

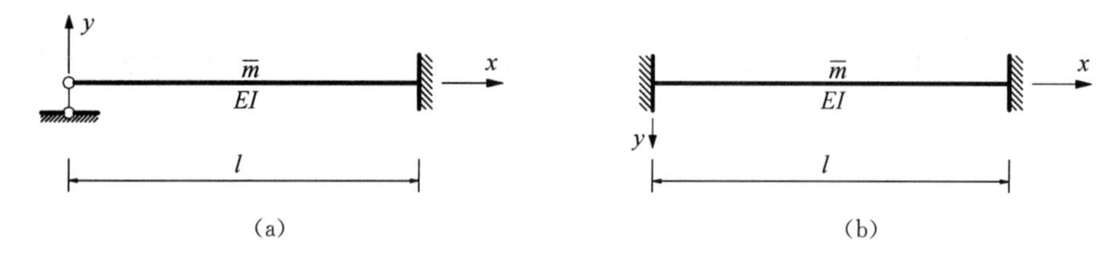

习题 4-4 图

4-5 如图所示的悬臂梁，m、EI 为常数，梁端有一集中质量 $M=mL$。试建立梁的频率方程，并求出梁的前三阶频率和振型。

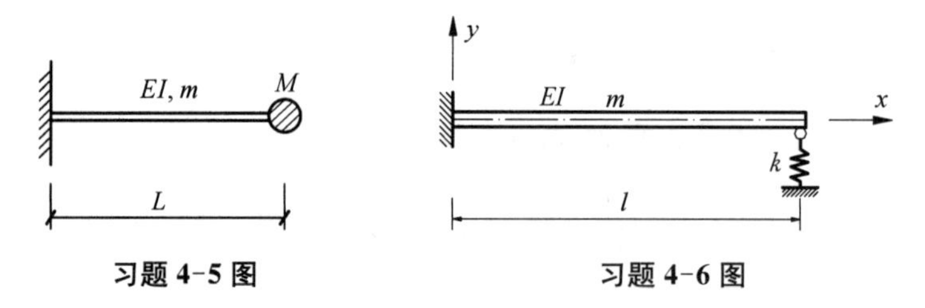

习题 4-5 图　　习题 4-6 图

4-6 如图所示长为 l 的均匀弯曲直梁，质量线密度为 m。截面抗弯刚度为 EI，梁的一端简支而另一端支承在刚度为 k 的弹簧上。试建立梁的运动方程，然后借助 Excel 或 Matlab 软件近似确定梁的前三阶自振频率并画出前三阶振型。

4-7 如图所示简支梁，梁的质量 m 和刚度 EI 为常数。图(a)表示一质量匀速通过简支梁，图(b)表示一移动荷载匀速通过简支梁。试分别完成如下求解：

(1) 当不考虑简支梁的质量时，建立体系的运动微分方程；

(2) 当考虑简支梁的质量时，建立体系的运动微分方程；

(3) 用分量变量法分别求解体系的运动微分方程。

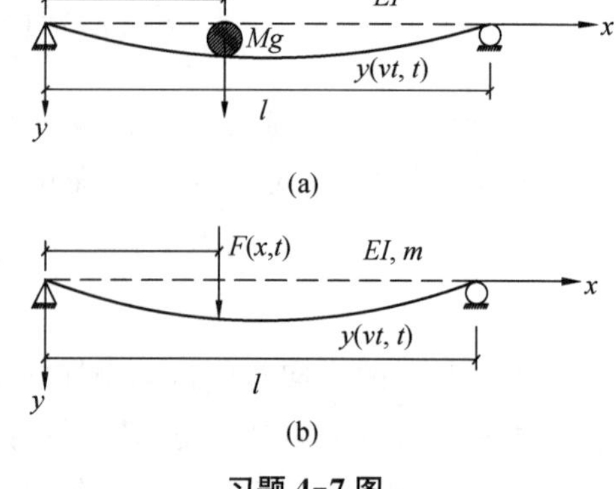

习题 4-7 图

5 结构动力学的计算方法

在结构动力学的发展历程中，计算方法是其中一项十分重要的研究内容。在多自由度体系的动力响应分析中，当体系的自由度数目大于3时，求解体系的频率和振型的精确解将变得非常烦琐。为了提高计算效率，从事结构动力学研究的学者和科技人员提出了各种近似算法，如能量法(瑞利法)、集中质量法等。随着计算机技术和程序语言的不断发展，数值计算方法成为求解动力学响应的一个重要方法。本章主要介绍经典的动力学数值计算方法和一些实用计算方法。

5.1 数值计算方法概述

结构动力学的经典数值计算方法有：分段解析法、中心差分法、线性加速度法、Newmark-β法和Wilson-θ法。

当结构体系不是线弹性时，叠加原理不再适用，此时可采用时域逐步积分法和频域分析方法求解运动微分方程。

基于叠加原理的时域分析方法(杜阿梅尔积分法)和频域分析方法(傅里叶变换法)，假设结构在全部的反应过程中都是线性的，即结构的应力-应变或力(弯矩)-位移(转角)的关系曲线是一条直线，而时域逐步积分法只假定结构的本构关系在一个微小的时间步距内是线性的，相当于用分段直线来逼近实际的曲线。逐步积分的基本方法和步骤是：

(1) 将动荷载按时间划分为一系列很小间隔的荷载。每步间隔的步长称为时间步长，可任意选择，但一般取等间隔的时间段，记为 Δt；

(2) 每个时间间隔内，将 $\boldsymbol{M}$、$\boldsymbol{K}$、$\boldsymbol{C}$ 和 $\boldsymbol{P}$ 均视为常量，且取该时间段内开始时的值；

(3) 由每个时间间隔的初始值 u_i，$\dot{u}_i$，和 $\ddot{u}_i$，求该时间间隔的末端值 u_{i+1}，$\dot{u}_{i+1}$，并依据振动方程求 $\ddot{u}_{i+1}$；

(4) 将 $t=i+1$ 时刻的计算值作为下一个时间间隔的初始值，重复上述步骤，逐步计算，可得出整个时间历程上的运动过程。

时域逐步积分法研究的是离散时间点上的动力响应，例如位移 $u_i=u(t_i)$，速度 $\dot{u}_i=\dot{u}(t_i)$，$i=1, 2, 3, \cdots$，而这种离散化恰好符合计算机存储的特点。一般情况下，采用等步长离散，即 $t_i=i\Delta t$，Δt 为时间离散步长。与运动变量的离散化相对应，体系的运动微分方程也不要求在全部时间上都满足，而仅要求在离散的时间点上满足。

时域逐步积分法既适用于非线性体系，也适用于线性体系，既可用于单自由度体系，也可用于多自由度体系的动力反应分析。其特点是在每一时间步长上，运动方程以增量方程表示。

评价一种逐步积分法的优劣性，可分析其是否满足以下四个条件：

(1) 收敛性：当时间步长 $\Delta t \to 0$ 时，数值解是否收敛于精确解。

(2) 计算精度：截断误差与时间步长 Δt 的关系，若误差 $\infty 0(\Delta t^N)$，则称方法具有 N 阶精度。

(3) 稳定性：随计算时间步数 i 的增大，数值解是否变得无穷大。

(4) 计算效率：计算机运算次数与时间的多少。

按是否需要联立求解耦联的方程组，时域逐步积分法可分为两大类：

(1) 隐式方法：逐步积分计算公式是耦联的方程组，须联立求解。隐式方法的计算工作量大，增加的工作量至少与自由度的平方成正比，例如 Newmark-β 法、Wilson-θ 法。

(2) 显式方法：逐步积分计算公式是解耦的方程组，无须联立求解。显式方法的计算工作量小，增加的工作量与自由度成线性关系，例如中心差分方法。

5.2 增量方程

5.2.1 单自由度体系的增量方程

一个单自由度的非线性体系，质量 m 在运动时受到惯性力 $F_{\mathrm{I}}(t)$、阻尼力 $F_{\mathrm{D}}(t)$、弹性恢复力 $F_{\mathrm{S}}(t)$ 和动荷载 $F_{\mathrm{P}}(t)$ 的作用。阻尼力和弹性恢复力的非线性特性如图 5-1(a)、(b)所示，而动荷载与时间的关系如图 5-1(c)所示(质量 m 不随时间变化)。

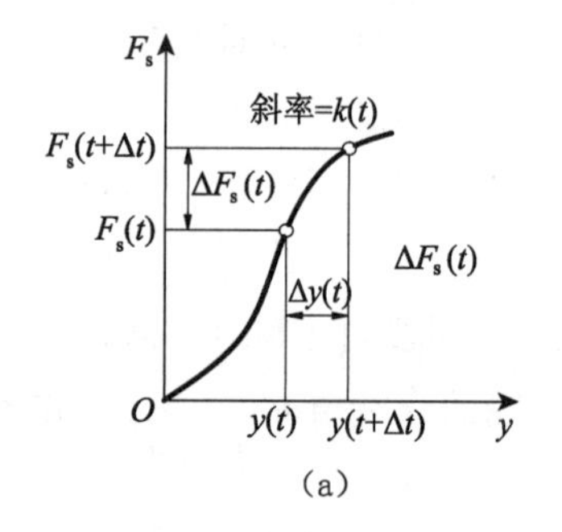

(a)

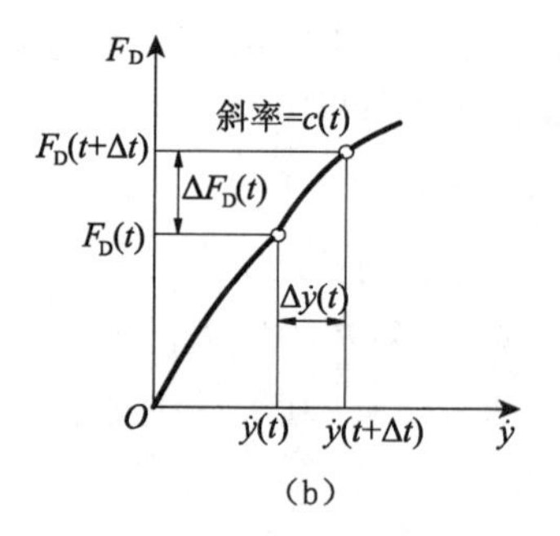

(b)

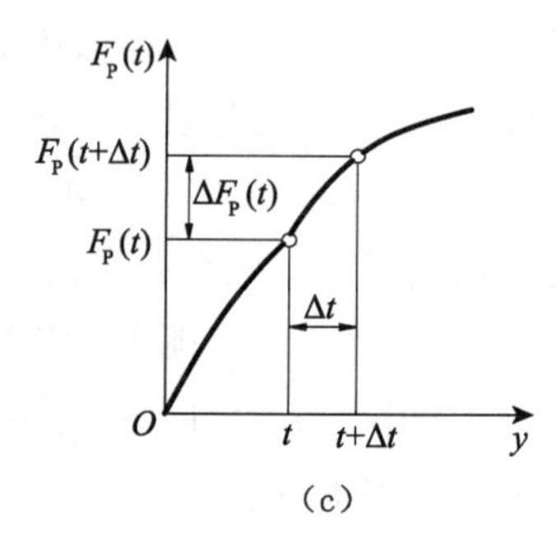

(c)

图 5-1 单自由度非线性曲线

任意一 t 和 $(t+\Delta t)$ 时刻，作用在质量 m 上的力满足动力平衡条件，即

$$F_{\mathrm{I}}(t)+F_{\mathrm{D}}(t)+F_{\mathrm{S}}(t)+F_{\mathrm{P}}(t)=0 \tag{5-1}$$

$$F_{\mathrm{I}}(t+\Delta t)+F_{\mathrm{D}}(t+\Delta t)+F_{\mathrm{S}}(t+\Delta t)+F_{\mathrm{P}}(t+\Delta t)=0 \tag{5-2}$$

以上两式相减得到 t 时刻增量形式的动力平衡方程为

$$\Delta F_{\mathrm{I}}(t)+\Delta F_{\mathrm{D}}(t)+\Delta F_{\mathrm{S}}(t)+\Delta F_{\mathrm{P}}(t)=0 \tag{5-3}$$

设在 Δt 时段内，阻尼和刚度都是线性的，则各增量的表达式如下

$$\left.\begin{aligned}\Delta F_{\mathrm{I}}(t)&=F_{\mathrm{I}}(t+\Delta t)-F_{\mathrm{I}}(t)=m\Delta\ddot{y}(t)\\ \Delta F_{\mathrm{D}}(t)&=F_{\mathrm{D}}(t+\Delta t)-F_{\mathrm{D}}(t)=c(t)\Delta\dot{y}(t)\\ \Delta F_{\mathrm{S}}(t)&=F_{\mathrm{S}}(t+\Delta t)-F_{\mathrm{S}}(t)=k(t)\Delta y(t)\\ \Delta F_{\mathrm{P}}(t)&=F_{\mathrm{P}}(t+\Delta t)-F_{\mathrm{P}}(t)\end{aligned}\right\} \tag{5-4}$$

式中，$c(t)$ 和 $k(t)$ 称为 t 时刻的阻尼系数和刚度系数。分别由图 5-1(a)、(b)特性曲线上对应 t 时刻的切线斜率表示，即有

$$k(t)=\left(\frac{\mathrm{d}F_{\mathrm{S}}}{\mathrm{d}y}\right);\quad c(t)=\left(\frac{\mathrm{d}F_{\mathrm{D}}}{\mathrm{d}\dot{y}}\right) \tag{5-5}$$

由此，可近似得到单自由度体系增量形式的运动方程

$$m\Delta\ddot{y}(t)+c(t)\Delta\dot{y}(t)+k(t)\Delta y(t)=\Delta F_{\mathrm{P}}(t) \tag{5-6}$$

5.2.2 多自由度体系的增量方程

多自由度体系的运动方程为

$$\boldsymbol{M}\ddot{\boldsymbol{u}}+\boldsymbol{C}\dot{\boldsymbol{u}}+\boldsymbol{K}\boldsymbol{u}=\boldsymbol{F}_{\mathrm{P}}(t) \tag{5-7}$$

振动过程中，式(5-7)在时刻 t_{i+1} 和 t_i 的形式为

$$\boldsymbol{M}\ddot{\boldsymbol{u}}_{i+1}+\boldsymbol{C}\dot{\boldsymbol{u}}_{i+1}+\boldsymbol{K}\boldsymbol{u}_{i+1}=\boldsymbol{F}_{\mathrm{P}}(t)_{i+1} \tag{5-8}$$

$$\boldsymbol{M}\ddot{\boldsymbol{u}}_{i}+\boldsymbol{C}\dot{\boldsymbol{u}}_{i}+\boldsymbol{K}\boldsymbol{u}_{i}=\boldsymbol{F}_{\mathrm{P}}(t)_{i} \tag{5-9}$$

式(5-8)和式(5-9)两式相减，得到多自由度系统的增量运动方程

$$\boldsymbol{M}\Delta\ddot{\boldsymbol{u}}_{i}+\boldsymbol{C}\Delta\dot{\boldsymbol{u}}_{i}+\boldsymbol{K}\Delta\boldsymbol{u}_{i}=\Delta\boldsymbol{F}_{\mathrm{P}i} \tag{5-10}$$

式(5-10)的求解可采用直接积分法。

直接积分法与振型叠加法不同，无须先进行振型分析，也不用对运动方程进行基底变换，而是直接对运动方程进行逐步数值积分。

直接积分法的基本思想如下：

(1) 对时间离散时，不要求任何时刻都满足运动方程，仅要求在离散点上满足运动方程。

(2) 在时间间隔 Δt 内，位移、速度和加速度的变化规律及其间关系是假设的，采用不同假设可得到不同的直接积分法。

直接积分法的计算过程是：假设 $t=0$ 时刻的状态向量(位移、速度和加速度)是已知的，将时间求解域 $0\leqslant t\leqslant T$ 进行离散，即可由已知的 $t=0$ 时刻的状态向量计算出 $t=0+\Delta t$ 时刻的状态向量，进而计算出 $t=t+\Delta t$ 时刻的状态向量，直至 $t=T$ 时刻终止，这样便可得到动力响应的全过程。

5.3 分段解析法

在分段解析法中，对外荷载 $P(t)$ 进行离散化处理，相当于对连续函数的采样，在采样点之间的荷载值采用线性内插取值。

分段解析法对外荷载的离散化过程如图 5-2 所示，离散时间点的荷载为

$$P_i = P(t_i) \quad (i = 0,\ 1,\ 2,\ \cdots,\ \infty) \tag{5-11}$$

分段解析法的误差仅来自对外荷载的假设，假设在 $t_i \leqslant t \leqslant t_{i+1}$ 时段内

$$P(\tau) = P_i + \alpha_i \tau \tag{5-12}$$

$$\alpha_i = (P_{i+1} - P_i)/\Delta t_i \tag{5-13}$$

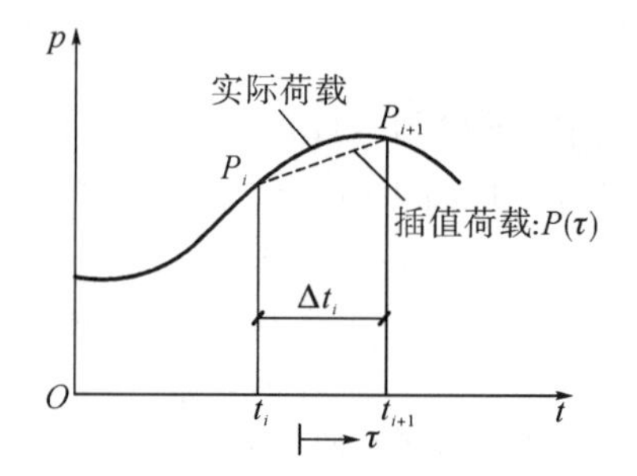

图 5-2　分段解析法对外荷载的离散

其中，局部时间坐标 τ 示于图 5-2 中。如果对实际荷载 $P(t)$ 采用足够小时间段内的数值采样，则认为计算荷载是“精确”的。

在时间段 $[t_i,\ t_{i+1}]$ 内，假设结构是线性的，则单自由度体系的运动方程为

$$m\ddot{u}(\tau) + c\dot{u}(\tau) + ku(\tau) = P(\tau) = P_i + \alpha_i \tau \tag{5-14}$$

初值条件为

$$u(\tau)\,|_{\tau=0} = u_i, \quad \dot{u}(\tau)\,|_{\tau=0} = \dot{u}_i \tag{5-15}$$

采用与前述章节类似的解法，可求得运动方程的特解和通解。

方程式(5-14)的特解为

$$u_{\mathrm{p}}(\tau) = \frac{1}{k}(P_i + \alpha_i \tau) = \frac{\alpha_i}{k^2} c \tag{5-16}$$

通解为

$$u_{\mathrm{c}}(\tau) = \mathrm{e}^{-\xi\omega_n\tau}[A\cos(\omega_{\mathrm{d}}\tau) + B\sin(\omega_{\mathrm{d}}\tau)] \tag{5-17}$$

全解为通解加特解，即

$$u(\tau) = u_{\mathrm{p}}(\tau) + u_{\mathrm{c}}(\tau) \tag{5-18}$$

式(5-17)代入边界条件可确定系数 A、B，最后得

$$\left.\begin{aligned} u(\tau) &= A_0 + A_1\tau + A_2\mathrm{e}^{-\xi\omega_{\mathrm{d}}\tau}\cos(\omega_{\mathrm{d}}\tau) + A_3\mathrm{e}^{-\xi\omega_{\mathrm{d}}\tau}\sin(\omega_{\mathrm{d}}\tau) \\ \dot{u}(\tau) &= A_1 + (\omega_{\mathrm{d}}A_3 - \xi\omega_n A_2)\mathrm{e}^{-\xi\omega_{\mathrm{d}}\tau}\cos(\omega_{\mathrm{d}}\tau) - (\omega_{\mathrm{d}}A_2 + \xi\omega_n A_3)\mathrm{e}^{-\xi\omega_{\mathrm{d}}\tau}\sin(\omega_{\mathrm{d}}\tau) \end{aligned}\right\} \tag{5-19}$$

其中

$$A_0=\frac{P_i}{k}-\frac{2\xi\alpha_i}{k\omega_n},\ A_1=\frac{\alpha_i}{k},\ A_2=u_i-A_0,\ A_3=\frac{1}{\omega_d}\left(\dot{u}_i+\xi\omega_n A_2-\frac{\alpha_i}{k}\right) \tag{5-20}$$

当 $\tau=\Delta t_i$ 时,由式(5-19)得到分段解析法的计算公式:

$$\left.\begin{aligned} u_{i+1}&=Au_i+B\dot{u}_i+CP_i+DP_{i+1} \\ \dot{u}_{i+1}&=A'u_i+B'\dot{u}_i+C'P_i+D'P_{i+1} \end{aligned}\right\} \tag{5-21}$$

其中,系数 $A\sim D$, $A'\sim D'$ 的表达式如下:

$$A=e^{-\xi\omega_n\Delta t}\left[\frac{\xi}{\sqrt{1-\xi^2}}\sin(\omega_d\Delta t)+\cos(\omega_d\Delta t)\right] \tag{5-22}$$

$$B=e^{-\xi\omega_n\Delta t}\left[\frac{1}{\omega_d}\sin(\omega_d\Delta t)\right] \tag{5-23}$$

$$C=\frac{1}{k}\left\{\frac{2\xi}{\omega_n\Delta t}+e^{-\xi\omega_n\Delta t}\left[\left(\frac{1-2\xi^2}{\omega_n\Delta t}-\frac{\xi}{\sqrt{1-\xi^2}}\right)\sin(\omega_d\Delta t)-\left(1+\frac{2\xi}{\omega_n\Delta t}\right)\cos(\omega_d\Delta t)\right]\right\} \tag{5-24}$$

$$D=\frac{1}{k}\left\{1-\frac{2\xi}{\omega_n\Delta t}+e^{-\xi\omega_n\Delta t}\left[\frac{2\xi^2-1}{\omega_n\Delta t}\sin(\omega_d\Delta t)+\frac{2\xi}{\omega_n\Delta t}\cos(\omega_d\Delta t)\right]\right\} \tag{5-25}$$

$$A'=-e^{-\xi\omega_n\Delta t}\left[\frac{\omega_n}{\sqrt{1-\xi^2}}\sin(\omega_d\Delta t)\right] \tag{5-26}$$

$$B'=e^{-\xi\omega_n\Delta t}\left[\cos(\omega_d\Delta t)-\frac{\xi}{\sqrt{1-\xi^2}}\sin(\omega_d\Delta t)\right] \tag{5-27}$$

$$C'=\frac{1}{k}\left\{-\frac{1}{\Delta t}+e^{-\xi\omega_n\Delta t}\left[\left(\frac{\omega_n}{\sqrt{1-\xi^2}}+\frac{\xi}{\Delta t\sqrt{1-\xi^2}}\right)\sin(\omega_d\Delta t)+\frac{1}{\Delta t}\cos(\omega_d\Delta t)\right]\right\} \tag{5-28}$$

$$D'=\frac{1}{k\Delta t}\left\{1-e^{-\xi\omega_n\Delta t}\left[\frac{\xi}{\sqrt{1-\xi^2}}\sin(\omega_d\Delta t)+\cos(\omega_d\Delta t)\right]\right\} \tag{5-29}$$

其中,$\omega_d=\omega_n\sqrt{1-\xi^2}$, $\omega_n=\sqrt{k/m}$。

显然,系数 $A\sim D'$ 是结构刚度 k、质量 m、阻尼比 ξ 和时间步长 $\Delta t_i=\Delta t$ 的函数。式(5-21) 给出了根据 t_i 时刻运动及外荷载计算 t_{i+1} 时刻运动的递推公式。

如果结构是线性的,并采用等时间步长,则系数 $A\sim D'$ 均为常数,分段解析法的计算效率将非常高,而且是精确解。

如果在计算的不同时间段采用了不相等的时间步长,则系数 $A\sim D'$ 对应不同的时间步长均为变量，计算效率会大为降低。

分段解析法仅对外荷载进行了离散化处理，所以对运动方程严格满足，体系运动在连续时间轴上均满足运动微分方程。

一般的时域逐步积分法则进一步放松要求，不仅对外荷载进行离散化处理，对体系的运动也进行离散化，相应地，运动方程不要求在全部的时间轴上满足，而仅需在离散的时间点上满足，这相当于对体系的运动放松了约束。

分段解析法一般适用于单自由度体系动力反应分析。对于多自由度体系，当采用等效方法近似地将多自由度体系转化为单自由度问题进行分析时，也可以用分段解析法完成体系的动力反应分析。

5.4 中心差分法

5.4.1 中心差分法公式

中心差分法是用有限差分代替位移对时间求导(即速度和加速度)。若采用等时间步长 $\Delta t_i = \Delta t$，则速度和加速度的中心差分表达式为

$$\dot{u}_i = \frac{u_{i+1} - u_{i-1}}{2\Delta t} \tag{5-30}$$

$$\ddot{u}_i = \frac{u_{i+1} - 2u_i + u_{i-1}}{\Delta t^2} \tag{5-31}$$

而离散时间点的运动为

$$u_i = u(t_i),\ \dot{u}_i = \dot{u}(t_i),\ \ddot{u}_i = \ddot{u}(t_i) \quad (i = 0,\ 1,\ 2,\ \cdots) \tag{5-32}$$

体系的运动方程为

$$m\ddot{u}(t) + c\dot{u}(t) + ku(t) = P(t) \tag{5-33}$$

将速度和加速度的差分近似公式，即式(5-30)和式(5-31)代入式(5-33)，给出在 t_i 时刻的运动方程为

$$m\frac{u_{i+1} - 2u_i + u_{i-1}}{\Delta t^2} + c\frac{u_{i+1} - u_{i-1}}{2\Delta t} + ku_i = P_i \tag{5-34}$$

在式(5-34)中，假设 u_i 和 u_{i-1} 是已知的，即 t_i 时刻和 t_i 之前时刻的运动已知，则可以把已知项移到方程的右边，整理得

$$\left(\frac{m}{\Delta t^2} + \frac{c}{2\Delta t}\right)u_{i+1} = P_i - \left(k - \frac{2m}{\Delta t^2}\right)u_i - \left(\frac{m}{\Delta t^2} - \frac{c}{2\Delta t}\right)u_{i-1} \tag{5-35}$$

由式(5-35)就可以根据 t_i 时刻和 t_i 之前时刻的运动，求得 t_{i+1} 时刻的运动，并可利用式(5-30)和式(5-31)求得体系的速度和加速度。

式(5-35)即为结构动力反应分析的中心差分法逐步计算公式。对于多自由度体系，中心差分法逐步计算公式为

$$\left(\frac{1}{\Delta t^2}\boldsymbol{M}+\frac{1}{2\Delta t}\boldsymbol{C}\right)\boldsymbol{u}_{i+1}=\boldsymbol{P}_i-\left(\boldsymbol{K}-\frac{2}{\Delta t^2}\boldsymbol{M}\right)\boldsymbol{u}_i-\left(\frac{1}{\Delta t^2}\boldsymbol{M}-\frac{1}{2\Delta t}\boldsymbol{C}\right)\boldsymbol{u}_{i-1} \tag{5-36}$$

式中 $\boldsymbol{M}$、$\boldsymbol{C}$、$\boldsymbol{K}$——体系的质量矩阵、阻尼矩阵和刚度矩阵；

$\boldsymbol{u}_i$、$\boldsymbol{P}_i$——t_i 时刻体系的位移向量和外荷载向量。

时域逐步积分方法可分为单步法和多步法(两步法及两步以上方法)。单步法在计算某一时刻的运动时，仅需已知前一时刻的运动，而两步法则需已知前两个时刻的运动。

从式(5-35)和式(5-36)可以看到，中心差分法在计算 t_{i+1} 时刻的运动 u_{i+1} 时，需要已知 t_i 和 t_{i-1} 两个时刻的运动 u_i 和 u_{i-1}，因此，中心差分法属于两步法。

两步法进行计算时存在起步问题。因为仅根据已知的初始位移和速度，并不能自动进行运算，而必须给出两个相邻时刻的位移值，方可开始逐步计算。

一般初始条件下的动力问题，可以采用式(5-35)直接进行逐步计算，因为总可以假设初始的两个时间点(一般取 $i=0,-1$)的位移等于零(即 $u_0=u_{-1}=0$)。但对于非零初始条件或零时刻外荷载很大时，需要进行一定的分析，建立两个起步时刻(即 $i=0,-1$)的位移值，这就是逐步积分的起步问题。下面介绍中心差分逐步计算方法的起步处理过程。

假设给定的初始条件为

$$\left.\begin{aligned}u_0&=u(0)\\\dot{u}_0&=\dot{u}(0)\end{aligned}\right\} \tag{5-37}$$

下面根据初始条件，即式(5-37)确定 u_{-1}。

在零时刻速度和加速度的中心差分公式为

$$\left.\begin{aligned}\dot{u}_0&=\frac{u_1-u_{-1}}{2\Delta t}\\\ddot{u}_0&=\frac{u_1-2u_0+u_{-1}}{\Delta t^2}\end{aligned}\right\} \tag{5-38}$$

由式(5-38)消去 u_1 得

$$u_{-1}=u_0-\Delta t\dot{u}_0+\frac{\Delta t^2}{2}\ddot{u}_0 \tag{5-39}$$

而零时刻的加速度值 $\ddot{u}_0$ 可用 $t=0$ 时的运动方程 $m\ddot{u}_0+c\dot{u}_0+ku_0=P_0$ 确定，即

$$\ddot{u}_0=\frac{1}{m}(P_0-c\dot{u}_0-ku_0) \tag{5-40}$$

在确定了初始条件 u_0、$\dot{u}_0$ 和初始荷载 P_0 的值之后，可由式(5-39)确定 u_{-1} 的值。

5.4.2 中心差分法计算步骤

下面给出采用中心差分法分析时的具体计算步骤。

(1) 基本数据准备和初始条件计算，见式(5-39)和式(5-40)。

(2) 计算等效刚度和中心差分计算公式中的系数。

$$\left.\begin{aligned}\hat{k}&=\frac{m}{\Delta t^2}+\frac{c}{2\Delta t}\\a&=k-\frac{2m}{\Delta t^2}\\b&=\frac{m}{\Delta t^2}-\frac{c}{2\Delta t}\end{aligned}\right\}\tag{5-41}$$

(3) 根据 t_i 时刻及 t_i 之前时刻的运动，计算 t_{i+1} 时刻的运动。

$$\left.\begin{aligned}\hat{P}_i&=P_i-au_i-bu_{i-1}\\u_{i+1}&=\frac{\hat{P}_i}{\hat{k}}\\\dot{u}_i&=\frac{u_{i+1}-u_{i-1}}{2\Delta t}\\\ddot{u}_i&=\frac{u_{i+1}-2u_i+u_{i-1}}{\Delta t^2}\end{aligned}\right\}\tag{5-42}$$

(4) 下一步计算中用 $i+1$ 代替 i，对于线弹性体系，重复计算步骤(3)；对于非线弹性体系，重复计算步骤(2)和(3)。

5.4.3 中心差分法的稳定性

以上给出的中心差分逐步计算公式具有 2 阶精度，即误差 $\varepsilon\propto O(\Delta t^2)$，并且是有条件稳定的，稳定条件为

$$\Delta t\leqslant\frac{T_n}{\pi}\tag{5-43}$$

式中，T_n 为结构自振周期，多自由度体系则为结构的最小自振周期。

中心差分法稳定性条件的推导如下。

设体系为无阻尼 $c=0$，由于算法的稳定性与外荷载无关，令外荷载 $P=0$，则中心差分法的递推公式可以写成如下形式：

$$u_{i+1}=(2-\Omega^2)u_i-u_{i-1}\tag{5-44}$$

其中

$$\Omega=\Delta t\omega_n=\Delta t\,\frac{2\pi}{T_n}\tag{5-45}$$

令离散方程式(5-44)的解为

$$u_i = \lambda^i \tag{5-46}$$

其中，λ 为待定常数，将式(5-46)代入运动方程即式(5-35)得

$$\lambda^2 + (\Omega^2 - 2)\lambda + 1 = 0 \tag{5-47}$$

求解式(5-47)可以得到

$$\lambda = \frac{1}{2}\left[2 - \Omega^2 \pm \sqrt{\Omega^2(\Omega^2 - 4)}\right] \tag{5-48}$$

从式(5-46)可直观地看出，在时域逐步计算过程中为保证 $i \to \infty$(即 $t \to \infty$时，u_i 有界)，要求 $|\lambda| \leqslant 1$。

分析式(5-48)可以发现，仅当 $\Omega^2 \leqslant 4$ 时，$|\lambda| = 1$，其余情况均有 $|\lambda| > 1$，即稳定性条件的要求是

$$\Omega \leqslant 2 \tag{5-49}$$

代入式(5-45)得稳定条件：

$$\Delta t \leqslant \frac{2}{\omega_n} = \frac{T_n}{\pi} \tag{5-50}$$

采用同样的分析步骤，也可以得到有阻尼体系逐步计算的稳定性条件，对于中心差分方法，有阻尼和无阻尼体系的稳定性条件是相同的。

中心差分方法有如下特点：

(1) 对于多自由度体系，当体系的阻尼矩阵和质量矩阵为对角阵时，多自由度体系的中心差分计算公式成为解耦的方法，即为显式方法，在每一步计算中不需要求解联立方程组，故计算效率很高。

(2) 如果体系的阻尼矩阵或质量矩阵为非对角，则计算方法成为隐式方法。

(3) 中心差分逐步计算方法是有条件稳定的，但因其计算效率高，在很多情况下得到广泛的应用。

5.5　线性加速度法

线性加速度法的基本假定是质点的加速度反映在任一微小的时段(即积分时段) Δt 内呈线性关系，如图 5-3 所示。若时间步长采用等时间步长，就是本书 5.4 节讨论的中心差分法。

5.5.1　线性加速度法的计算公式和步骤

下文依据增量方程式(5-6)和式(5-10)推导线性加等速度法的递推公式，所得结果既可用于分析线性结构，也可用于分析非线性结构。

假设在时间步长 $\Delta t = t_{i+1} - t_i$ 内，质量运动的加速度是线性变化的(图 5-3)，则有：

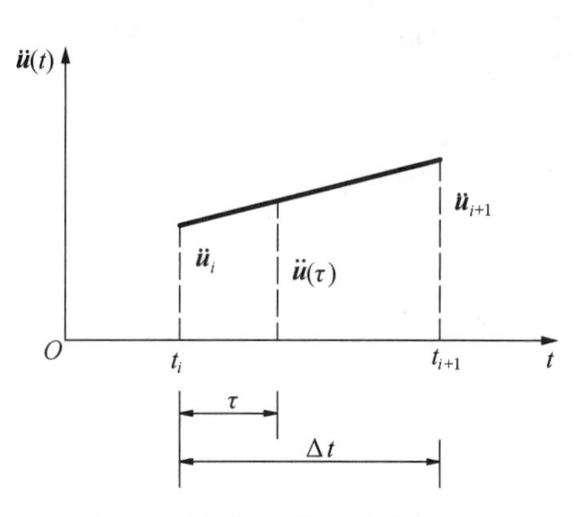

图 5-3　时段 Δt 的加速度变化

$$\ddot{\boldsymbol{u}}(\tau) = \ddot{\boldsymbol{u}}_i + \frac{\ddot{\boldsymbol{u}}_{i+1} - \ddot{\boldsymbol{u}}_i}{\Delta t}\tau \quad (5\text{-}51)$$

对上式 τ 分别积分一次和两次，得：

$$\dot{\boldsymbol{u}}(\tau) = \dot{\boldsymbol{u}}_i + \ddot{\boldsymbol{u}}_i\tau + \frac{\ddot{\boldsymbol{u}}_{i+1} - \ddot{\boldsymbol{u}}_i}{\Delta t} \cdot \frac{\tau^2}{2} \quad (5\text{-}52)$$

$$\boldsymbol{u}(\tau) = \boldsymbol{u}_i + \dot{\boldsymbol{u}}_i\tau + \ddot{\boldsymbol{u}}_i \cdot \frac{\tau^2}{2} + \frac{\ddot{\boldsymbol{u}}_{i+1} - \ddot{\boldsymbol{u}}_i}{\Delta t} \cdot \frac{\tau^3}{6} \quad (5\text{-}53)$$

在式(5-52)和式(5-53)中，令 $\tau = \Delta t$，得：

$$\dot{\boldsymbol{u}}_{i+1} = \dot{\boldsymbol{u}}_i + \ddot{\boldsymbol{u}}_i\Delta t + \frac{\ddot{\boldsymbol{u}}_{i+1} - \ddot{\boldsymbol{u}}_i}{\Delta t} \cdot \frac{\Delta t^2}{2} \quad (5\text{-}54)$$

$$\boldsymbol{u}_{i+1} = \boldsymbol{u}_i + \dot{\boldsymbol{u}}_i\Delta t + \ddot{\boldsymbol{u}}_i \cdot \frac{\Delta t^2}{2} + \frac{\ddot{\boldsymbol{u}}_{i+1} - \ddot{\boldsymbol{u}}_i}{\Delta t} \cdot \frac{\Delta t^3}{6} \quad (5\text{-}55)$$

依据式(5-54)和式(5-55)求出 $\dot{\boldsymbol{u}}_{i+1}$ 和 $\boldsymbol{u}_{i+1}$ 后，可按式(5-56)求 $\ddot{\boldsymbol{u}}_{i+1}$：

$$\ddot{\boldsymbol{u}}_{i+1} = -\boldsymbol{M}^{-1}(\boldsymbol{C}_{i+1}\dot{\boldsymbol{u}}_{i+1} + \boldsymbol{K}_{i+1}\boldsymbol{u}_{i+1} - \boldsymbol{P}_{i+1}) \quad (5\text{-}56)$$

式(5-56)中，$\boldsymbol{u}_i$，$\dot{\boldsymbol{u}}_i$，和 $\ddot{\boldsymbol{u}}_i$ 为前一步长已经求出的位移向量、速度向量和加速度向量，也是本时间段内的初始值；$\boldsymbol{u}_{i+1}$，$\dot{\boldsymbol{u}}_{i+1}$，和 $\ddot{\boldsymbol{u}}_{i+1}$ 是待求的本时间步长结束时的位移向量、速度向量和加速度向量。三个未知量，三组方程式，满足有解的条件。

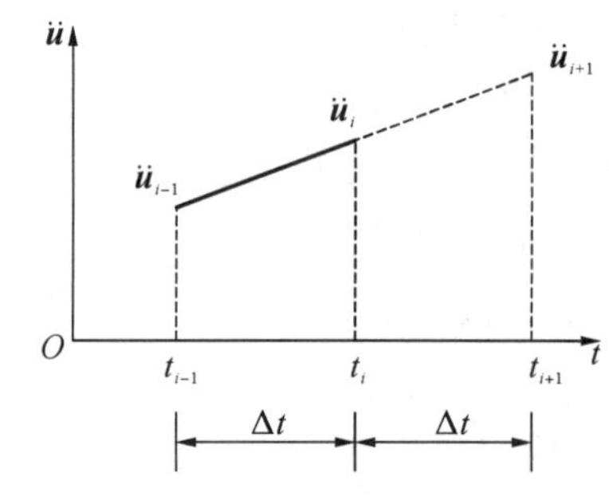

图 5-4　线性加速度的延长线

实际计算时，计算步骤如下：

(1) 如图 5-4 所示，在 t_{i-1} 及 t_i 时段的延长线上取：

$$\frac{\ddot{\boldsymbol{u}}_{i+1} - \ddot{\boldsymbol{u}}_i}{\Delta t} = \frac{\ddot{\boldsymbol{u}}_i - \ddot{\boldsymbol{u}}_{i-1}}{\Delta t} \quad (5\text{-}57)$$

由此得到初值：

$$\ddot{\boldsymbol{u}}_{i+1} = 2\ddot{\boldsymbol{u}}_i - \ddot{\boldsymbol{u}}_{i-1} \quad (5\text{-}58)$$

(2) 将得出的 $\ddot{\boldsymbol{u}}_{i+1}$ 代入式(5-54)和式(5-55)，求出 $\boldsymbol{u}_{i+1}$，$\dot{\boldsymbol{u}}_{i+1}$。

(3) 将求得的 $\boldsymbol{u}_{i+1}$，$\dot{\boldsymbol{u}}_{i+1}$ 代入式(5-56)，得到 $\ddot{\boldsymbol{u}}_{i+1}$。

若求出的 $\ddot{\boldsymbol{u}}_{i+1}$ 与选定值接近或小于某一允许误差，则认为得到了满意的结果。否则，将步骤(3)求得的结果 $\ddot{\boldsymbol{u}}_{i+1}$ 作为下一轮计算的选定值，重复步骤(2)和步骤(3)，直到获得满意的结果为止。

(4) 将求得的 $\boldsymbol{u}_{i+1}$, $\dot{\boldsymbol{u}}_{i+1}$ 和 $\ddot{\boldsymbol{u}}_{i+1}$，作为下一步计算的初始值，重复上述步骤(1)～(3)，完成全部时间段内的计算。

5.5.2 拟静力法

拟静力法仍然是线性加速度法，但采用的是求增量的形式，即先求出时间步长 Δt 内的增量 $\Delta\boldsymbol{u}_{i+1}$，$\Delta\dot{\boldsymbol{u}}_{i+1}$ 和 $\Delta\ddot{\boldsymbol{u}}_{i+1}$，然后与该时间间隔内的初始值相加，得到对应的末端值。

由图 5-3 可知，在时段 $\Delta t = t_{i+1} - t_i$ 内，结构的加速度反应是关于时间 τ 的线性函数，即取

$$\dddot{\boldsymbol{u}}_i = \frac{\ddot{\boldsymbol{u}}_{i+1} - \ddot{\boldsymbol{u}}_i}{\Delta t} = \frac{\Delta\ddot{\boldsymbol{u}}_i}{\Delta t} = \text{常量} \tag{5-59}$$

依据线性基本假定，式(5-59)可转化为关于 $\Delta\boldsymbol{u}$ 的线性代数方程。首先，将位移 $\boldsymbol{u}$ 按泰勒级数在 t 附近展开

$$\boldsymbol{u}(t_i + \tau) = \boldsymbol{u}_i + \frac{\dot{\boldsymbol{u}}_i}{1!}\tau + \frac{\ddot{\boldsymbol{u}}_i}{2!}\tau^2 + \frac{\dddot{\boldsymbol{u}}_i}{3!}\tau^3 + \cdots \tag{5-60}$$

对 τ 求导，得

$$\left.\begin{aligned} \dot{\boldsymbol{u}}(t_i + \tau) &= \dot{\boldsymbol{u}}_i + \ddot{\boldsymbol{u}}_i\tau + \frac{\dddot{\boldsymbol{u}}_i}{2}\tau^2 + \cdots \\ \ddot{\boldsymbol{u}}(t_i + \tau) &= \ddot{\boldsymbol{u}}_i + \dddot{\boldsymbol{u}}_i\tau + \cdots \end{aligned}\right\} \tag{5-61}$$

当 $\tau = \Delta t$ 时，显然有 $\boldsymbol{u}(t_i + \tau) = \boldsymbol{u}_{i+1}$，式(5-60)和式(5-61)可改写为

$$\left.\begin{aligned} \boldsymbol{u}_{i+1} - \boldsymbol{u}_i &= \dot{\boldsymbol{u}}_i\Delta t + \frac{1}{2}\ddot{\boldsymbol{u}}_i\Delta t^2 + \frac{1}{6}\dddot{\boldsymbol{u}}_i\Delta t^3 + \cdots \\ \dot{\boldsymbol{u}}_{i+1} - \dot{\boldsymbol{u}}_i &= \ddot{\boldsymbol{u}}_i\Delta t + \frac{1}{2}\dddot{\boldsymbol{u}}_i\Delta t^2 + \cdots \\ \ddot{\boldsymbol{u}}_{i+1} - \ddot{\boldsymbol{u}}_i &= \dddot{\boldsymbol{u}}_i\Delta t + \cdots \end{aligned}\right\} \tag{5-62}$$

改写为增量形式，则

$$\left.\begin{aligned} \Delta\boldsymbol{u}_i &= \dot{\boldsymbol{u}}_i\Delta t + \frac{1}{2}\ddot{\boldsymbol{u}}_i\Delta t^2 + \frac{1}{6}\dddot{\boldsymbol{u}}_i\Delta t^3\cdots \\ \Delta\dot{\boldsymbol{u}}_i &= \ddot{\boldsymbol{u}}_i\Delta t + \frac{1}{2}\dddot{\boldsymbol{u}}_i\Delta t^2 + \cdots \\ \Delta\ddot{\boldsymbol{u}}_i &= \dddot{\boldsymbol{u}}_i\Delta t + \cdots \end{aligned}\right\} \tag{5-63}$$

由式(5-63)中的前两式可以得出：

$$\Delta\dot{\boldsymbol{u}}_i = 3\frac{\Delta\boldsymbol{u}_i}{\Delta t} - 3\dot{\boldsymbol{u}}_i - \frac{1}{2}\ddot{\boldsymbol{u}}_i\Delta t \tag{5-64}$$

由式(5-63)中的后两式可以得出：

$$\Delta\ddot{\boldsymbol{u}}_i = 6\frac{\Delta\boldsymbol{u}_i}{\Delta t^2} - 6\frac{\dot{\boldsymbol{u}}_i}{\Delta t} - 3\ddot{\boldsymbol{u}}_i \tag{5-65}$$

将式(5-64)和式(5-65)代入式(5-10)，即可将原来的增量微分方程转化为关于 $\Delta\boldsymbol{u}$ 的代数方程，即

$$\left(\frac{6}{\Delta t^2}\boldsymbol{M} + \frac{3}{\Delta t}\boldsymbol{C} + \boldsymbol{K}\right)\Delta\boldsymbol{u}_i = \boldsymbol{M}\left(\frac{6}{\Delta t}\dot{\boldsymbol{u}}_i + 3\ddot{\boldsymbol{u}}_i\right) + \boldsymbol{C}\left(3\dot{\boldsymbol{u}}_i + \frac{\Delta t}{2}\boldsymbol{u}_i\right) + \Delta\boldsymbol{F}_{\mathrm{P}i} \tag{5-66}$$

令

$$\bar{\boldsymbol{K}} = \frac{6}{\Delta t^2}\boldsymbol{M} + \frac{3}{\Delta t}\boldsymbol{C} + \boldsymbol{K} \tag{5-67}$$

$$\Delta\bar{\boldsymbol{P}}_i = \boldsymbol{M}\left(\frac{6}{\Delta t}\dot{\boldsymbol{u}}_i + 3\ddot{\boldsymbol{u}}_i\right) + \boldsymbol{C}\left(3\dot{\boldsymbol{u}}_i + \frac{\Delta t}{2}\boldsymbol{u}_i\right) + \Delta\boldsymbol{F}_{\mathrm{P}i} \tag{5-68}$$

则式(5-66)可写为

$$\bar{\boldsymbol{K}}\Delta\boldsymbol{u}_i = \Delta\bar{\boldsymbol{P}}_i \tag{5-69}$$

式(5-69)中 i 的取值为 0，1，2，…，n；n 为计算时程的离散时段数。

根据初始条件和后续计算过程可知，在任一时刻 t_{i+1}，$\dot{\boldsymbol{u}}_i$、$\ddot{\boldsymbol{u}}_i$ 均为已知，故式(5-69)类似静力位移求解。通常称式(5-63)为拟静力增量方程，而 $\bar{\boldsymbol{K}}$ 为拟静力增量刚度矩阵，$\Delta\bar{\boldsymbol{P}}$ 为拟静力荷载向量。

由式(5-69)求出 $\Delta\boldsymbol{u}_i$，再代入式(5-64)，求出 $\Delta\dot{\boldsymbol{u}}_i$，然后按照式(5-70)，计算位移和速度向量：

$$\left.\begin{aligned} \boldsymbol{u}_{i+1} &= \boldsymbol{u}_i + \Delta\boldsymbol{u} \\ \dot{\boldsymbol{u}}_{i+1} &= \dot{\boldsymbol{u}}_i + \Delta\dot{\boldsymbol{u}} \end{aligned}\right\} \tag{5-70}$$

之后，仍由振动方程式(5-56)计算出 $\ddot{\boldsymbol{u}}_{i+1}$。

$$\ddot{\boldsymbol{u}}_{i+1} = -\boldsymbol{M}^{-1}(\boldsymbol{C}_{i+1}\dot{\boldsymbol{u}}_{i+1} + \boldsymbol{K}_{i+1}\boldsymbol{u}_{i+1} - \boldsymbol{P}_{i+1}) \tag{5-71}$$

需要说明的是，之所以这里不采用式(5-58)求解 $\ddot{\boldsymbol{u}}_{i+1}$，而由振动方程直接求解，是为了避免每一时间步长计算的误差累计。

线性加速度法是有条件稳定的数值计算方法。当 $\Delta t/T$（T 为结构基本周期）过大时，结构反应会出现振荡现象，使正确解处于一个步长的始末之间。已证明线性加速度的收敛条件是 $\Delta t/T \leqslant 0.389$，稳定条件是 $\Delta t/T \leqslant 0.551$。

5.6 Newmark-β 法

在线性加速度法的基础上，通过对 $t_i \sim t_{i+1}$ 时间段内加速度变化规律的假设，引入两个

参数 β、γ 后，仍然以 t_i 时刻的响应为初始值，通过积分方法得到 t_{i+1} 时刻运动响应的外推计算公式，这样的计算方法称为 Newmark-β 法。

5.6.1 Newmark-β 法计算公式

1. 单自由度体系的计算公式

如图 5-5 所示，离散时间点 t_i 和 t_{i+1} 时刻的加速度分别是 $\ddot{u}_i$ 和 $\ddot{u}_{i+1}$，假设在 t_i 和 t_{i+1} 时刻之间的加速度值是介于 $\ddot{u}_i$ 和 $\ddot{u}_{i+1}$ 之间的某一常量，记为 a。根据 Newmark-β 法的假设，有：

$$a=(1-\gamma)\ddot{u}_i+\gamma\ddot{u}_{i+1}\quad(0\leqslant\gamma\leqslant 1)\tag{5-72}$$

$$a=(1-2\beta)\ddot{u}_i+2\beta\ddot{u}_{i+1}\quad(0\leqslant\beta\leqslant 1/2)\tag{5-73}$$

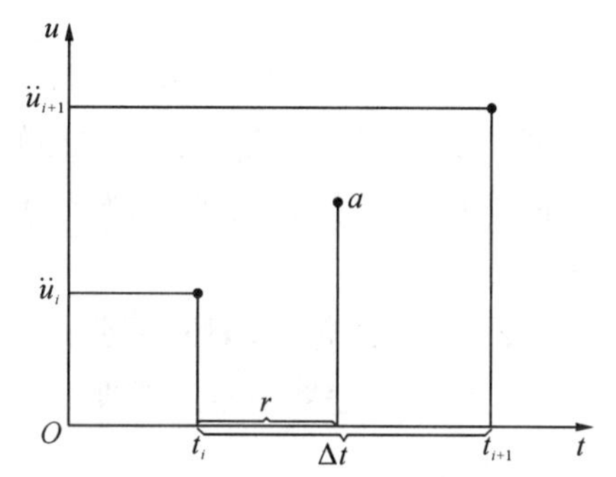

图 5-5 Newmark-β 法时间离散点和加速度假设

在时间 t_i 和 t_{i+1} 的时间段上，对加速度 a 进行积分，可得 t_{i+1} 时刻的速度和位移：

$$\dot{u}_{i+1}=\dot{u}+a\cdot\Delta t\tag{5-74}$$

$$u_{i+1}=u_i+\dot{u}\cdot\Delta t+\frac{1}{2}a\cdot(\Delta t)^2\tag{5-75}$$

将式(5-72)代入式(5-74)，将式(5-73)代入式(5-75)，得到：

$$\left.\begin{aligned}\dot{u}_{i+1}&=\dot{u}_i+(1-\gamma)\Delta t\cdot\ddot{u}_i+\gamma\cdot\Delta t\cdot\ddot{u}_{i+1}\\u_{i+1}&=u_i+\Delta t\cdot\dot{u}_i+\left(\frac{1}{2}-\beta\right)\cdot(\Delta t)^2\cdot\ddot{u}_i+\beta\cdot(\Delta t)^2\cdot\ddot{u}_{i+1}\end{aligned}\right\}\tag{5-76}$$

式(5-76)是 Newmark-β 法的两个基本递推公式。将这两个公式代入运动方程，可得到 t_{i+1} 时刻的速度和加速度的计算公式：

$$\left.\begin{aligned}\ddot{u}_{i+1}&=\frac{1}{\beta(\Delta t)^2}(u_{i+1}-u_i)-\frac{1}{\beta\Delta t}\dot{u}_i-\left(\frac{1}{2\beta}-1\right)\ddot{u}_i\\\dot{u}_{i+1}&=\frac{\gamma}{\beta\Delta t}(u_{i+1}-u_i)+\left(1-\frac{\gamma}{\beta}\right)\dot{u}_i+\left(1-\frac{\gamma}{2\beta}\right)\ddot{u}_i\cdot\Delta t\end{aligned}\right\}\tag{5-77}$$

满足 t_{i+1} 时刻的运动控制方程为

$$m\ddot{u}_{i+1}+c\dot{u}_{i+1}+ku_{i+1}=P_{i+1}\tag{5-78}$$

将式(5-77)代入式(5-78)得到：

$$\hat{k}u_{i+1}=\hat{P}_{i+1}\tag{5-79}$$

其中，$\hat{k}$ 称为等效刚度，$\hat{P}_{i+1}$ 称为等效荷载。

$$\hat{k}=k+\frac{1}{\beta\cdot(\Delta t)^2}m+\frac{\gamma}{\beta\Delta t}c \tag{5-80}$$

$$\hat{P}_{i+1}=P_{i+1}+\left[\frac{1}{\beta\cdot(\Delta t)^2}u_i+\frac{1}{\beta\Delta t}\dot{u}_i+\left(\frac{1}{2\beta}-1\right)\ddot{u}_i\right]m+\left[\frac{\gamma}{\beta\Delta t}u_i+\left(\frac{\gamma}{\beta}-1\right)\dot{u}_i+\frac{\Delta t}{2}\left(\frac{\gamma}{\beta}-2\right)\ddot{u}_i\right]c \tag{5-81}$$

由式(5-81)可知,等效荷载 $\hat{P}_{i+1}$ 是由 t_i 时刻的位移、速度和加速度以及 t_{i+1} 时刻的外荷载决定的,也就是说可预先求得的。因此,可以依次根据式(5-79)和式(5-77)求出 t_{i+1} 时刻的位移、速度和加速度。循环上述步骤,可求得所有离散时间点上的位移、速度和加速度。

2. 多自由度体系的计算公式

将线性加速度法的公式即式(5-77)进行改写得到:

$$\left.\begin{aligned}\boldsymbol{u}_{i+1}&=\boldsymbol{u}_i+\Delta t\dot{\boldsymbol{u}}_i+\frac{\Delta t^2}{2}\ddot{\boldsymbol{u}}_i+\beta\Delta t^3\dddot{\boldsymbol{u}}_i\\ \dot{\boldsymbol{u}}_{i+1}&=\dot{\boldsymbol{u}}_i+\Delta t\ddot{\boldsymbol{u}}_i+\gamma\Delta t^2\dddot{\boldsymbol{u}}_i\end{aligned}\right\} \tag{5-82}$$

其中,β、γ 是按积分精度和稳定性要求而确定的参数。仍旧假定加速度在时间步长内是线性的。将式(5-72)和式(5-73)代入式(5-82),得

$$\left.\begin{aligned}\boldsymbol{u}_{i+1}&=\boldsymbol{u}_i+\Delta t\dot{\boldsymbol{u}}_i+\left(\frac{1}{2}-\beta\right)\Delta t^2\ddot{\boldsymbol{u}}_i+\beta\Delta t^2\ddot{\boldsymbol{u}}_{i+1}\\ \dot{\boldsymbol{u}}_{i+1}&=\dot{\boldsymbol{u}}_i+(1-\gamma)\Delta t\ddot{\boldsymbol{u}}_i+\gamma\Delta t\ddot{\boldsymbol{u}}_{i+1}\end{aligned}\right\} \tag{5-83}$$

式(5-83)就是多自由度体系的 Newmark-β 法的递推计算公式。该两式代入多自由系统的运动方程,可得 t_{i+1} 时刻的加速度和速度的计算公式:

$$\left.\begin{aligned}\ddot{\boldsymbol{u}}_{i+1}&=\frac{1}{\beta(\Delta t)^2}(\boldsymbol{u}_{i+1}-\boldsymbol{u}_i)-\frac{1}{\beta\Delta t}\dot{\boldsymbol{u}}_i-\left(\frac{1}{2\beta}-1\right)\ddot{\boldsymbol{u}}_i\\ \dot{\boldsymbol{u}}_{i+1}&=\frac{\gamma}{\beta\Delta t}(\boldsymbol{u}_{i+1}-\boldsymbol{u}_i)+\left(1-\frac{\gamma}{\beta}\right)\dot{\boldsymbol{u}}_i+\left(1-\frac{\gamma}{2\beta}\right)\ddot{\boldsymbol{u}}_i\cdot\Delta t\end{aligned}\right\} \tag{5-84}$$

再由多自由度体系的运动方程可得:

$$\hat{\boldsymbol{K}}\boldsymbol{u}_{i+1}=\hat{\boldsymbol{P}}_{i+1} \tag{5-85}$$

其中,$\hat{\boldsymbol{K}}$ 称为等效刚度矩阵,$\hat{\boldsymbol{P}}_{i+1}$ 称为等效荷载向量。

$$\hat{\boldsymbol{K}}=\boldsymbol{K}+\frac{1}{\beta(\Delta t)^2}\boldsymbol{M}+\frac{\gamma}{\beta\Delta t}\boldsymbol{C} \tag{5-86}$$

$$\hat{\boldsymbol{P}}_{i+1}=\boldsymbol{P}_{i+1}+\left[\frac{1}{\beta(\Delta t)^2}\boldsymbol{u}_i+\frac{1}{\beta\Delta t}\dot{\boldsymbol{u}}_i+\left(\frac{1}{2\beta}-1\right)\ddot{\boldsymbol{u}}_i\right]\boldsymbol{M}+\left[\frac{\gamma}{\beta\Delta t}\boldsymbol{u}_i+\left(\frac{\gamma}{\beta}-1\right)\dot{\boldsymbol{u}}_i+\frac{\Delta t}{2}\left(\frac{\gamma}{\beta}-2\right)\ddot{\boldsymbol{u}}_i\right]\boldsymbol{C} \tag{5-87}$$

式(5-84)～式(5-87)组成了多自由度体系的 Newmark-β 法递推计算公式。

5.6.2 Newmark-β 法计算步骤

(1) 基本数据准备和初始条件计算:

① 选择时间步长 Δt 和积分参数 γ、β，并计算积分常数

$$\left.\begin{aligned} &a_0=\frac{1}{\beta(\Delta t)^2},\quad a_1=\frac{\gamma}{\beta\Delta t},\quad a_2=\frac{1}{\beta\Delta t},\quad a_3=\frac{1}{2\beta}-1,\\ &a_4=\frac{\gamma}{\beta}-1,\quad a_5=\frac{\Delta t}{2}\left(\frac{\gamma}{\beta}-2\right),\quad a_6=\Delta t(1-\gamma),\quad a_7=\gamma\Delta t \end{aligned}\right\} \tag{5-88}$$

② 确定运动的初始值 $\boldsymbol{u}_0$、$\dot{\boldsymbol{u}}_0$ 和 $\ddot{\boldsymbol{u}}_0$。

(2) 组成该体系的刚度矩阵 $\boldsymbol{K}$、质量矩阵 $\boldsymbol{M}$ 和阻尼矩阵 $\boldsymbol{C}$

(3) 形成等效刚度 $\hat{\boldsymbol{K}}$，即:

$$\hat{\boldsymbol{K}}=\boldsymbol{K}+a_0\boldsymbol{M}+a_1\boldsymbol{C} \tag{5-89}$$

(4) 计算 t_{i+1} 时刻的等效荷载，即:

$$\hat{\boldsymbol{P}}_{i+1}=\boldsymbol{P}_{i+1}+\boldsymbol{M}[a_0\boldsymbol{u}_i+a_2\dot{\boldsymbol{u}}_i+a_3\ddot{\boldsymbol{u}}_i]+\boldsymbol{C}[a_1\boldsymbol{u}_i+a_4\dot{\boldsymbol{u}}_i+a_5\ddot{\boldsymbol{u}}_i] \tag{5-90}$$

(5) 求解 t_{i+1} 时刻的位移(用 LDLT 分解法求解)，即 $\hat{\boldsymbol{K}}\boldsymbol{u}_{i+1}=\hat{\boldsymbol{P}}_{i+1}$。

(6) 计算 t_{i+1} 时刻的加速度和速度，即:

$$\left.\begin{aligned} &\ddot{\boldsymbol{u}}_{i+1}=a_0(\boldsymbol{u}_{i+1}-\boldsymbol{u}_i)-a_2\dot{\boldsymbol{u}}_i-a_3\ddot{\boldsymbol{u}}_i\\ &\dot{\boldsymbol{u}}_{i+1}=\dot{\boldsymbol{u}}_i+a_6\ddot{\boldsymbol{u}}_i+a_7\ddot{\boldsymbol{u}}_{i+1} \end{aligned}\right\} \tag{5-91}$$

循环计算步骤(4)至(6)，可以得到线弹性体系在任意一时刻的动力反应，对于非线性问题，则应循环步骤(2) 至(6)完成计算。

5.6.3 Newmark-β 法计算稳定性

对于无阻尼系统，若式(5-92)成立，则 Newmark-β 法为有条件稳定。

$$\gamma\geqslant\frac{1}{2};\quad \beta\leqslant\frac{1}{2};\quad \Delta t\leqslant\frac{1}{\omega_{\max}\sqrt{\gamma/2-\beta}} \tag{5-92}$$

式中，$\omega_{\max}$ 为结构中的最大频率。

若式(5-93)成立，则 Newmark-β 法为无条件稳定。

$$2\beta\geqslant\gamma\geqslant\frac{1}{2} \tag{5-93}$$

但是，$\gamma>1/2$ 会引起误差，且误差与阻尼和周期延长有关。

对于大型多自由度体系，由式(5-88)得出的时间步长的限制可按式(5-94)确定。

$$\frac{\Delta t}{T_{\min}} \leqslant \frac{1}{2\pi\sqrt{\gamma/2-\beta}} \tag{5-94}$$

大型结构的计算模型通常包含很多小于积分时间步长的周期，因此，有必要选择一个对所有时间步长都是无条件稳定的数值积分法。

5.6.4 Newmark-β 法的讨论

依据式(5-76)和式(5-83)，在 Newmark-β 数值积分方法中，指定积分参数β、γ不同的取值，可得到不同的数值积分方法，其精度也不相同，如表 5-1 所列。

表 5-1 修正的 Newmark-β 方法及其精度

方法	γ	β	$\frac{\Delta t}{T_{\min}}$	精度
中心差分法	1/2	0	0.318 3	对于较小 Δt 极好，对于较大 Δt 则不稳定
线性加速度法	1/2	1/6	0.551 3	对于较小 Δt 非常好，对于较大 Δt 则不稳定
平均加速度法	1/2	1/4	∞	对于较小 Δt 较好，无能量损耗
修正平均加速度法	1/2	1/4	∞	对于较小 Δt 较好，对于较大 Δt 则有能量损耗

5.7 Wilson-θ 法

计算中观察到一种现象，即 Newmark-β 法不稳定的解趋向于在真实解附近振荡。若在时间增量内计算数值解，使这种振荡减到最小，引入系数θ，对时间步长和荷载进行修正，可使这种震荡减小。在常规的 Newmark-β 法中通过引入一个系数θ，使运算达到无条件的稳定，从而形成了 Wilson-θ 法。

设

$$\Delta t' = \theta \Delta t \tag{5-95}$$

其中，$\theta \geqslant 1.0$，则 Wilson-θ 法的加速度为

$$\boldsymbol{R}_t' = \boldsymbol{R}_j + \theta(\boldsymbol{R}_{j+1} - \boldsymbol{R}_j) \tag{5-96}$$

加速度、速度以及位移由式(5-97)—式(5-99)计算：

$$\ddot{\boldsymbol{u}}_{j+1} = \ddot{\boldsymbol{u}}_j + \frac{1}{\theta}(\ddot{\boldsymbol{u}}_t - \ddot{\boldsymbol{u}}_j) \tag{5-97}$$

$$\dot{\boldsymbol{u}}_{j+1} = \dot{\boldsymbol{u}}_j + (1-\gamma)\Delta t\ddot{\boldsymbol{u}}_j + \gamma\Delta t\ddot{\boldsymbol{u}}_{j+1} \tag{5-98}$$

$$\boldsymbol{u}_{j+1} = \boldsymbol{u}_j - \Delta t\dot{\boldsymbol{u}}_j + \frac{(1-2\beta)(\Delta t)^2}{2}\ddot{\boldsymbol{u}}_j + \beta(\Delta t)^2 t\ddot{\boldsymbol{u}}_{j+1} \tag{5-99}$$

引入系数θ，有助于在体系的高阶振型中消除数值阻尼。如果$\theta = 1$即为

Newmark-β法。

然而，当高阶振型响应贡献度较大时，引入的误差可能较大；另外，在时间 t 处，还存在精度不能满足动力平衡方程的情形，此时，不再推荐引入系数 θ，即不采用 Wilson-θ 法。

5.8 频率和振型的近似计算方法

5.8.1 能量法

能量法求解体系的频率和振型，主要有瑞利法和瑞利-里茨法两种。

1. 瑞利法

无论是多自由度体系还是无限自由度体系，当以某一特定的振动形状做自由振动时，该体系就在各点平衡位置附近以自振频率 ω 做简谐运动。按能量守恒原理，由振动引起体系的动能和势能之和为常数，故最大的动能 T_{max} 和最大的势能 U_{max} 也应相等，即

$$T_{max}=U_{max} \tag{5-100}$$

令体系的位移为

$$y(x,\ t)=y(x)\sin(\omega t+\varphi) \tag{5-101}$$

由式(5-101)可得出弯曲杆件变形体系中势能表达式：

$$U=\frac{1}{2}\int_0^l EI(x)\left[\frac{\partial^2 y(x,t)}{\partial x^2}\right]^2 \mathrm{d}x \tag{5-102}$$

体系的最大势能为

$$U_{max}=\frac{1}{2}\int_0^l EI(x)[y''(x)]^2 \mathrm{d}x \tag{5-103}$$

对质量变化的分布体系而言，其动能为

$$T=\frac{1}{2}\int_0^l m(x)\left[\frac{\partial y(x,t)}{\partial t}\right]^2 \mathrm{d}x \tag{5-104}$$

体系的最大动能为

$$T_{max}=\frac{1}{2}\omega^2\int_0^l m(x)[y(x)]^2 \mathrm{d}x \tag{5-105}$$

将式(5-103)和式(5-105)代入式(5-100)中，可得

$$\omega^2=\frac{\int_0^l EI(x)[y''(x)]^2 \mathrm{d}x}{\int_0^l m(x)[y(x)]^2 \mathrm{d}x} \tag{5-106}$$

式(5-106)为用瑞利法计算多自由度体系或无限自由度体系自振频率的公式。该式的力学含义阐释如下：

(1) 分子相当于假定振型函数下的广义刚度，而分母则是其广义质量。

(2) 当所选择的 $y(x)$ 正好与第一主振型成比例时，可求出第一频率的精确值。如果正好与第二主振型成比例，则可求出第二频率的精确值，依此类推。

(3) 一般情况下，并不能预知实际的振型曲线，所以用瑞利法计算的自振频率，其精度完全依赖于所假设的振型曲线函数 $y(x)$。

(4) 工程实际中，如能近似地给出与第一振型相类似的曲线，则能很好地估算基频，也可以计算高阶的自振频率，但其精度不高。

瑞利法的计算精度与如何选取第一主振型的近似函数密切相关，具体分析如下：

(1) 原则上，假设的振型曲线函数 $y(x)$ 满足杆件的几何边界条件，且尽量接近实际振型。但最好既满足几何边界条件，又满足力的边界条件，这样可以得到比较好的近似值。

(2) 实际选取时，通常将静挠曲线选作 $y(x)$。静挠曲线在分布重量 $m(x)g$ 作用下产生，此时体系势能等于外力所做的功：

$$U_{\max}=\frac{1}{2}\int_0^l m(x)gy(x)\mathrm{d}x \tag{5-107}$$

则式(5-106)可改写为

$$\omega^2=\frac{g\int_0^l m(x)y(x)\mathrm{d}x}{\int_0^l m(x)y^2(x)\mathrm{d}x} \tag{5-108}$$

(3) 工程中几种常见的结构形式的振型曲线假设，如下所述：

① 悬臂梁

第一主振型曲线假设为沿横向施加分布重量时的挠曲线，如图 5-6 所示。

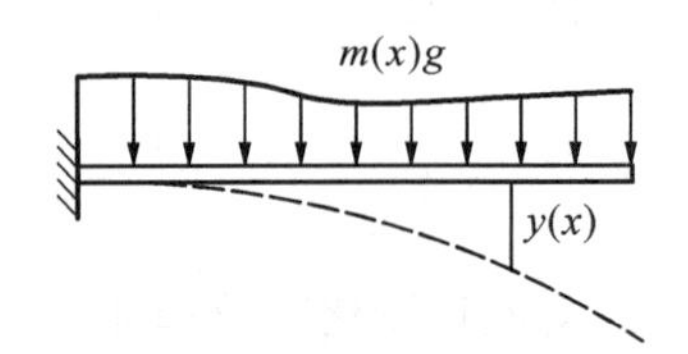

图 5-6　悬臂梁的第一主振型曲线

② 两跨连续梁

与第一主振型相似的曲线为两跨方向相反的挠曲线，因此分布重力必须反向施加，如图 5-7 所示。

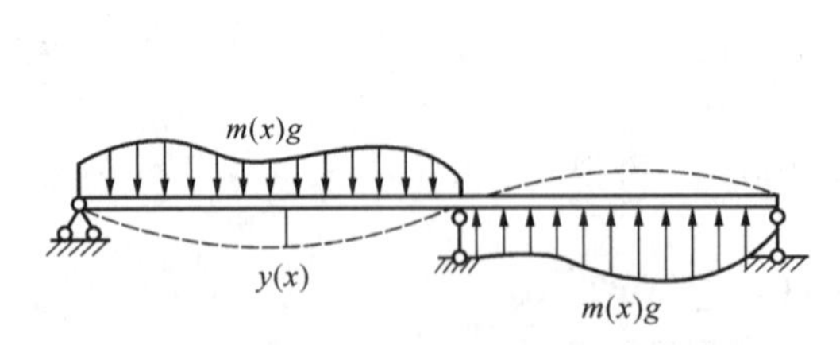

图 5-7　两跨连续梁的第一主振型曲线

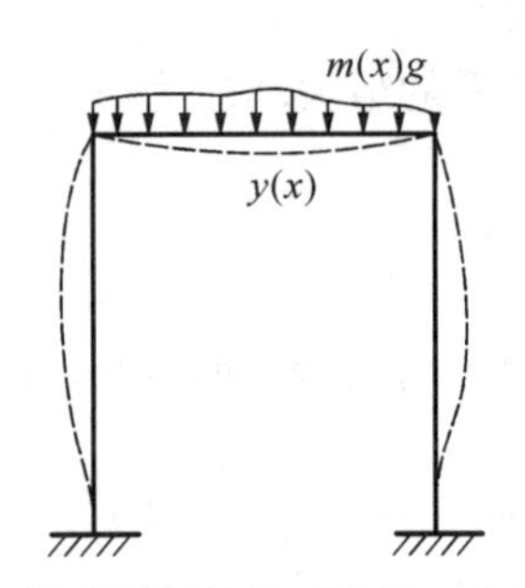

图 5-8　门式刚架的正对称第一主振型曲线

③ 门式刚架

若求解门式刚架正对称的振动频率，可在横梁上施加分布重力，得到与第一正对称振型相似的曲线，如图 5-8 所示。

若求解门式刚架反对称的振动频率，则在单侧立柱上施加分布重力，可得到与第一反对称振型相似的曲线。

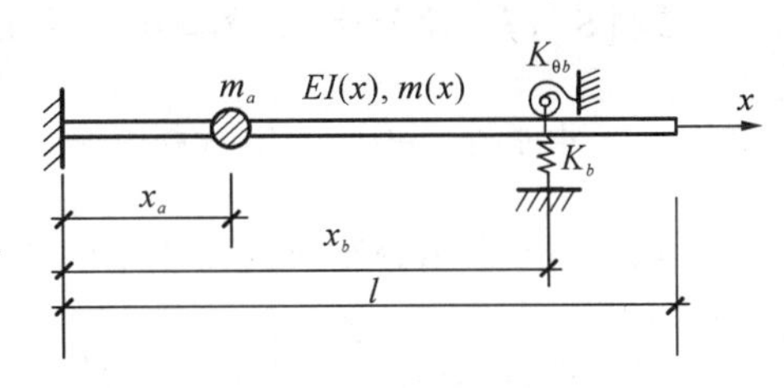

图 5-9 具有集中质量和弹簧的杆件

图 5-6—图 5-8 中绘出的 $m(x)g$ 是变重量分布下的挠曲线，实际计算 $y(x)$ 时是不方便的，因此，一般采用均匀重量或集中质量作用下的挠曲线。

在实际问题中，结构的杆件上可能有集中质量 M_a（在 $x=x_a$ 处），或者弹性支承，例如在 $x=x_b$ 处，有弹簧支撑(刚度为 K_b)，或者扭转弹簧(转动刚度 $K_{\theta b}$)，如图 5-9 所示。此时，体系的最大动能和最大势能为

$$\left.\begin{aligned} T_{\max} &= \frac{1}{2}\omega^2\int_0^l m(x)y^2(x)\mathrm{d}x + \frac{1}{2}\omega^2\sum_a M_a y^2(x_a) \\ U_{\max} &= \frac{1}{2}\int_0^l EI(x)[y''(x)]^2\mathrm{d}x + \frac{1}{2}\sum_b K_b y^2(x_b) + \frac{1}{2}\sum_b K_{\theta b}[y'(x_b)]^2 \end{aligned}\right\} \tag{5-109}$$

故

$$\omega^2 = \frac{\int_0^l EI(x)[y''(x)]^2\mathrm{d}x + \sum_b K_b y^2(x_b) + \sum_b K_a[y'(x_b)]^2}{\int_0^l m(x)y^2(x)\mathrm{d}x + \sum_a M_a y^2(x_a)} \tag{5-110}$$

当杆件上无弹性支承时（即 $K_b=K_{\theta b}=0$），若采用集中重量和分布重量共同作用下的挠曲线，将最大势能用外力功代替，则式(5-110)变为

$$\omega^2 = \frac{g\int_0^l m(x)y(x)\mathrm{d}x + g\sum_a M_a y(x_a)}{\int_0^l m(x)y^2(x)\mathrm{d}x + \sum_a M_a y^2(x_a)} \tag{5-111}$$

当无分布质量时，式(5-111)可进一步简化为

$$\omega^2 = \frac{g\sum_a M_a y(x_a)}{\sum_a M_a y^2(x_a)} \tag{5-112}$$

式(5-112)是用瑞利法计算多质点体系的表达式。

瑞利法是一种求解频率的近似方法，该方法有如下特点：

(1) 求得的基频的精度完全取决于所选择的函数 $y(x)$。

(2) 由于假设的振型曲线 $y(x)$ 必须与支承条件一致，且不一定是真实的形状，而对于

这种不是真实形状的 $y(x)$，为保持平衡，相当于体系有附加的外部约束作用，使得体系刚度增加，即应变能加大，所以，由此计算出的频率是大于真实频率的。

(3) 瑞利法一般用于估算基频。若还需估算高频，则采用瑞利-里茨法。

【例 5-1】 设长为 l、弯曲刚度为 EI、单位长度分布质量为 m 的悬臂梁，在其自由端部有一集中质量 $2ml$，已知精确解为 $\omega=1.1582\sqrt{\dfrac{EI}{ml^4}}$。试用瑞利法确定悬臂梁的基频。

解 (1) 采用分布荷载作用下的挠曲线

$$y(x)=A(x^4-4lx^3+6l^2x^2)$$
$$y(l)=3Al^4$$

其中，$A=\dfrac{mg}{24EI}$。

代入式(5-111)中，因仅选择分布荷载作用，故分子第二项为零，则：

$$g\int_0^l m(x)y(x)\mathrm{d}x=Amg\int_0^l(x^4-4lx^3+6l^2x^2)\mathrm{d}x=\frac{6}{5}Amgl^5$$

分母的积分为

$$\begin{aligned}\int_0^l m(x)y^2(x)\mathrm{d}x+\sum_a M_a y^2(x_a)&=mA^2\int_0^l(x^4-4lx^3+6l^2x^2)\mathrm{d}x+2mly^2(l)A^2\\&=2.3111mA^2l^9+18mA^2l^9=20.3111mA^2l^9\end{aligned}$$

所以

$$\omega^2=\frac{\frac{6}{5}Amgl^5}{20.3111mA^2l^9}\approx0.05908\frac{g}{Al^4}=1.4179\frac{EI}{ml^4}$$

$$\omega=1.1908\sqrt{\frac{EI}{ml^4}}$$

与精确解 $\omega=1.1582\sqrt{\dfrac{EI}{ml^4}}$ 相比，误差为+2.8%。

(2) 采用端部集中重量作用下的挠曲线

$$y(x)=B(3lx^2-x^3)$$
$$y(l)=2Bl^3$$

其中，$B=\dfrac{mgl}{3EI}$。

代入式(5-111)，分子中第一项为零，故：

$$\omega^2 = \frac{2mgl \cdot 2Bl^3}{mB^2\int_0^l (3lx^2 - x^3)^2 \mathrm{d}x + 2ml(2Bl^3)^2}$$

$$= \frac{4Bmgl^4}{8.942\,9mB^2l^7} \approx 0.447\,3\frac{g}{Bl^3} = \frac{1.341\,8EI}{ml^4}$$

则

$$\omega = 1.158\,4\sqrt{\frac{EI}{ml^4}}$$

与精确解 $\omega = 1.158\,2\sqrt{\frac{EI}{ml^4}}$ 相比，误差为$+0.02\%$。

从本例题的求解结果可以看出：

(1) 采用挠曲线是基频振型的一种很有效的形状。

(2) 第二种方法比第一种方法好，原因是本例题的集中重量比分布重量影响大，其挠曲线更接近于实际的基本振型(即第一振型)。

【例 5-2】 如图 5-10 所示刚架，刚架各杆弯曲刚度均为 EI，分布质量为 m，横梁跨中有一集中重量 G 作用。试用瑞利法求该刚架的基频。

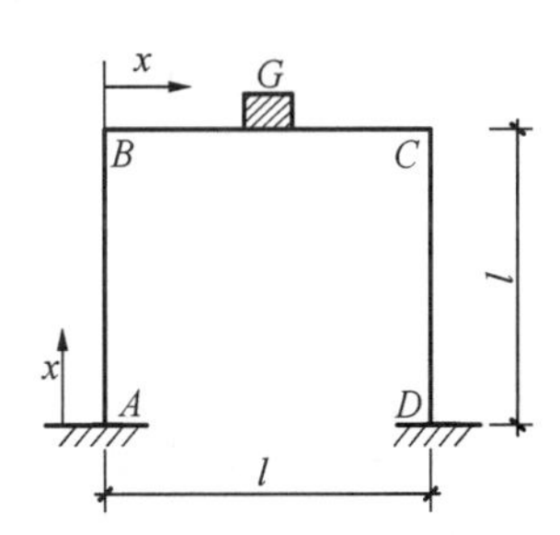

图 5-10 横梁跨中有质量的刚架

解 梁、柱坐标系选择如图 5-11 所示。

由于刚架顶部水平方向作用一个力 G，一般刚架基频对应的振动形状为水平方向的振动变形，故选择在水平力作用下的挠曲线为位移函数时如图 5-11(a)所示，对应的弯矩图如图 5-11(b)所示。

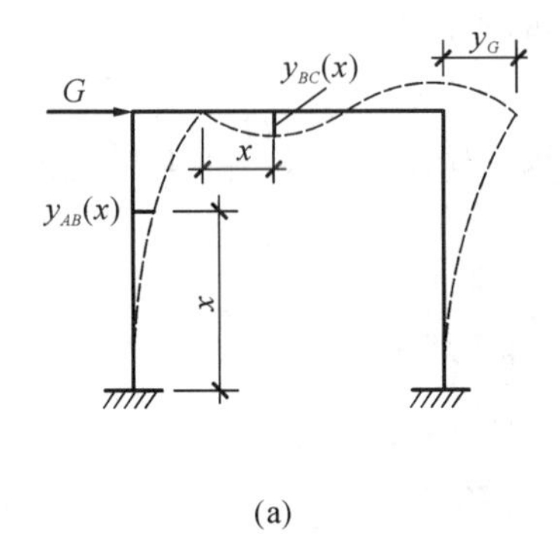

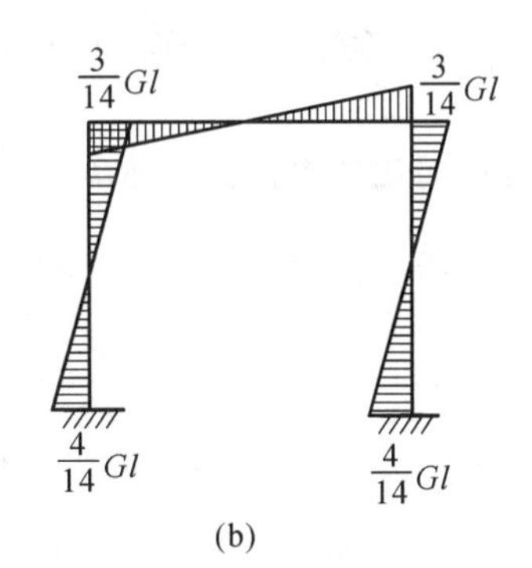

图 5-11 刚架的坐标系和弯矩图

求各梁或柱的挠曲线时，可分别在刚架的梁或柱上任一点 x 处作用单位力，绘出各自的弯矩图，然后与图 5-11(b)图乘，得到：

梁：
$$y_{BC}(x) = \frac{G}{28EI}(2x^3 - 3lx^2 + l^2x)$$

柱：
$$y_{AB}(x)=y_{CD}(x)=\frac{G}{84EI}(12lx^2-7x^3)$$

重量 G 作用点处的水平位移与柱顶部水平位移相等，即

$$y_G=y_{AB}(l)=\frac{5Gl^3}{84EI}$$

该体系的最大势能 U_{max} 即为外力 G 所做的功

$$U_{max}=\frac{G}{2}y_G=\frac{5G^2l^3}{168EI}$$

在计算最大动能时，应为四部分之和，这四部分分别是 AB、CD 两柱（动能相等）、横梁分布质量、集中质量 G 水平运动及横梁分布质量竖向运动的动能，即

$$\begin{aligned}T_{max}&=\left[m\int_0^l y_{AB}^2(x)\mathrm{d}x+\frac{m}{2}\int_0^l y_{BC}^2(x)\mathrm{d}x+\frac{ml}{2}y_G^2+\frac{G}{2g}y_G^2\right]\omega^2\\&=\left[\frac{20.321\,4mG^2l^7}{(84EI)^2}+\frac{12.5G^3l^6}{g(84EI)^2}\right]\omega^2\\&=\frac{12.5G^3l^6}{g(84EI)^2}\left(1.625\,7\frac{mgl}{G}+1\right)\omega^2\end{aligned}$$

则

$$\omega^2=\frac{5G^2l^3}{168EI}\times\frac{(84EI)^2g}{12.5G^3l^6\left(1.625\,7\frac{mgl}{G}+1\right)}=\frac{\omega_G^2}{\left(1+1.625\,7\frac{mgl}{G}\right)}$$

式中，$\omega_G^2=\frac{84EIg}{5Gl^3}$ 代表不考虑梁、柱分布质量刚架的频率。

本例题也可简化为由弹簧常数 $k=\frac{84EI}{5l^3}$ 和集中质量 $M=\left(\frac{G}{g}+1.625\,7ml\right)$ 组成的单自由度体系。最后，得基频为

$$\omega=4.098\,8\sqrt{\frac{\frac{EIg}{Gl^3}}{1+1.625\,7\frac{mgl}{G}}}$$

2. 瑞利-里茨法

瑞利-里茨法可求高阶固有频率和主振型的近似值。瑞利-里茨法的基本思想是把体系折减为有限自由度体系，将位移函数表示为

$$y(x)=\sum_{i=1}^{n}a_i\psi_i(x)\quad(i=1,2,3,\cdots,n)\tag{5-113}$$

式中 $\varphi_i(x)$ —— n 个独立的可能位移函数，它必须满足几何边界条件；

a_i —— $\varphi_i(x)$ 对应的任意参数。

显然，这里假定的位移并不是精确的振型函数。同瑞利法一样，本方法计算出的频率也偏高。为了尽可能地接近精确值，即减少附加约束的影响，参数 a_i 的选择应使式(5-106)确定的频率为一极小值，即

$$\frac{\partial\omega^2}{\partial a_i}=0 \quad (i=1,\ 2,\ 3,\ \cdots,\ n) \tag{5-114}$$

这在数学上就形成了一个方程组，由此可得到关于 ω^2 的 n 阶行列式，从而给出前 n 个频率的近似值。具体推导过程如下。

将式(5-113)中 $y(x)$ 级数代入式(5-106)，则有

$$\begin{aligned}\omega^2&=\frac{\int_0^l EI(x)\left[\sum_{i=1}^n a_i\frac{\mathrm{d}^2\psi_i(x)}{\mathrm{d}x^2}\right]\left[\sum_{j=1}^n a_j\frac{\mathrm{d}^2\psi_j(x)}{\mathrm{d}x^2}\right]\mathrm{d}x}{\int_0^l m(x)\left[\sum_{i=1}^n a_i\psi_i(x)\right]\left[\sum_{j=1}^n a_j\psi_j(x)\right]\mathrm{d}x}\\&=\frac{\sum_{i=1}^n\sum_{j=1}^n a_ia_j\int_0^t EI(x)\frac{\mathrm{d}^2\psi_i(x)}{\mathrm{d}x^2}\times\frac{\mathrm{d}^2\psi_j(x)}{\mathrm{d}x^2}\mathrm{d}x}{\sum_{i=1,\ j=1}^n\sum_i^n a_ia_j\int_0^1 m(x)\psi_i(x)\psi_j(x)\mathrm{d}x}\\&=\frac{\sum_{i=1}^n\sum_{j=1}^n k_{ij}a_ia_j}{\sum_{i=1,\ j=1}^n\sum m_{ij}a_ia_j}\end{aligned} \tag{5-115}$$

其中：

$$k_{ij}=\int_0^t EI(x)\frac{\mathrm{d}^2\psi_i(x)}{\mathrm{d}x^2}\times\frac{\mathrm{d}^2\psi_j(x)}{\mathrm{d}x}\mathrm{d}x \tag{5-116}$$

$$m_{ij}=\int_0^t m(x)\psi_i(x)\psi_j(x)\mathrm{d}x \tag{5-117}$$

由式(5-116)和式(5-117)可知：

$$k_{ij}=k_{ji},\quad m_{ij}=m_{ji} \tag{5-118}$$

用矩阵形式表示式(5-115)，即

$$\omega^2=\frac{\boldsymbol{a}^{\mathrm{T}}\boldsymbol{K}\boldsymbol{a}}{\boldsymbol{a}^{\mathrm{T}}\boldsymbol{M}\boldsymbol{a}}=\frac{\boldsymbol{K}}{\boldsymbol{M}} \tag{5-119}$$

式(5-119)中：

$$\boldsymbol{a}=[a_1,\ a_2,\ \cdots,\ a_n]$$

是参数 a 的向量，$\boldsymbol{K}$、$\boldsymbol{M}$ 分别为 n 阶对称矩阵，且有

$$\left.\begin{aligned}\boldsymbol{K}=\boldsymbol{a}^{\mathrm{T}}\boldsymbol{K}\boldsymbol{a}\\ \boldsymbol{M}=\boldsymbol{a}^{\mathrm{T}}\boldsymbol{M}\boldsymbol{a}\end{aligned}\right\} \tag{5-120}$$

依据式(5-114)可得

$$\frac{\partial\omega^2}{\partial a_i}=\frac{\boldsymbol{M}\dfrac{\partial\boldsymbol{K}}{\partial a_i}-\boldsymbol{K}\dfrac{\partial\boldsymbol{M}}{\partial a_i}}{\boldsymbol{M}^2}=0 \tag{5-121}$$

当对 a_i 求偏导时，结合式(5-120)，有

$$\frac{\partial\boldsymbol{K}}{\partial a_i}=\frac{\partial}{\partial a_i}\boldsymbol{a}^{\mathrm{T}}\boldsymbol{K}\boldsymbol{a}=2\sum_{j=1}^{n}k_{ij}a_j\quad(i=1,\ 2,\ 3,\ \cdots,\ n) \tag{5-122}$$

$$\frac{\partial\boldsymbol{M}}{\partial a_i}=\frac{\partial}{\partial a_i}\boldsymbol{a}^{\mathrm{T}}\boldsymbol{M}\boldsymbol{a}=2\sum_{j=1}^{n}M_{ij}a_j\quad(i=1,\ 2,\ 3,\ \cdots,\ n) \tag{5-123}$$

将以上两式代入式(5-121)，对于极小值应使分子等于零，可得

$$\sum_{j=1}^{n}(k_{ij}-\omega^2m_{ij})a_j=0\quad(i=1,\ 2,\ 3,\ \cdots,\ n) \tag{5-124}$$

用矩阵形式表示式(5-124)，即

$$(\boldsymbol{K}-\omega^2\boldsymbol{M})\boldsymbol{a}=0 \tag{5-125}$$

式(5-125)的表达形式完全与多自由度体系相同。

当获得 n 个固有频率及相应振型的参数向量时，可由若干个振型的参数向量作线性组合，可非常接近真实振型向量，并且所选项数越多，结果越精确。

关于 $\varphi_i(x)$ 的选择，当受弯杆件的 $m(x)$ 和 $EI(x)$ 为常数时，若选取等截面梁的主振型，利用振型的正交性，可得

$$k_{ij}=0\quad(i\neq j),\quad m_{ij}=0\quad(i\neq j) \tag{5-126}$$

这样可使计算工作得到简化。

当杆件上既有弹性支承又有集中质量时，式(5-125)的表达形式不变，仅使式(5-116)和式(5-117)的 k_{ij} 和 m_{ij} 的计算式相应地做如下改变：

$$k_{ij}=\int_0^l EI(x)\frac{\mathrm{d}^2\psi_i(x)}{\mathrm{d}x^2}\times\frac{\mathrm{d}^2\psi_j(x)}{\mathrm{d}x^2}\mathrm{d}x+\sum_b K_b\psi_i(x_b)\psi_j(x_b)+\sum_b K_{\theta b}\psi'_i(x_b)\psi'_j(x_b) \tag{5-127}$$

$$m_{ij}=\int_0^l m(x)\psi_i(x)\psi_j(x)\mathrm{d}x+\sum_a M_a\psi_i(x_a)\psi_j(x_a) \tag{5-128}$$

以上分析是针对一根弯曲杆件进行的，若将该方法用于其他变形方式和几何形状，只需把 k_{ij}、m_{ij} 的定义做相应改变，使其与相应的应变能和动能表达式相适应即可。

5.8.2 集中质量法

将结构的分布质量转换成若干集中质量，使无限自由度体系近似地变为有限自由度体系，从而使自振特性的计算得到简化。

该方法假定将结构分成若干小段，切割的地方为连接点，或者将每一段的质量集中在重心，或者按杠杆原理将质量集中在它的两个连接点（或两端），使集中后的重力与原来的重力互为静力等效。

图 5-12 说明了对一个梁结构的分割与质量集中过程。首先，假设把梁分成 4 段，如图 5-12(a) 所示，每一段的质量按杠杆原理在它的节点上各自聚成集中质量，如图 5-12(b) 所示。然后，将同一节点上各相关段的集中质量加起来，例如：$M_1 = M_{1a} + M_{1b}$，$M_2 = M_{2b} + M_{2c}$，……。最后，得到图 5-12(c) 所示的集中质量体系。

静力等效集中质量方法假定全部质量集中在某些需要计算平动位移的点上，忽略转动影响，这样形成的质量矩阵呈对角形式，非对角元素为零，计算较为简便。

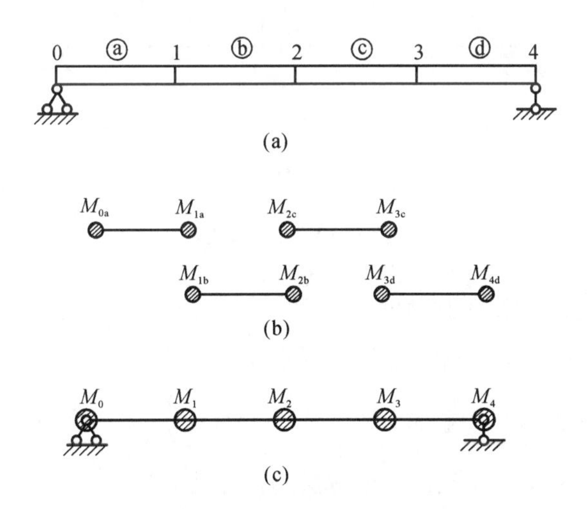

图 5-12 梁的分割与质量集中

结构分段的多少关系到计算精度。分段越多，越接近实际情况，但计算工作量就越大。一般情况下，当只要求解第一、第二自振频率时，将结构近似抽象为两三个自由度体系，便可满足工程要求的精度。对于某些特殊情况，如果仅需求第一自振频率，即使把实际结构简化为单自由度体系也能获得精度较高的结果。

【例 5-3】 分别用三种集中质量法（一个集中质量、两个集中质量和三个集中质量），求图 5-13 所示的等截面简支梁的自振频率。已知第一阶、第二阶和第三阶自振频率的精确解为 $\omega_1 = \dfrac{9.8696}{l^2}\sqrt{\dfrac{EI}{m}}$，$\omega_2 = \dfrac{39.4784}{l^2}\sqrt{\dfrac{EI}{m}}$，$\omega_3 = \dfrac{88.8264}{l^2}\sqrt{\dfrac{EI}{m}}$。

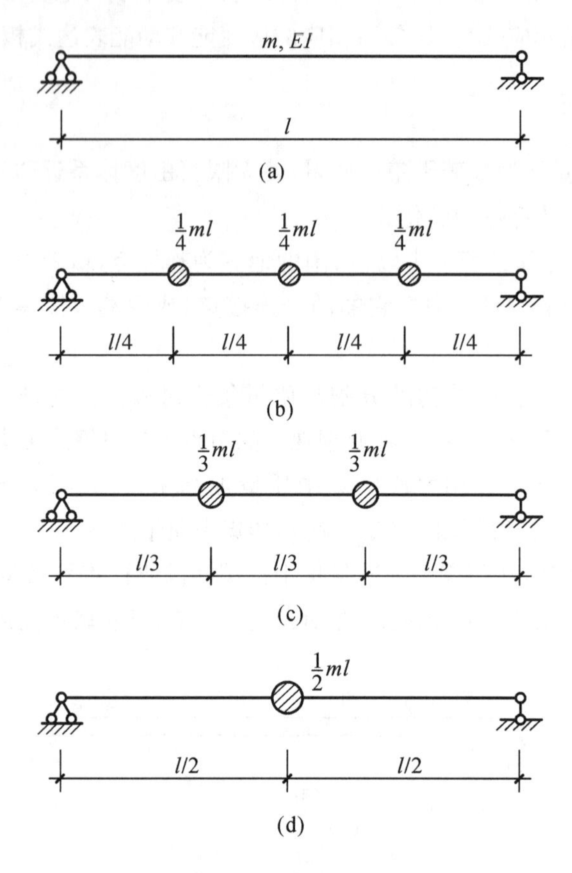

图 5-13　例 5-3 图

解　用三种方案求解，对比其精度。

(1) 三自由度体系[图 5-13(b)]

参照图 5-12 的质量集中过程，得 $M_1 = M_2 = M_3 = \frac{1}{4}ml$。此外，支承处的 M_0 和 M_4 不产生振动，故在图 5-13(b)中未绘出。该方法的计算结果为

$$\omega_1 = \frac{9.865}{l^2}\sqrt{\frac{EI}{m}} \quad \text{（相对精确解，误差为}-0.05\%\text{），}$$

$$\omega_2 = \frac{39.2}{l^2}\sqrt{\frac{EI}{m}} \quad \text{（相对精确解，误差为}-0.7\%\text{），}$$

$$\omega_3 = \frac{86.4}{l^2}\sqrt{\frac{EI}{m}} \quad \text{（相对精确解，误差为}-4.76\%\text{）。}$$

(2) 二自由度体系[图 5-13(c)]

采用同样的计算方法和过程可求得

$$\omega_1=\frac{9.86}{l^2}\sqrt{\frac{EI}{m}}\quad（相对精确解，误差为-0.1\%），$$

$$\omega_2=\frac{38.2}{l^2}\sqrt{\frac{EI}{m}}\quad（相对精确解，误差为-3.24\%）。$$

(3) 单自由度体系[图 5-13(d)]

采用同样的计算方法和过程可求得

$$\omega_1=\frac{9.798}{l^2}\sqrt{\frac{EI}{m}}\quad（相对精确解，误差为-0.7\%）$$

由上述等截面简支梁的计算结果可知：

(1) 所求得的第一阶频率的误差总是很小的，接近精确解，即使简化为单自由度体系，误差也甚微。

(2) 随集中质量数目增大，第二阶频率误差也较小，但总的趋势是随着频率的阶数增大，误差增大。

但是，不是所有的结构体系都是这样，例如等截面的悬臂梁和两端固定梁就不遵循上述规律，以等截面悬臂梁为例，分析如下。

【例 5-4】 采用近似实用计算方法，计算图 5-14 所示的等截面悬臂梁的自振频率。已知精确解：$\omega_1=\frac{3.418}{l^2}\sqrt{\frac{EI}{m}}$，$\omega_2=\frac{22.013}{l^2}\sqrt{\frac{EI}{m}}$，$\omega_3=\frac{61.725}{l^2}\sqrt{\frac{EI}{m}}$。

解 考虑图 5-14 所示三种方案，其结果为

方案一[图 5-14(a)]：

$$\omega_1=\frac{2.45}{l^2}\sqrt{\frac{EI}{m}}\quad（相对精确解，误差为-30,2\%）；$$

方案二[图 5-14(b)]：

$$\omega_1=\frac{3.10}{l^2}\sqrt{\frac{EI}{m}}\quad（相对精确解，误差为-11.7\%），$$

$$\omega_2=\frac{16.4}{l^2}\sqrt{\frac{EI}{m}}\quad（相对精确解，误差为-25.5\%）；$$

方案三[图 5-14(c)]：

$$\omega_1=\frac{3.35}{l^2}\sqrt{\frac{EI}{m}}\quad（相对精确解，误差为-4.56\%），$$

$$\omega_2=\frac{19.60}{l^2}\sqrt{\frac{EI}{m}}\quad（相对精确解，误差为-11.0\%），$$

$$\omega_3=\frac{50.8}{l^2}\sqrt{\frac{EI}{m}}\quad（相对精确解，误差为-17.7\%）。$$

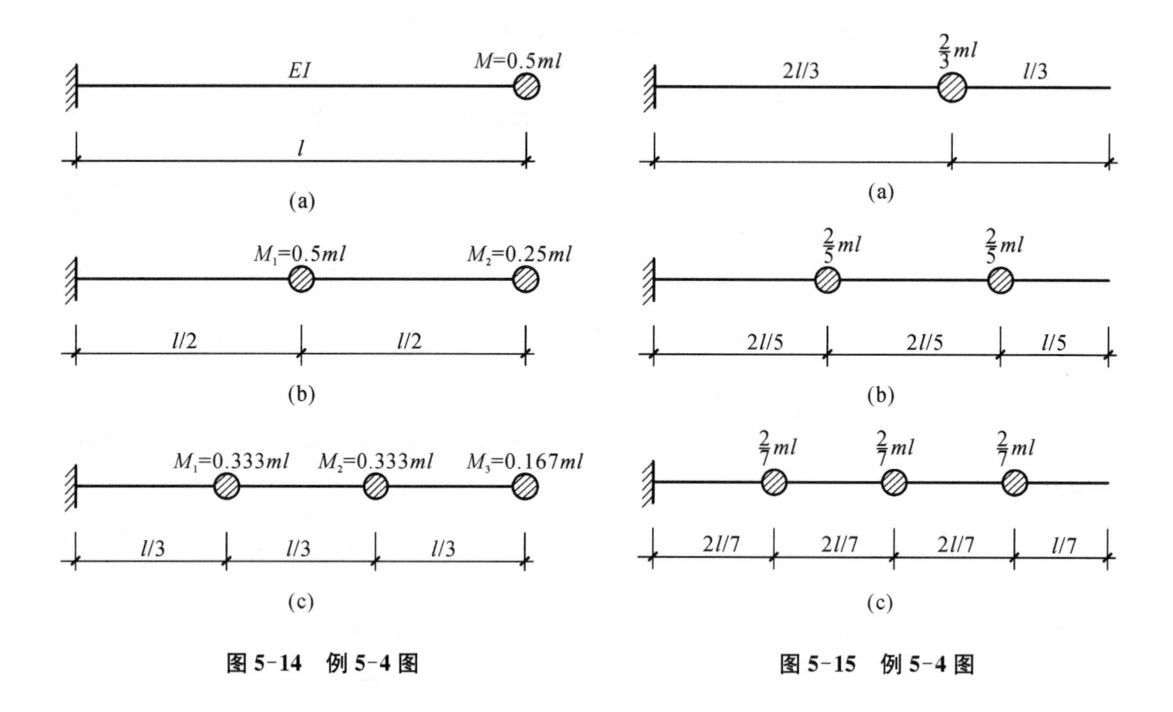

图 5-14 例 5-4 图

图 5-15 例 5-4 图

如果将以上三种方案的节点位置按各振动型的特点修改为如图 5-15 所示，则计算结果可以得到很好的改善，读者可以自行求解进行比较。

习 题

5-1 动力学数值积分方法有哪些？如何判断其优劣性？

5-2 常用的动力学数值计算方法之间存在怎样的关系？各自的稳定条件和精度是什么？

5-3 分析如下时域逐步积分算法的稳定性（设阻尼系数 $c=0$）。

$$u_{i+1}=u_i+\Delta t\dot{u}_i+\frac{(\Delta t)^2}{2m}(P_i-c\dot{u}_i-ku_i)$$

$$u_{i+1}=\frac{2(u_{i+1}-u_i)}{\Delta t}-u_i$$

5-4 如图所示的单自由度结构，质量为 17.5 t，总刚度为 875.5 kN/m，阻尼系数为 35 kN·s/m，结构柱的力-位移关系为理想弹塑性，屈服强度为 26.7 kN/m。采用中心差分逐步分析方法计算结构在给定脉冲荷载作用下的弹塑性反应。建议的时间步长为 $\Delta t=0.1$ s，首先检测稳定性条件，计算的总持时间为 1.2 s。初始时刻结构处于静止状态。

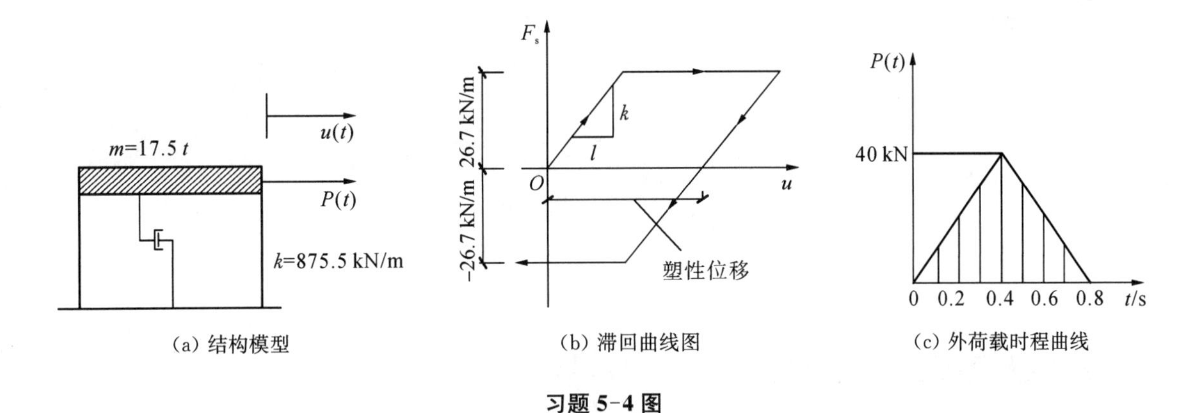

习题 5-4 图

5-5 分别用瑞利法、瑞利-里茨法和集中质量法，求下图所示第一自振频率。已知该体系为等截面悬臂梁，且在自由端用弹簧悬吊一集中质量 M，弹簧刚度 $k=\dfrac{2EI}{l^3}$，集中质量 $M=\dfrac{3}{2}ml$（提示：最好选择在质量 M 处沿竖向作用一集中力时的弹性位移作为位移函数）。

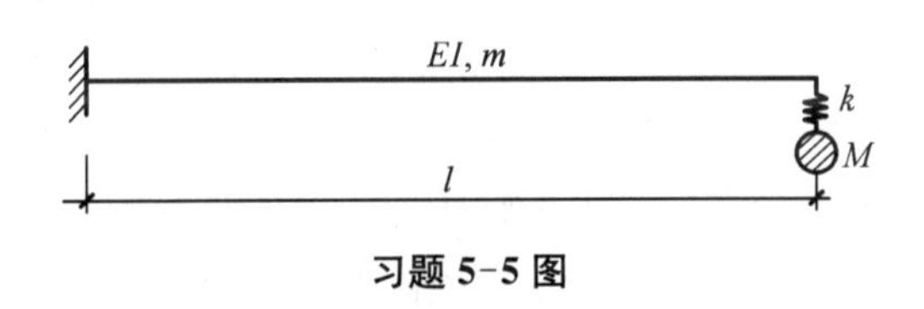

习题 5-5 图

附　录

A.1　坐标系及正方向规定

如图 A-1 所示，取曲梁微段弧 AB，弧长 dx，所对圆心角为 $d\alpha$，采用右手坐标系，且规定：x 轴沿轴线切线方向，所对应位移为 u；y 轴指向曲梁圆心，所对应位移为 v；z 轴铅垂向下，所对应位移为 w；φ 为绕 x 轴的扭转角。

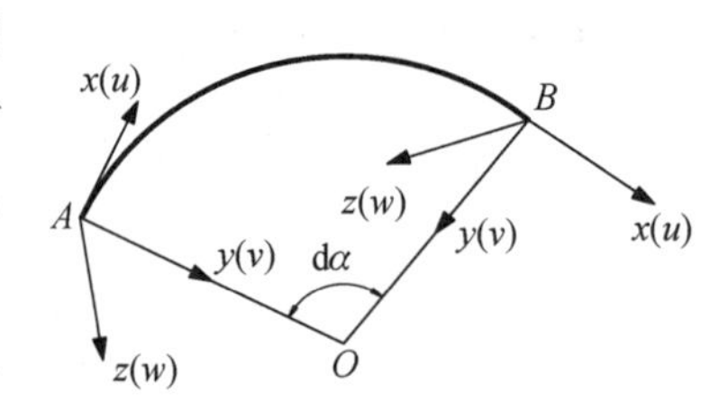

图 A-1　曲梁微段坐标系

对于圆弧 AB，规定从 A 到 B 为正向，则 B 端为正端，A 端为负端。内力与矢量的正方向参照材料力学习惯，规定如下：

（1）力、弯矩的矢量方向与坐标轴正方向一致时为正，反之为负。

（2）线位移、角位移的矢量方向与坐标轴正方向一致时为正，反之为负。

（3）正应变以轴向受拉为正，剪应变以使截面滑动方向与剪力方向一致为正。

（4）曲率平面内的弯曲应变（绕 z 轴的 κ_z）以使曲梁内侧受拉为正（即曲梁挠曲变形指向 y 轴正向）；平面外的弯曲应变（绕 y 轴的 κ_y）以使曲梁下侧受拉为正（即曲梁挠曲变形指向 z 轴正向）。

A.2　面内变形几何方程

曲率平面内的变形包括轴向的拉压和径向弯曲（或横向弯曲，绕 z 轴），如图 A-2 所示。

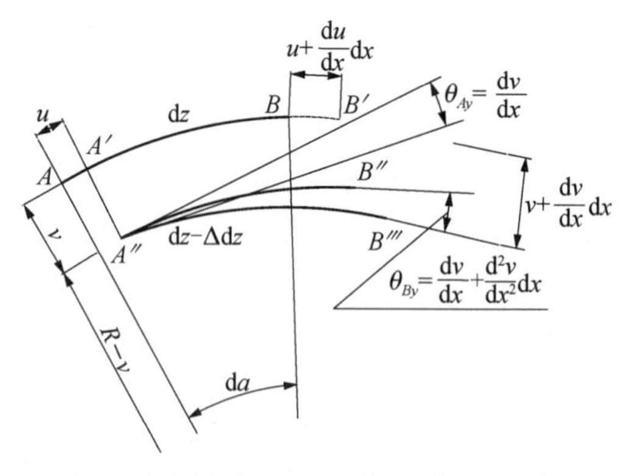

图 A-2　曲梁微段坐标系（绕 z 轴横向弯曲）

A.2.1　轴向正应变

轴向正应变应考虑径向位移因初曲率的影响而产生的附加项。在纯径向位移状态下，圆弧微段的伸长量为

$$\Delta_v dx = (R - v)d\alpha - R d\alpha = -v d\alpha = -\frac{v}{R}dx\,(dx = R d\alpha) \tag{A-1}$$

纯切向位移状态下，圆弧微段的伸长量为

$$\Delta_u \mathrm{d}x = u + \mathrm{d}u - u = u + \frac{\mathrm{d}u}{\mathrm{d}x}\mathrm{d}x - u = \frac{\mathrm{d}u}{\mathrm{d}x}\mathrm{d}x \tag{A-2}$$

故圆弧微段 AB 的轴向正应变为

$$\varepsilon = \frac{\Delta \mathrm{d}x}{\mathrm{d}x} = \frac{\Delta_u \mathrm{d}x + \Delta_v \mathrm{d}x}{\mathrm{d}x} = \frac{\frac{\mathrm{d}u}{\mathrm{d}x}\mathrm{d}x - \frac{v}{R}\mathrm{d}x}{\mathrm{d}x} = \frac{\mathrm{d}u}{\mathrm{d}x} - \frac{v}{R} \tag{A-3}$$

A.2.2 径向弯曲曲率

圆弧微段 AB 弯曲曲率包含两部分：一部分是弯曲变形引起的单位弧长的转角增量，也就是曲率半径变化引起的曲率变化量，即

$$\kappa_y = \frac{\theta_{By} - \theta_{Ay}}{\mathrm{d}x} + \left(\frac{1}{R - v} - \frac{1}{R}\right) \tag{A-4}$$

另一部分是圆弧微段 AB 变形至 $A''B''$ 后，弯曲变形产生的曲率：

$$\kappa'_y = \frac{\theta_{By} - \theta_{Ay}}{\mathrm{d}x} \tag{A-5}$$

由图 A-2 可知：

$$\left.\begin{aligned} \theta_{Ay} &= \frac{\mathrm{d}v}{\mathrm{d}x} \\ \theta_{By} &= \frac{\mathrm{d}v}{\mathrm{d}x} + \frac{\mathrm{d}^2 v}{\mathrm{d}x^2}\mathrm{d}x \end{aligned}\right\} \tag{A-6}$$

故弯曲变形产生的曲率为

$$\kappa'_y = \frac{\frac{\mathrm{d}v}{\mathrm{d}x} + \frac{\mathrm{d}^2 v}{\mathrm{d}x^2}\mathrm{d}x - \frac{\mathrm{d}v}{\mathrm{d}x}}{\mathrm{d}x} = \frac{\mathrm{d}^2 v}{\mathrm{d}x^2} \tag{A-7}$$

考虑到 $R \gg v$，故弯曲曲率为

$$\kappa_y = \frac{\mathrm{d}^2 v}{\mathrm{d}x^2} + \frac{v}{(R - v)R} \approx \frac{\mathrm{d}^2 v}{\mathrm{d}x^2} + \frac{v}{R^2} \tag{A-8}$$

A.3 面外变形几何方程

曲梁面外变形是指竖向弯曲和扭转，其特点是“弯扭耦合”，这也是曲梁的主要力学

特征。

设弧 OA 在外荷载作用下变形后在某位置保持平衡。此时,O 端沿 z 轴的竖向位移是 w,绕 x 轴的扭转位移是 φ, B 端沿 z 轴的竖向位移是 $w+\mathrm{d}w$,绕 x 轴的扭转位移是 $\varphi+\mathrm{d}\varphi$。 曲梁微段 OA 的位移可以分解为两部分的叠加:一部分是以 O 端为定点的刚体位移(转动),包括 O 端沿 z 轴的竖向位移 w 引起弧 OA 绕 y 轴的转动,转角为 $\theta=\frac{\mathrm{d}w}{\mathrm{d}x}$; O 端绕 x 轴的扭转位移 φ 引起弧 OA 绕 x 轴的转动。另一部分是 A 端相对 O 端的弹性变形,即位移增量 $\mathrm{d}w$ 和 $\mathrm{d}\varphi$。

A.3.1 考察刚体位移所引起的圆弧微段的弯扭耦合关系

1. 竖向弯曲引起的扭转分析

曲梁微段 OA 沿 z 轴的竖向弯曲(即横截面绕 y 轴转动)引起横截面发生扭转位移。假定 OA 为刚体,则弧 OA 绕 y 轴旋转,沿着半径为 R 的球面运动,发生的相关位移几何相互关系如图 A-3 所示。

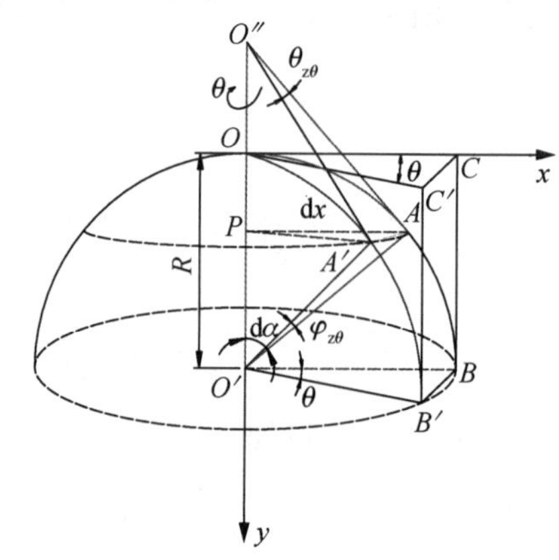

图 A-3 曲梁微段坐标系(绕 y 轴旋转)

显然,A 端截面运动前后的切线夹角就是截面的转角,径线的夹角(即截面法线的夹角)就是截面的扭转角。设 O 端沿 z 轴的竖向位移为 w,其引起 O 端横截面绕 y 轴的转动,转角为 $\theta=\frac{\mathrm{d}w}{\mathrm{d}x}$,$A$ 端横截面将产生转角 θ_{AB} 和扭转角 φ_{AB}。OC 和 OC' 为 O 端截面转动前后的切线,$O''A$ 和 $O''A'$ 为 A 端截面转动前后的切线。

考虑到弧 OA 所对圆心角 $\mathrm{d}\alpha$ 微小,有 $\cos\mathrm{d}\alpha\approx 1$, $\sin\mathrm{d}\alpha\approx\mathrm{d}\alpha$,由图 A-3 可知:

$$\varphi_{A\theta}=\frac{AA'}{R};\quad \theta_{A\theta}=\frac{AA'}{O''A} \tag{A-9}$$

又因为 $O''A=R\cdot\tan\mathrm{d}\alpha$,所以

$$\varphi_{A\theta}=\frac{AA'}{R}=\frac{O''A\times\theta_{A\theta}}{R}=\frac{R\times\tan\mathrm{d}\alpha}{R}\theta_{A\theta}=\theta_{A\theta}\tan\mathrm{d}\alpha \tag{A-10}$$

又 $\theta=\frac{BB'}{O'B}=\frac{AA'}{PA}$, $PA=R\cdot\sin\mathrm{d}\alpha$,所以

$$\frac{\theta_{A\theta}}{\theta}=\frac{PA}{O''A}=\frac{R\sin\mathrm{d}\alpha}{R\tan\mathrm{d}\alpha}=\cos\mathrm{d}\alpha \tag{A-11}$$

故

$$\theta_{A\theta}=\theta\cos\mathrm{d}\alpha\approx\theta\mathrm{d}\alpha \tag{A-12}$$

$$\varphi_{A\theta}=\theta_{A\theta}\tan \mathrm{d}\alpha=\theta\cdot\cos \mathrm{d}\alpha\cdot\tan \mathrm{d}\alpha=\theta\sin \mathrm{d}\alpha\approx\theta \mathrm{d}\alpha \tag{A-13}$$

并可得到：

$$\theta_{A\theta}^2+\varphi_{A\theta}^2=\theta^2 \tag{A-14}$$

式(A-14)就是曲梁发生竖向弯曲时，弯曲与扭转的位移耦合关系。

可以验证：

(1) 当圆弧为 1/4 圆弧时，圆心角 $\mathrm{d}\alpha=90°$。此时，O 端绕 y 轴转动 θ 角时，A 端截面垂直 y 轴，只发生扭转，且扭转角 $\varphi_{A\theta}=\theta$，截面转角为 0。

(2) 当圆弧为 1/2 圆弧时，圆心角 $\mathrm{d}\alpha=180°$。此时，O 端绕 y 轴转动 θ 角时，O 端和 A 端截面均平行于 y 轴，但 A 端截面法向指向 y 轴负向。O 端和 A 端两截面只发生转动，且 A 端转角 $\theta_{A\theta}=\theta$，截面扭转角均为 0。

2. 扭转引起的竖向弯曲分析

曲梁微段 OA 以 O 端截面形心为转动中心，绕 y 轴转动时，引起横截面发生扭转位移。假定 OA 为刚体，则弧 OA 绕 x 轴旋转，沿着一个球锥面运动，发生的相关位移几何相互关系如图 A-4 所示。

设 O 端绕 z 轴的转角位移为 φ，A 端横截面将产生转角 $\theta_{A\varphi}$ 和扭转角 $\varphi_{A\varphi}$。OD(即 x 轴)为 O 端截面转动前后的切线，PA 和 PA' 为 A 端截面转动前后的切线。

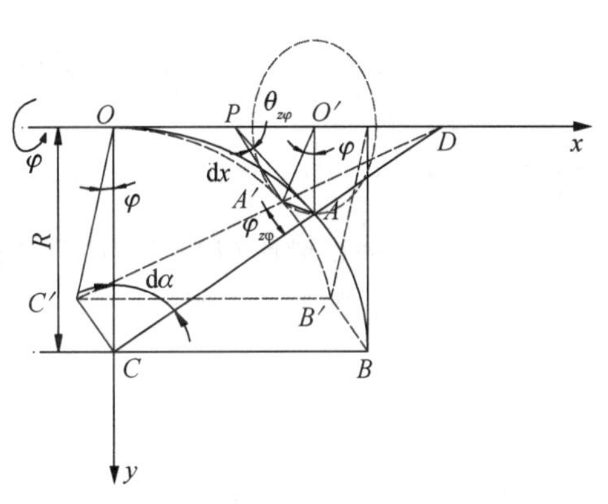

图 A-4　曲梁微段坐标系(绕 z 轴旋转)

由图 A-4 可知：

$$\varphi_{A\varphi}=\frac{CC'}{CD};\quad \varphi=\frac{CC'}{R} \tag{A-15}$$

所以

$$\varphi_{A\varphi}=\varphi\times\frac{R}{CD}=\varphi\times\frac{R}{R/\cos \mathrm{d}\alpha}=\varphi\cos \mathrm{d}\alpha\approx\varphi \tag{A-16}$$

同理，注意到 A 端截面的转角 $\theta_{A\varphi}$ 的矢量方向指向 y 轴负向，则有

$$\theta_{A\varphi}=\frac{AA'}{PA}=-\frac{AD\times\varphi_{A\varphi}}{AD/\tan \mathrm{d}\alpha}=-\varphi\sin \mathrm{d}\alpha\approx-\varphi \mathrm{d}\alpha \tag{A-17}$$

由式(A-16)、式(A-17)可得：

$$\theta_{A\varphi}^2+\varphi_{A\varphi}^2=\varphi^2 \tag{A-18}$$

式(A-18)就是曲梁发生扭转时，弯曲与扭转位移的耦合关系。

可以验证：

(1) 当圆弧为 1/4 圆弧时，圆心角 $d\alpha=90°$。此时，O 端绕 x 轴扭转 φ 角时，A 端截面垂直 y 轴，只发生转动(竖向弯曲位移)，且转角 $\theta_{A\varphi}=\varphi$，$A$ 截面扭转转角为 0。

(2) 当圆弧为 1/2 圆弧时，圆心角 $d\alpha=180°$。此时，O 端绕 x 轴扭转 φ 角时，A 端截面垂直 x 轴，只发生扭转转动，且扭转转角 $\varphi_{A\varphi}=\varphi$，$A$ 截面弯曲转角为 0。

A.3.2 外荷载下弹性变形引起的弯扭耦合关系

考察弧 OA 在外荷载下的弹性变形。

曲梁微段 OA 变形前后，O 端截面的转角(竖向弯曲位移引起的转角)与扭转角分别为 $\theta=\dfrac{dw}{dx}$ 和 φ；A 端截面的转角(竖向弯曲位移引起的转角)与扭转角分别为

$$\left.\begin{aligned}&\theta_{A\theta}+d\theta\approx\theta+d\theta=\frac{dw}{dx}+\frac{d^2w}{dx}dx\\&\varphi_{A\varphi}+d\varphi\approx\varphi+d\varphi\end{aligned}\right\}\tag{A-19}$$

A.3.3 小结

综合考察曲梁微段 OA 的刚体位移和弹性变形，可得面外变形几何方程：

(1) 绕 y 轴的弯曲曲率

$$\kappa_y=\frac{\theta_{A\theta}+d\theta+\theta_{A\varphi}-\theta}{dx}=\frac{d^2w}{dx^2}-\frac{\varphi d\alpha}{dx}=\frac{d^2w}{dx^2}-\frac{\varphi}{R}\tag{A-20}$$

(2) 绕 x 轴的扭转曲率

$$\kappa_x=\frac{\varphi_{A\varphi}+d\varphi+\varphi_{A\theta}-\varphi}{dx}=\frac{d\varphi+\theta d\alpha}{dx}=\frac{d\varphi}{dx}+\frac{1}{R}\frac{dw}{dx}\tag{A-21}$$

A.4 曲梁微段变形的几何方程

整理式(A-3)、式(A-8)、式(A-12)、式(A-13)、式(A-14)、式(A-16)、式(A-17)、式(A-18)、式(A-19)、式(A-20)和式(A-21)，即可得出曲梁微段变形的几何方程：

$$\varepsilon_x=\frac{du}{dx}-\frac{v}{R}\quad\text{(面内:轴向应变)}\tag{A-22}$$

$$\kappa_z=\frac{d^2v}{dx^2}+\frac{v}{R^2}\quad\text{(面内:绕 } z \text{ 轴的曲率增量)}\tag{A-23}$$

$$\kappa_y=\frac{d^2w}{dx^2}-\frac{\varphi}{R}\quad\text{(面外:绕 } y \text{ 轴的曲率增量)}\tag{A-24}$$

$$\kappa_x = \frac{\mathrm{d}\varphi}{\mathrm{d}x} + \frac{1}{R}\frac{\mathrm{d}w}{\mathrm{d}x} \text{（面外：绕 } x \text{ 轴的扭转曲率）} \tag{A-25}$$

考虑薄壁曲梁约束扭转效应，由约束扭转理论，约束扭转的翘曲函数β与扭转曲率之间存在如下关系：

$$\left.\begin{aligned} \beta &= \kappa_x = \frac{\mathrm{d}\varphi}{\mathrm{d}x} + \frac{1}{R}\frac{\mathrm{d}w}{\mathrm{d}x} \\ \beta'' &= \kappa''_x = \frac{\mathrm{d}^3\varphi}{\mathrm{d}x^3} + \frac{1}{R}\frac{\mathrm{d}^3 w}{\mathrm{d}x^3} \end{aligned}\right\} \tag{A-26}$$

经上述推导和分析，得出如下结论：

（1）依据曲梁受力特点，考虑“剪心”和“形心”不重合的影响重新规定了曲梁几何方程的坐标系，统一确定了曲梁应力及应变的正方向，使新坐标系和正方向更有利于曲梁力学微分方程的建立。

（2）通过数学推导建立了曲梁微段的几何方程，包括面内变形（轴向拉压应变与径向弯曲）和面外变形（竖向弯曲与扭转），适用于“剪心”和“形心”不重合的薄壁截面曲梁力学微分方程的建立。

参考文献

[1] 刘晶波,杜修力.结构动力学[M].北京:机械工业出版社,2005.

[2] 李廉锟.结构力学(下册)[M].4版.北京:高等教育出版社,2004.

[3] 朱慈勉,张伟平.结构力学(下册)[M].3版.北京:高等教育出版社,2016.

[4] R.克拉夫,J.彭津.结构动力学[M].王光远,译.北京:高等教育出版社,2006.

[5] 李东旭.高等结构动力学[M].北京:科学出版社,2010.

[6] 张相庭,王志培,黄本才,等.结构振动力学[M].2版.上海:同济大学出版社,2005.

[7] 宋郁民.曲线梁动力特性与车桥耦合振动分析理论及应用研究[D].上海:同济大学,2013.